U0544782

Dinopedia
恐龍學

從化石發掘、系譜演化解密遠古生物

G. Masukawa 著

Tukunosuke 繪　陳朕疆 譯

前言

明明年紀一大把了,卻熱情地談論著恐龍。有時被恐龍搞得七葷八素,卻怎麼樣也離不開恐龍——這就是我們生存的世界。

坊間有各式各樣的工作。有些人受雇於博物館或大學,以研究恐龍為生;有些人則像筆者一樣,承攬各種機構的委託,以復原恐龍為職業,賺取生活需要的資源——雖然這種人不多。

一般提到「恐龍」這個詞時,常會強調其娛樂性,媒體也常將恐龍與怪獸視為同義詞;但也有一些學者認真端詳著化石,日以繼夜地研究真實的恐龍。孩子們常被電視裡的恐龍吸引,看得目不轉睛;然而這些恐龍知識的背後卻有著一群傷透腦筋,痛苦到在研究室地板打滾,卻不得不認真面對恐龍的恐龍學家。

恐龍在相當久遠的時代就已經滅絕,所以我們只能從化石確認各種恐龍的樣貌。化石代表的不只是恐龍「原本的樣貌」,也是推敲恐龍們存活時的生活樣態的唯一方法。所謂的研究恐龍,就是研究由化石描繪出恐龍樣貌的過程。

了解恐龍研究的世界,與成為恐龍學者是截然不同的概念。不過,知道如何透過碎石般的化石描繪出恐龍的樣貌,或是得知學者們「常在與恐龍大眼瞪小眼好一陣子後,氣力放盡趴倒在桌上」,或許能為你的人生帶來一些樂趣。

恐龍研究雖然只是「古生物學」的一個子領域。然而古生物學與許多學問領域都有交集,恐龍的研究在這方面也不遑多讓。在恐龍研究的世界中,經常會接觸到日常生活中不曾看過、聽過的專業用語,這點也十分令人嚮往。

本書會將這個世界中習以為常的恐龍用語,分成碩士篇、博士篇、番外篇等不同階段一一說明。

筆者相當喜歡恐龍，也確實是因為喜歡恐龍才從事這份工作，卻不曉得為什麼自己那麼喜歡恐龍。執筆本書，也是為了試著從自己身上尋找喜歡恐龍的理由，並將其寫成文字。但這項任務失敗了，筆者最後還是不曉得為什麼自己會喜歡恐龍。不過，若是要問「喜歡恐龍的哪裡？」，那麼筆者可以肯定自己已找到了答案。

　若要完整傳達恐龍與恐龍化石的魅力，那麼這些內容大概很難塞得進一本書中。至少對筆者而言，這可以說是不可能達成的任務。本書內容明顯偏向「筆者對恐龍研究的偏好」。讀過本書後，您可能會發現本書也提到了不少恐龍以外的化石，這毫無疑問地是因為筆者也「喜歡」這些化石。如果還能從本書沒能介紹到的內容中，發現您「喜歡」的部分，那就太棒了。

　執筆本書時，筆者在學生時期大肆購買的書籍、大學教科書幫了不少忙。家人、親戚在筆者1歲時，就帶筆者到博物館參觀；在看到筆者走向恐龍研究這條與眾不同的路時，他們並沒有勸阻，而是默默守望著，在此表達對他們的感謝。這條路上，筆者接觸到了許多先進，像是面帶苦惱，眼睛卻發出閃閃發光的視線看著碎石與地面的學者、學生、藝術家、博物館相關人士等，在此借用這個機會表達謝意。

　最後，也要感謝一直忍受著筆者的無理要求，為本書繪製有趣插圖的Tukunosuke老師，以及一直以來很照顧筆者，與筆者合作愉快的編輯藤本淳子小姐、松下大樹先生。若能一直合作下去的話就太棒了。

G. Masukawa

Contents

前言 2

Introduction
簡介

恐龍是什麼樣的動物？ 8
恐龍的結構 10
恐龍的分類 12
恐龍生存的年代 14
恐龍為什麼會滅絕？ 15
這些是恐龍嗎？ 16
與恐龍同年代的生物 17
化石是什麼？ 18
恐龍化石是如何形成的？ 19
恐龍的研究 20
恐龍的發現與挖掘 21
恐龍的展示 22
恐龍與文化 23
恐龍的名字 24

閱讀本書的方法 26

Chapter 1
碩士篇

暴龍 28
三角龍 30
斑龍 32
禽龍 34
鴨嘴龍 36
神威龍 38
慈母龍 40
異特龍 42
劍龍 44
腕龍 46
恐爪龍 48
伶盜龍 50
原角龍 52
偷蛋龍 54
恐手龍 56
似鳥龍 58
鐮刀龍 60
甲龍 62
厚頭龍 64
棘龍 66
食肉牛龍 68

南方巨獸龍	70	指標化石、指相化石	112
大盜龍	72	菊石	114
阿根廷龍	74	疊瓦蛤	115
羽毛	76	活化石	116
始祖鳥	78	腔棘魚	117
翼龍	80	生痕化石	118
無齒翼龍	82	足跡	120
風神翼龍	84	蛋	122
蛇頸龍	86	糞化石	124
雙葉鈴木龍	88	胃石	125
魚龍	90	夾克	126
滄龍	92	化石修整	128
合弓類	94	化石清理	130
異齒龍	96	複製品	132
哺乳類	98	復原	134
三疊紀	100	人造物	136
侏羅紀	102	描述	138
白堊紀	104	同物異名	140
地層	106	全長	142
海相沉積層	108	體重	143
絕對年代	110	化石戰爭	144
		專欄 第二次化石戰爭	146

Chapter 2
博士篇

水晶宮 148
恐龍文藝復興 150
鳥肢類 152
親緣關係分析 154
功能形態學 156
化石埋葬學 158
產狀 160
木乃伊化石 162
以關節相連 164
搏鬥化石 166
團塊 168
骨層 170
化石礦床 172
盤古大陸 174
勞亞古陸 176
莫里遜層 178
特提斯海 180
岡瓦納古陸 182
拉臘米迪亞 184
西部內陸海道 186
阿帕拉契古陸 188

地獄溪層 190
K-Pg 界線 192
希克蘇魯伯隕石坑 194
德干玄武岩 196
琥珀 198
草 200
花粉 202
矽化木 203
骨組織學 204
鈣化肌腱 205
鞏膜環 206
腹肋骨 207
異齒性 208
鋸齒 209
齒列 210
頭盾 212
皮骨 214
尾刺 216
爪指骨 217
併蹠骨 218
同源 220
尾綜骨 221
含氣骨 222
氣囊 223

皮膚印痕	224
印痕化石	226
電腦斷層掃描	227
顱內鑄型	228
手取層群	230
福井盜龍	232
日本恐龍化石	234
專欄 標本與復原	236

百貨公司	256
魚中魚	257
死亡姿勢	258
盜龍	260
組合化石	262
組裝	264
機械偶	266
專欄 機械偶與我	267
恐龍人	268
哥吉拉龍	269
哥吉拉立姿	270
惡魔的腳趾甲	272
龍骨	273
考古學	274
貝塚	275
阿坎巴羅恐龍塑像	276
恐龍與人類的足跡	277
尼斯湖水怪	278

Chapter 3
番外篇

AMNH 5027	238
蘇	240
矮暴龍	242
雷龍	244
地震龍	246
極巨龍	248
化石獵人	250
貝尼薩爾煤礦	252
黃鐵礦病	254
龍落群集	255

參考文獻	280
筆畫順索引	285

恐龍是什麼樣的動物？

恐龍是什麼樣的生物呢？提到恐龍時，你的腦中是否浮現出了巨大怪獸的形象呢？恐龍是個龐大的動物類群，於距今2億3000萬年前的晚三疊世出現，一直延續到約6604萬年前的白堊紀末期，在地球的陸地稱霸了1億6000萬年以上。恐龍的後代亦繁榮至今，那就是我們現在說的鳥類。

▪▪ 恐龍的多樣性

19世紀以來，科學家在全球地層（→p.106）中發現了為數眾多、姿態多樣的恐龍化石。「恐龍＝體型龐大的爬行類」的概念深植於19世紀人們的心中。不過當時的人們也知道，恐龍的身體大小、外型相當多樣化，有些恐龍體表覆蓋大大小小的鱗片，有些則被堅硬的棘刺包覆，還有些恐龍全身各處長了羽毛狀的體毛。有些恐龍符合一般人對恐龍的印象，有些則讓人難以聯想到是恐龍的一員。恐龍的世界永遠都不會讓人覺得無聊。

Introduction
簡介

:: 鳥是恐龍？

我們經常可聽到「鳥是恐龍」的說法。確實，鳥是由恐龍的一個類群分支演化出來的動物。

傳統上，一般會依據外表特徵為生物大略進行分類。不過，在研究生物的演化時，會依照演化過程（親緣關係）的概念（系統分類）來分類。

系統分類中，會用親緣關係樹表示演化過程，每個親緣關係樹的分支，就代表1個生物類群。傳統分類中的「魚類」、「爬行類」，皆由多個大型分支構成，兩生類、哺乳類、鳥類各由1個大型分支構成。而且，鳥類這個分支，是由恐龍這個更大的分支分出來的類群。

「鳥是恐龍」的說法，就是基於這個系統分類概念的結果。若將鳥視為恐龍的1個類群，便會將一般人稱為恐龍的動物（不是鳥的恐龍），稱作「非鳥恐龍」。當然，即使將非鳥恐龍簡稱為恐龍，一般也不會認為這個稱呼包含鳥類，所以本書在沒有特別說明的情況下，也會將非鳥恐龍簡稱為恐龍。

脊椎動物親緣關係樹的例子

傳統分類	系統分類
魚類	軟骨魚類
	條鰭魚類
	腔棘魚類
	肺魚類
兩生類	兩生類
哺乳類	合弓類
爬行類	鱗龍形類
	擬鱷類
	翼龍類
	恐龍類
鳥類	

恐龍的結構

除了鳥類之外，我們現在只能從化石中看到恐龍的樣貌。恐龍的化石多數都只剩下骨頭，而且保存了一整頭恐龍骨架的化石也相當稀有。即使如此，在近200年的古生物學史中，我們人類也逐漸掌握了恐龍生前的姿態。讓我們來看看由過去的研究結果建構出的恐龍身體結構吧。

∷ 恐龍的骨架

有些恐龍為二足步行，有些為四足步行，另外也有些則是交替使用二足步行與四足步行。雖然都叫做恐龍，不同恐龍的骨架卻有著千變萬化的樣貌。不過，簡單而堅固的下半身骨架，是所有恐龍的共通點，鳥類也一樣。而且，許多恐龍的骨骼內部具有空洞化的結構。

幾乎所有恐龍的化石都只剩下牙齒或骨頭，所以研究骨架化石可以說是研究恐龍的基礎。復原（→p.134）時，骨架也是其中的關鍵。許多種類的恐龍因為缺乏化石，使科學家們難以推論出牠們的骨架。

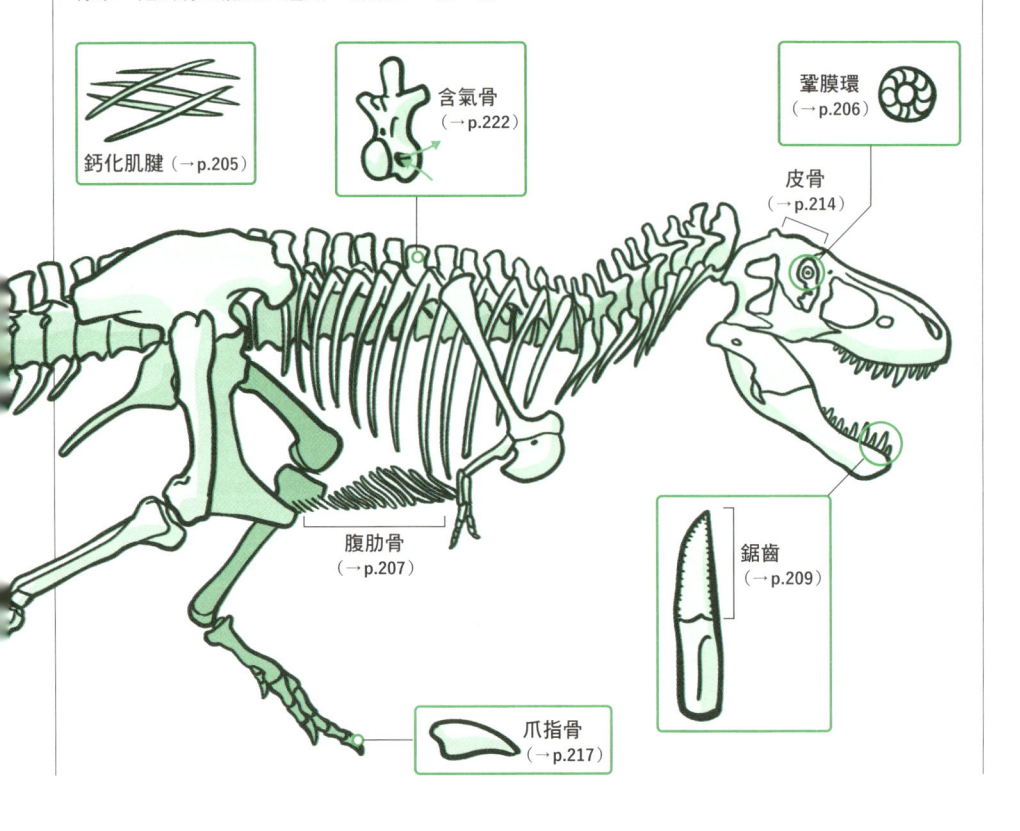

鈣化肌腱（→p.205）

含氣骨（→p.222）

鞏膜環（→p.206）

皮骨（→p.214）

腹肋骨（→p.207）

鋸齒（→p.209）

爪指骨（→p.217）

:: 恐龍的軟組織

相對於骨頭、牙齒等「硬組織」，肌肉、內臟、皮膚、鱗片與毛髮等柔軟的組織稱作「軟組織」。與硬組織相比，軟組織較容易被分解，而在恐龍屍體轉變成化石的過程中，常會失去軟組織。因此，幾乎所有恐龍的化石僅含有骨頭或牙齒等硬組織。

不過，在某些特殊條件下，軟組織可保持原樣形成化石。而軟組織周圍的砂土也可能保留軟組織的形狀；此外，軟組織內難以分解的物質也可能形成化石保留下來。若包裹住軟組織的硬組織形成化石，有時能讓我們復原出軟組織的形狀。恐龍化石當中，便有一種保存了一定程度的皮膚立體形狀的化石，被稱為「木乃伊化石」（→p.162）。

研究者們就是靠著這些極少量的線索，拼湊出恐龍軟組織的樣貌。這不只是正確復原恐龍樣貌的線索，也是幫助我們了解該恐龍生態的重要資訊。

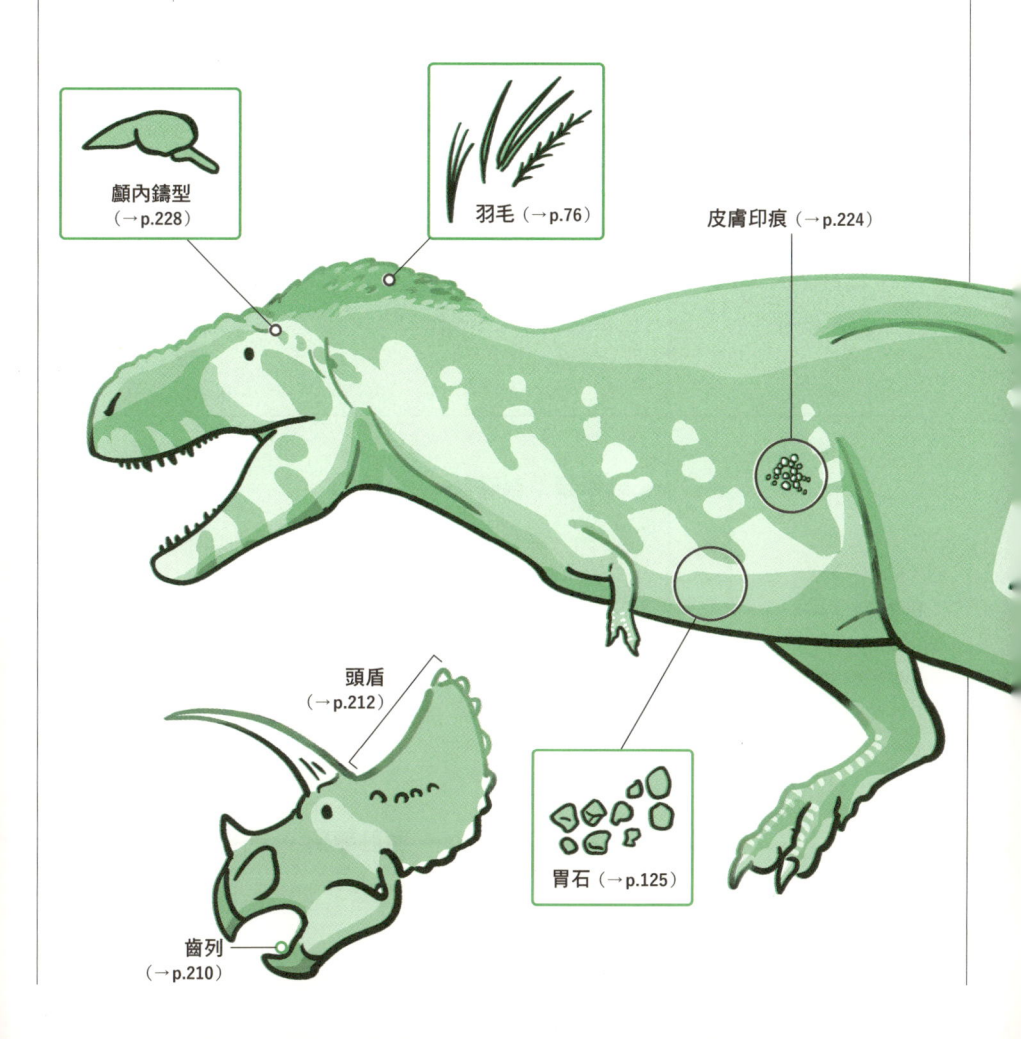

Introduction
簡介

010
▼
011

顱內鑄型（→p.228）

羽毛（→p.76）

皮膚印痕（→p.224）

頭盾（→p.212）

胃石（→p.125）

齒列（→p.210）

恐龍的分類

雖然統稱為恐龍,但其實恐龍是一群繁衍了1億6000萬年以上的動物類群,包含了相當多物種。以現生生物而言,我們可依據軟組織形態、遺傳資訊為牠們分類;但恐龍缺乏這些資訊,故只能依據骨架形態,建構出牠們的親緣關係進行系統分類。讓我們來看看恐龍主要有哪些類群吧。

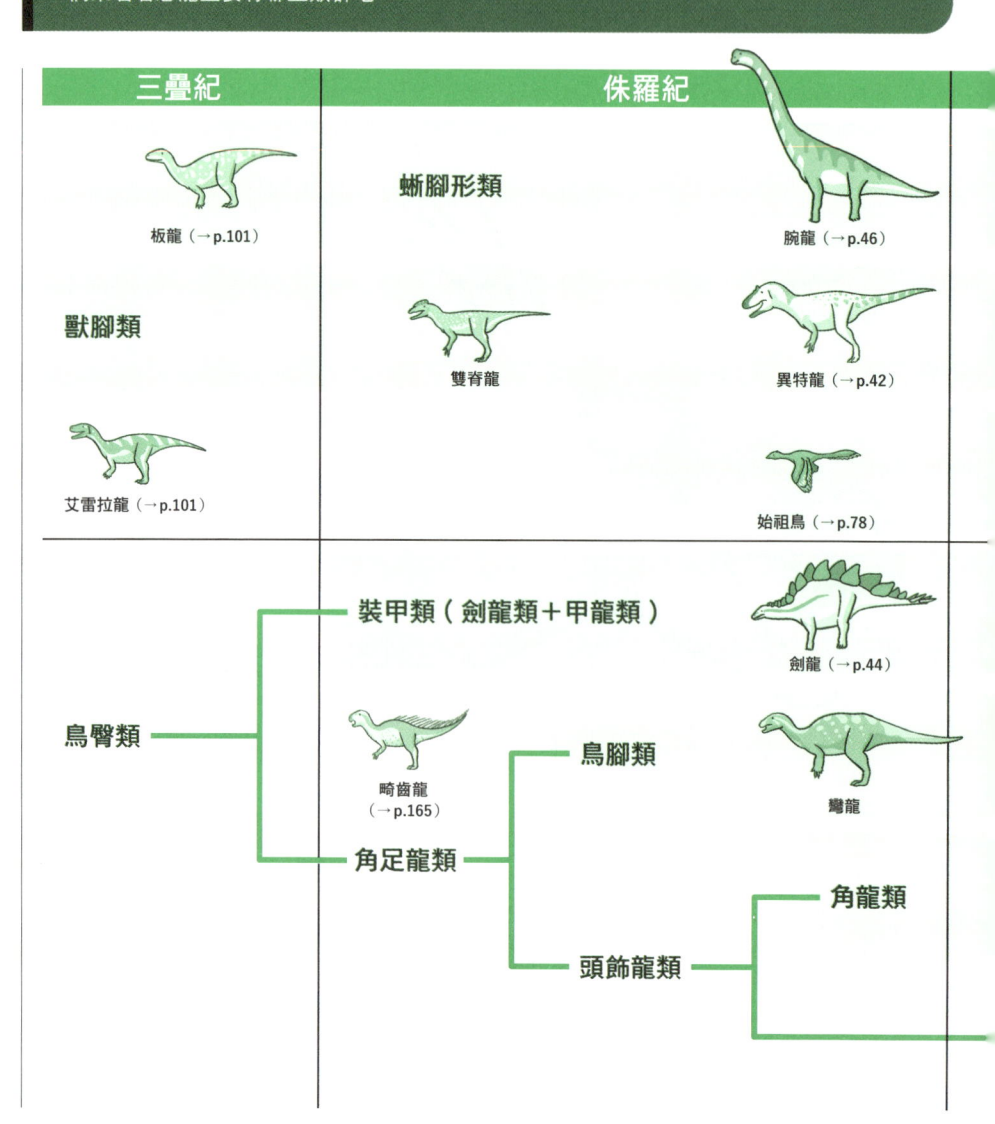

三疊紀	侏羅紀
	蜥腳形類
板龍(→p.101)	腕龍(→p.46)
獸腳類	雙脊龍 / 異特龍(→p.42)
艾雷拉龍(→p.101)	始祖鳥(→p.78)

鳥臀類
- 裝甲類(劍龍類+甲龍類) — 劍龍(→p.44)
- 角足龍類
  - 畸齒龍(→p.165)
  - 鳥腳類 — 禽龍
  - 頭飾龍類
    - 角龍類

恐龍的大致分類

主要恐龍類群如下圖所示。鳥類是從獸腳類分支出來的類群。以前的假說中，將蜥腳形類與獸腳類合稱為「蜥臀類」。不過後來發現獸腳類與鳥臀類的親緣關係，比獸腳類與蜥腳形類還要近。所以也有人認為應該要將獸腳類與鳥臀類合稱為「鳥肢類」（→p.152）。

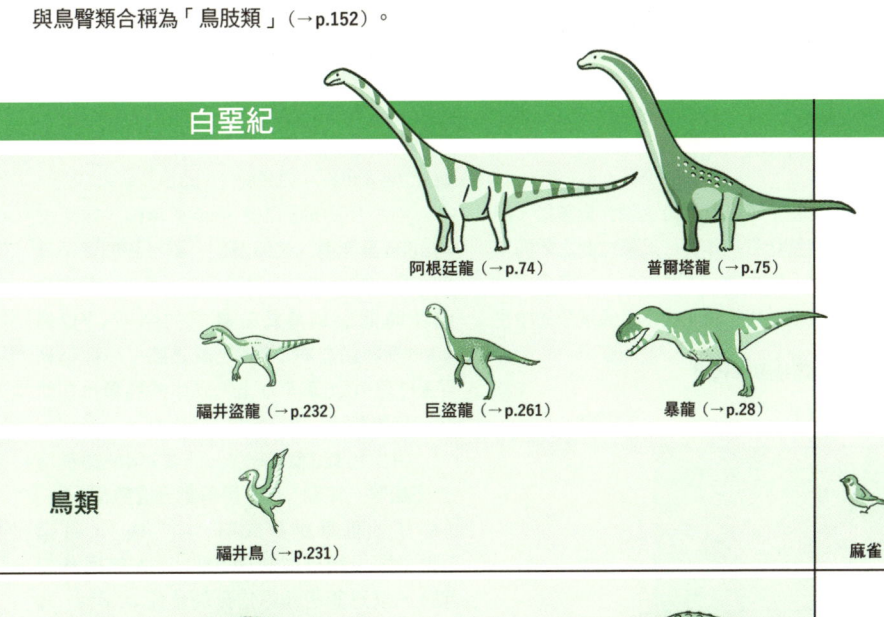

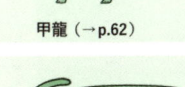

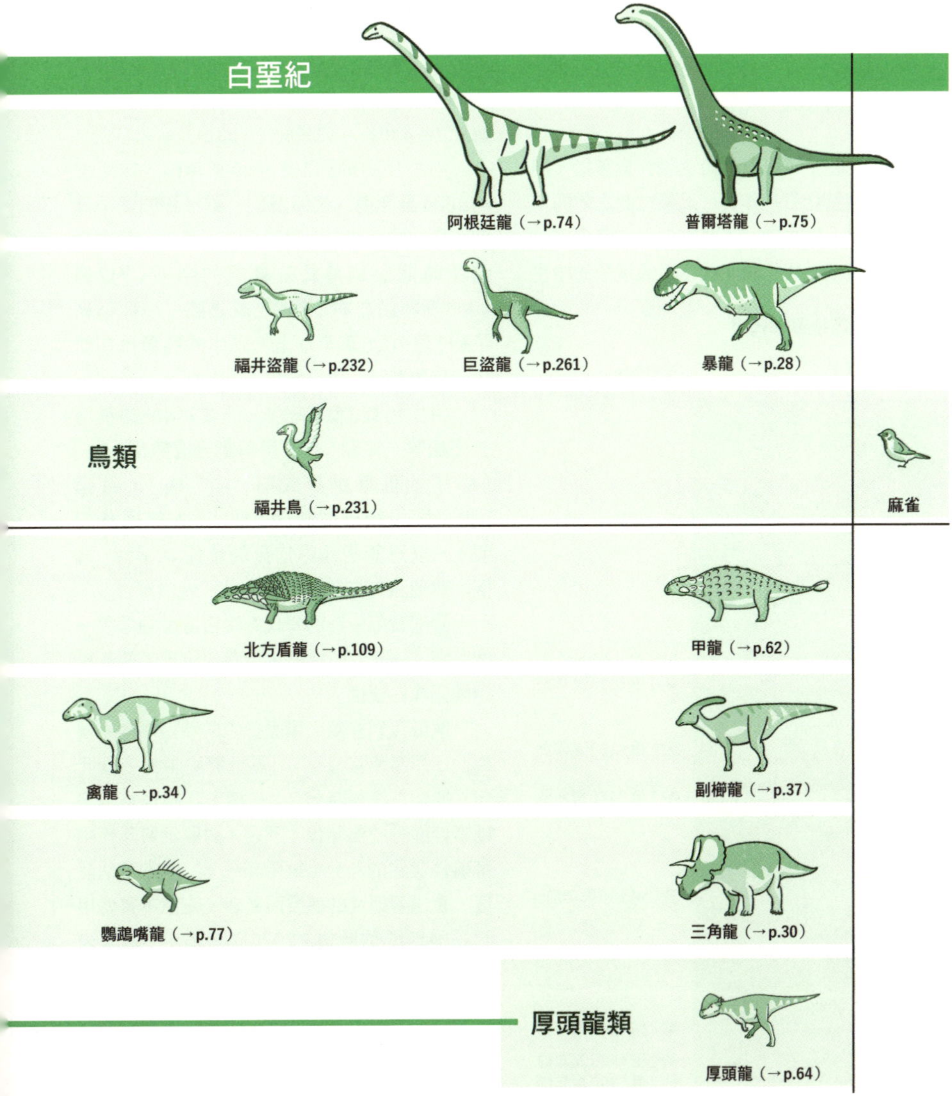

白堊紀

阿根廷龍（→p.74）
普爾塔龍（→p.75）

福井盜龍（→p.232）
巨盜龍（→p.261）
暴龍（→p.28）

鳥類
福井鳥（→p.231）
麻雀

北方盾龍（→p.109）
甲龍（→p.62）

禽龍（→p.34）
副櫛龍（→p.37）

鸚鵡嘴龍（→p.77）
三角龍（→p.30）

厚頭龍類
厚頭龍（→p.64）

恐龍生存的年代

恐龍生存於很久很久以前的年代,在約2億3000萬年前到約6604萬年前之間。恐龍稱霸的期間,遠比恐龍滅絕至今的期間長。

地球的歷史可以依照各種環境變動(事件)以及隨之興衰的生物種類,區分成幾個年代。恐龍生存的年代,叫做中生代。

∷ 恐龍時代與中生代

地球的歷史可以區分成生物大量繁衍,因而留下了大量化石的年代,以及在此之前的年代。前者稱「顯生宙」。顯生宙由古至今可分為古生代、中生代、新生代。恐龍稱霸的中生代,可由古至今再分成三疊紀(→p.100)、侏羅紀(→p.102)、白堊紀(→p.104)。

中生代始於約2億5190萬年前,結束於約6604萬年前的恐龍滅絕。雖然我們還不確定「最初的恐龍」出現於何時,不過一般認為這個時間點約落於三疊紀的中期(約2億4000萬年前左右?)。也就是說,恐龍稱霸了約1億7000萬年以上,其中的鳥類也在新生代繼續繁衍,直至今日。

中生代有3個「紀」,不過3個紀的長度並不相等。每個「紀」可再劃分成數個「世」(中生代則單純分成前、中、後),每個「世」則再細分成數個「期」(本節省略說明)。以恐龍圖鑑中常見的暴龍(→p.28)為例,暴龍生存年代一般會寫成「晚白堊世」。不過暴龍實際生存的年代為晚白堊世的最後一個「期」——麥斯特里希特期的後半,並非橫跨整個晚白堊世。

就像我們會用人類歷史中的特定事件(譬如「江戶幕府成立」),區分歷史中的各個年代(譬如「江戶時代」)一樣,我們也會用各種事件區分地質年代。不過,討論地質年代中某事件發生的年分(絕對年代),通常是估計值,會隨著研究的進展而更新。雖然本書使用的是最新的估計值(2020年發表),但未來幾年內也可能會更新。

絕對年代含有誤差值,常會以100萬年為單位(Ma)表示(約6604萬年前→66.04Ma)。須注意年代的四捨五入。

中生代的國際地質年代表

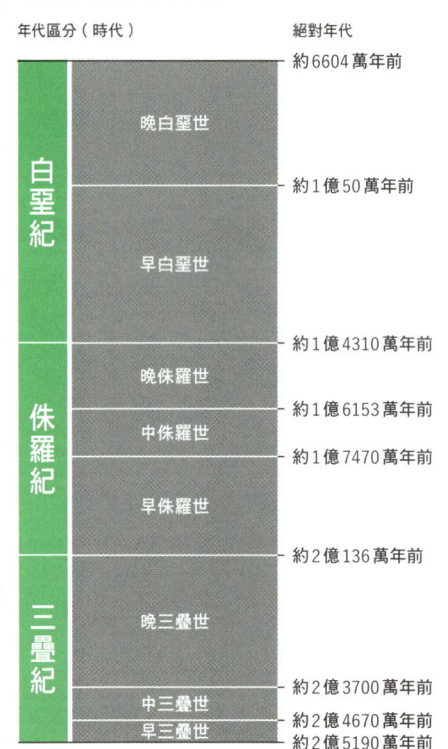

年代區分(時代)		絕對年代
白堊紀	晚白堊世	約6604萬年前
	早白堊世	約1億50萬年前
侏羅紀	晚侏羅世	約1億4310萬年前
	中侏羅世	約1億6153萬年前
	早侏羅世	約1億7470萬年前
三疊紀	晚三疊世	約2億136萬年前
	中三疊世	約2億3700萬年前
	早三疊世	約2億4670萬年前
		約2億5190萬年前

恐龍為什麼會滅絕？

距今約6604萬年前，最後一頭恐龍倒地後一動也不動，就此宣告了中生代的終結。除了鳥類以外的所有恐龍，都在白堊紀末滅絕。進入新的年代——新生代之後，則是由哺乳類成為了陸地生態系的霸主。在地球上稱霸了1億6000萬年以上的恐龍，為什麼會突然滅絕呢？

∷ 恐龍滅絕之謎

從晚三疊世到白堊紀末，有許多恐龍興起，也有許多恐龍滅絕。在1億6000萬年以上的「恐龍時代」中，許多恐龍物種出現又衰退，其中包括了劍龍類這種在早白堊世滅絕的大型類群。雖說如此，恐龍類群整體的稱霸一直持續到了白堊紀末。那麼，為什麼鳥類以外的恐龍在白堊紀末時全部滅絕了呢？要釐清恐龍滅絕的原因，有個重要的線索，那就是白堊紀末滅絕的生物類群不是只有恐龍。陸地上的翼龍（→p.80），海中的蛇頸龍（→p.86）、滄龍（→p.92）、菊石（→p.114），以及多種浮游生物都在白堊紀末時滅絕。在白堊紀大量繁衍的鳥類與哺乳類，大多數物種也與恐龍在同一時間滅絕。可見恐龍的滅絕並不是偶然。

「恐龍滅絕」只是白堊紀末發生的大滅絕中的一小部分。究竟是什麼原因造成了白堊紀末的大滅絕，使地球生態系出現劇烈改變呢？

∷ 恐龍滅絕的原因

至今，科學家們提出了許多恐龍滅絕的可能原因。有的正經八百，有的「荒唐無稽」，各種假說參差不齊。

20世紀中期以前，最多人支持的假說是「演化系統的老化」。生物的演化系統有其壽命，興盛了很長一段時間的恐龍，到了白堊紀末時，演化系統的壽命也來到終點。興盛於晚白堊世後半的鳥臀類，頭部多有著奇特的裝飾，這些「異常特徵」表示演化系統的壽命將近。除了恐龍之外，菊石到了晚白堊世時，「異常捲曲」的類群大肆興盛，這也被認為是因為菊石的演化系統壽命將至。

到了今日，「演化系統的老化」已被視為荒唐無稽的說法，畢竟恐龍的滅絕只是白堊紀末大滅絕的一部分。「恐龍滅絕的原因」也要能充分說明其他生物的滅絕才行。造成恐龍與地球上的多種生物大量滅絕的原因，只可能是全球規模的環境變化。

到了20世紀後半，類似觀點的研究持續進行，「隕石撞擊說」與「火山噴發說」逐漸獲得科學家的支持。希克蘇魯伯隕石坑（→p.194）為前者的強力證據，德干玄武岩（→p.196）則是後者的強力證據。直至近年，科學家們一直在爭論到底哪個才是大滅絕的主因。現今科學界幾乎已可確定是由於巨大隕石的撞擊，產生了急遽的環境變動，造成生物大量滅絕。

這些是恐龍嗎？

恐龍（非鳥恐龍）是十分多樣的類群。包含鳥類在內，這些恐龍都是由單一祖先分支演化出來的類群。有些動物體型也很大，同樣生活在古老的年代，卻不屬於恐龍。本節就來介紹常會被誤認為恐龍的其他動物類群吧。

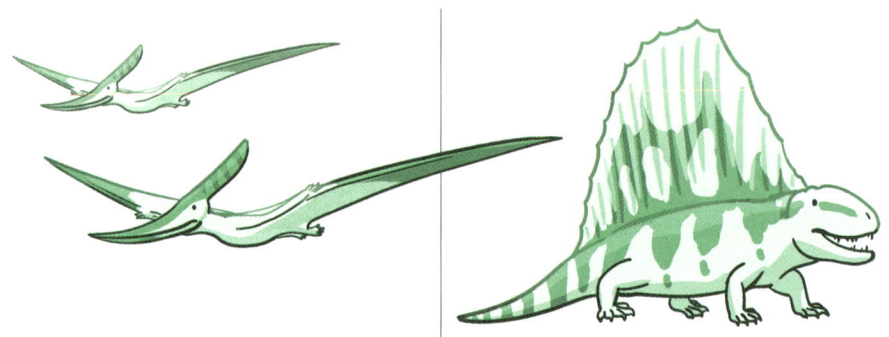

∷ 翼龍（→p.80）

人們介紹翼龍時，常說牠們是「在空中飛的恐龍」。事實上，翼龍是恐龍的近親類群，與恐龍一樣興盛於中生代。不過基本上，翼龍與恐龍為不同類群。翼龍、恐龍、鳥類同屬於「鳥頸類」這個大類群。

∷ 異齒龍（→p.96）

外觀看似恐龍，卻與哺乳類（→p.98）同屬於「合弓類」（→p.94）這個大類群，與恐龍為完全不同的系統。在中生代以前，曾做為頂點捕食者而興盛一時。

∷ 蛇頸龍、魚龍、滄龍類（→p.86～93）

以前人們在介紹這些海生爬行類時，稱之為「海中恐龍」，最近則稱作「海龍」，但其實牠們分屬於不同類群。包含恐龍與翼龍的類群，以及包含鱷與龜的類群，兩者的親緣關係相當遠，真要說的話，恐龍與蜥蜴、蛇的親緣關係還比較近。滄龍類則與蛇的祖先為近親。

與恐龍同年代的生物

簡介

016
017

除了翼龍、蛇頸龍、魚龍、滄龍類之外，還有許多生物與恐龍一起生存於中生代的地球。許多在中生代出現的生物，與現代生物有親緣關係。中生代也是哺乳類出現、多樣化的年代。今日隨處可見的被子植物，便是在中生代出現，並擴張至世界各地。針對這些古生物的研究也相當熱門。

∷ 中生代的生物

「恐龍時代」從晚三疊世一直持續到白堊紀末，相當於大部分的中生代。中生代可視為稱霸古生代的生物類群，逐漸被稱霸新生代的生物類群取代的年代，也是稱霸新生代之各生物類群首次出現的時期。因此，晚三疊世與白堊紀末雖然同屬於中生代，生物整體樣貌卻有很大的不同。三疊紀與侏羅紀時，許多動植物的樣貌與現代動植物差異很大；到了白堊紀，則出現了許多與今日動植物樣貌相似的類群。

一般所知與稱霸中生代的恐龍一起滅絕的爬行類的類群還包括翼龍（→p.80）、蛇頸龍（→p.86）、滄龍類（→p.92）。魚龍（→p.90）曾興盛於三疊紀到侏羅紀之間，卻在白堊紀中期滅絕。菊石（→p.114）與疊瓦蛤（→p.115）等軟體動物在中生代海洋中大量繁衍，卻在白堊紀末滅絕。

另一方面，有些生物類群在白堊紀末大滅絕時僥倖逃過一劫，默默存續至今。這些生物也被稱作「活化石」（→p.116），包括日本人十分熟悉的路樹銀杏，以及鸚鵡螺、腔棘魚（→p.117）等動物。

∷ 無脊椎動物

中生代出現了許多樣貌與現代生物類似的無脊椎動物。海中出現了螃蟹般以貝類為食的甲殼類，與貝類展開了一場名為「中生代海洋革命」的激烈軍備競賽。陸地上則有昆蟲大量繁衍，現生種的祖先幾乎都在此時出現。到了被子植物多樣化的晚白堊世，今日隨處可見的花共生昆蟲也進一步多樣化。

真螺旋菊石
（晚白堊世的菊石）

∷ 哺乳類（→p.98）

合弓類（→p.94）在古生代二疊紀曾興盛一時，卻在二疊紀末大滅絕時幾乎消失。哺乳類為一支殘存的合弓類，於侏羅紀、白堊紀之間成功多樣化。

筱山臼齒獸
（早白堊世的真獸類）

化石是什麼？

除了現生鳥類以外的恐龍，今日只剩下化石。大部分的化石雖然只是冰冷的石塊，但也可以說它們是恐龍的「本尊」。古生物學家們會透過研究化石，了解關於包括恐龍在內的古生物的所有事情。那麼，化石究竟是什麼呢？

∷ 化石的定義

化石是地質年代（從地球形成至今日）的生物遺骸或生存痕跡，保存於沉積物中，經年累月所形成的東西。足跡（→p.120）以及糞便（→p.124）為生物活動的痕跡，雖然不是生物遺骸，卻也被視為化石。

有些於數萬年前形成、（就地質學上來說）相當新的化石，保留了組織的大部分性質。這種「半生」的化石也叫做「準化石」或「半化石」。另外，冰封的猛瑪象（其實就是冷凍肉）也被視為化石。包埋在琥珀（→p.198）內的蟲等，被天然樹脂包裹住的生物遺骸也屬於化石。

在遺跡發現的人骨、動物遺體、貝塚等受人為影響形成的遺骸，則不會稱作化石。研究這些遺骸不是古生物學的工作，而是考古學（→p.274）的工作，不過研究方法十分相似。

除了地球上的各種生命活動之外，自然現象的痕跡也會保存在地層或岩石中。自然現象的痕跡一般不會稱作化石，不過把它們稱為「地球的化石」，也別有一番趣味。

生痕化石（→p.118）　足跡等保留於沉積物內的生物生活痕跡，稱作生痕化石。

足跡化石

糞化石

顱骨化石

皮膚印痕（→p.224）

實體化石　生物遺骸本身轉變成的化石。肌肉、皮膚等軟組織很少會變成化石，但在化石礦床（→p.172）等特殊的化石產地內，可能會挖掘出大量實體化石。

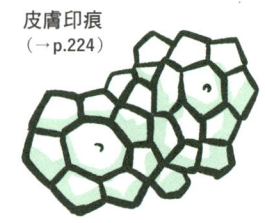

印痕化石（→p.226）　生物外型經沉積物轉印後留下來的痕跡，稱作印痕化石。

譬如恐龍鱗片的圖樣等，實體化石難以保存下來的資訊，能以印痕化石的形式留下。

恐龍化石是如何形成的？

Introduction
簡介

不管是都市還是鄉下，我們的周圍都有著各式各樣的生物。不過，這些生物的遺體通常不會被埋入地下。放置在地表的遺體，會在短時間內被其他生物吃個精光，連外殼與骨頭都會被分解殆盡。地表的環境條件並不適合保存遺體，若希望遺體轉變成化石，就必須離開地表潛入地下。

∷ 化石的形成方式

化石的形成方式十分多樣，可依照生物遺體、痕跡被沉積物掩埋的過程，以及生物遺體、痕跡在地層中受「成岩作用」而變質的過程，分成不同類別的化石。研究這些過程的學問稱作「化石埋葬學」（→p.158）。另外，變成化石的生物遺體、痕跡，出現在地表的過程也相當重要。

生物要形成化石，首先需要的是運氣，得在遺體還沒被分解完畢前，就被沉積物掩埋起來。一般來說，從動物死亡到遺體被沉積物掩埋，需要一定程度的時間。有些骨頭化石因為曾被食腐動物啃咬，使骨頭上留有牙齒的形狀（生痕化石（→p.118））。有些遺體則保留了奇特的姿勢，也叫做「死亡姿勢」（→p.258）。

遺體被沉積物掩埋後，地下水會逐漸滲透進來，而地下水中的礦物質會沉澱在細胞內部與間隙，稱為「礦化」。由於礦化作用，保留了細微的立體結構與生物成分，使生物屍體逐漸變質成石頭般的狀態。隨著地層逐漸堆積，生物遺體會逐漸往地下深處移動，在高壓與高熱的影響下進一步變質，有時候還會產生嚴重變形。這一連串的過程，稱作成岩作用。

山坡地或小島會持續遭受侵蝕，卻不會有砂土沉積，所以很少有遺體會被埋在這些地方。像這些地方的生物本身便難以形成化石。

目前所知道的恐龍，幾乎都生存在大河周邊、海邊等容易形成化石的沉積環境附近。化石是我們了解上古世界的唯一手段，然而從化石了解古生物，猶如以管窺豹，只能看到上古世界的一小部分。

❶ 遺體沉積下來　　❷ 在地層內受到成岩作用　　❸ 化石出現在地表

恐龍的研究

古生物學家的工作，就是研究古生物。而在古生物學中，研究發掘出來的化石是相當重要的工作。仔細發掘出來的化石會被送到博物館，製成標本，成為古生物學的研究材料。研究恐龍的古生物學家們，會使用各式各樣的研究方法，從製成標本的恐龍化石中，挖掘出新的知識。

▪ 從化石到標本

即使發掘出來的化石平安無事送到了博物館，也無法直接研究這個化石。研究人員需先去除化石所附著的母岩（周圍的堆積物），補強脆弱的部分，仔細修整為古生物學家能自由觀察化石的狀態。去除化石周圍之母岩的步驟稱作「化石清理」（→p.130），包括化石清理在內的一系列事前處理工作，則被稱為化石修整（→p.128）。

▪ 恐龍研究的趨勢

化石修整完成後的標本，一般會公開在展示室，或者保管於收藏庫。這些公立機構的標本會開放給其他研究機構的學者或學生做研究，古生物學家或是以古生物學家為目標的人們，會走遍全球的收藏庫，研究古生物。

最基礎的恐龍研究，就是調查、比較標本的特徵，整理成論文後發表成一份「描述」（→p.138）。雖然是一連串樸實無華的工作，有時候卻能發現新物種並為其命名，得到豐碩的成果。論文發表後會成為公開的描述，並成為後續研究的基礎，供各式各樣的古生物學者作為參考、更新資訊。

到了今日，包含恐龍在內的古生物研究，橫跨了地質學、生物學等各式各樣的領域。也有不少古生物學家嘗試比較現生生物與恐龍的差異。雖然都叫做「恐龍學者」，研究內容卻常有很大的差異。

功能形態學（→p.156） 功能形態學關注生物的「外形」，嘗試分析外形的功能與意義。這可以說是理解恐龍生態的王牌，近年來的相關研究十分盛行。功能形態學有著解剖學的一面，不過化石埋藏在地層內的資訊（產狀）（→p.160）也很重要。

Introduction
簡介

恐龍的發現與挖掘

020
▼
021

研究必須要有材料。恐龍研究的材料就只有恐龍化石。恐龍的發掘為恐龍研究的第一步。古生物學家們會為了取得尚未發現的研究材料，進入田野中搜尋。從挖出第一個恐龍化石至今，已過了近200年，化石的發掘方式卻與現今相差無幾。讓我們看看現今的恐龍發掘過程吧。

∷ 恐龍發掘過程

① 建立調查計畫、準備

首先在論文等文獻中，尋找可能發現化石的地層、場所，確立目標，並設法取得發掘、研究需要的許可。

即使獲得許可，也不可能一個人前去探勘化石。事前準備工作堆積如山，包括調查如何前往該地區、如何帶回化石、準備需要的水、食物、燃料等等。

② 尋找化石

順利抵達欲調查的地點時，除了調查地層之外，也會尋找化石。隨意挖掘地面的作法並不實際，一般會把目光放在地層暴露出地表的部分（露頭），尋找暴露在外頭的化石。古生物學家們會為了尋找任何些微的蛛絲馬跡，在地層周圍來回走動。

③ 發掘化石

發現化石時，會盡可能詳細記錄其產狀（化石被掩埋的狀況）（→p.160），並慎重挖掘出來。

化石多已遭風化而顯得相當脆弱，甚至可能在挖掘途中粉碎。研究人員通常會用瞬間接著劑補強，或者用周圍的沉積物覆蓋，製作成「夾克」（→p.126）或「獨塊體」再挖出。

研究人員會嚴密包裹採集到的化石，送到博物館。如果挖掘地點在汽車難以抵達的地方，則會出動直升機空運。在標本平安送到博物館前，都是發掘的一部分。

恐龍的展示

博物館裡保存有真正的恐龍。博物館是收藏、保管、研究化石標本的設施,也是公開展示收藏標本的教育設施。廣受歡迎的恐龍甚至可視為觀光資源,這點從恐龍研究的黎明期,19世紀後半到現在都沒變。

∷ 恐龍與展示的歷史

19世紀中葉左右,在當時的科學研究中心——歐洲,盛行古生物學的研究。英國、法國、德國各地陸續發現了魚龍(→p.90)、蛇頸龍(→p.86)、翼龍(→p.80)等在史前時代以前便已滅絕的動物化石,吸引了大眾的目光。在這些動物化石中的恐龍雖然是爬行類,卻有著鳥類與哺乳類(→p.98)的特徵,是相當神奇的巨大動物,同時吸引了科學界與大眾的關注。

1854年,英國倫敦的水晶宮(→p.148)在戶外展示以恐龍為首之多種古生物的實物大小復原(→p.134)塑像,引起了熱烈迴響。科學家們從1868年開始便嘗試組裝恐龍的骨架,展示這些骨架的美國博物館更是在恐龍的吸引力下,入場人數暴增。

直至今日,恐龍一直是自然史類博物館的招牌展示品。博物館可能會將實物化石組裝成復原骨架,也可能為了保存化石、優先用於研究,而展示複製品(→p.132)。即使是與恐龍研究幾乎無關的博物館,也會購買復原骨架的複製品用於展示。不論在哪個年代,人們對自然史類博物館的展示都有各種意見,恐龍則作為來自古老年代的使者,迎接各個年代的人們到來。

∷ 在恐龍被展示出來之前

博物館展示的標本,幾乎都須經過化石修整(→p.128)這個過程。與收藏庫內平常照顧得很好的標本不同,展示標本需長時間置於展示用照明的強光下,有受損的風險。因此,為展示用標本進行化石修整時,須追加補強措施。

組裝(→p.264)復原骨架的過程中,可能會需要製作骨架欠缺部位的塑造品(人造物)(→p.136)。人造物的製作常會委託外部的藝術家。另外,組裝復原骨架需要的中心鐵架時,也須委託外部業者。展示空間與照明設計方面,同樣需要外部業者與博物館工作人員的合作才能進行。

博物館內常可看到種類繁多的展示板、復原模型、微縮模型。展示板的復原畫、各種模型等,也同樣需要外部藝術家與博物館的研究者、修整人員一起合作,才能製作出完美的成品。

博物館看到的恐龍展示,是許多人努力下的結晶。而展示的恐龍化石,也只是博物館收藏品的一小部分。除了想像恐龍活著的模樣之外,想像展示品背後各式各樣的人們工作的樣子,也是欣賞恐龍展示的樂趣之一。

Introduction
簡介

恐龍與文化

恐龍相關研究從19世紀中期才開始，不過馬上就成為了科學界與大眾娛樂的熱門主題。即使在恐龍研究停滯時期，大眾文化中的恐龍人氣仍不減，至今我們周圍仍隨處可見與恐龍有關，或是受恐龍啟發靈感的設計、角色。為什麼恐龍那麼受歡迎呢？

∷ 恐龍人氣的來源

恐龍之所以會那麼有人氣，一言以蔽之，就是因為恐龍是「確實曾存在過，卻已滅絕的生物」。

恐龍並不是龍之類的幻想中怪物。雖然有許多恐龍奇特到讓人不自覺地以為是幻想中的怪物，但牠們確實是曾生存於地球的生物。

而且，因為恐龍已經滅絕，所以從來沒有人看過牠們長什麼樣子。雖然古生物學家們為了更確實復原恐龍的樣貌而苦戰，不過沒能復原的部分，反而留下了幻想的空間，讓人們感受到了恐龍的「浪漫」。

發掘作為恐龍生存證據的神奇石頭──化石，此過程就是一場冒險。而從恐龍研究的黎明期開始，「恐龍學者」們驚人的故事便常是熱門話題。只要他們繼續研究恐龍，恐龍的人氣一定也會持續下去吧。

∷ 古生物藝術的進化

從19世紀起，以恐龍為首的古生物，便透過書或報紙刊載的復原畫，以及彰顯出其存在感的實物大小復原模型，維持著高人氣。這些復原畫與復原模型是為了讓一般人也看得懂恐龍研究成果而製作，可以說是研究工作的分支。「古生物藝術」的歷史比恐龍骨架復原工作的歷史還要悠久，吸引人們目光的其實不是化石呈現的恐龍樣貌，而是古生物藝術中的恐龍形象。

即使到了今日，古生物藝術仍是一般大眾接觸古生物最新研究成果的橋梁。即使使用較老舊的研究成果作為古生物藝術的題材來源，這些創作也能保留恐龍的研究歷史，並以藝術作品的形式保存下來，這是優秀的古生物藝術作品的必備條件。

∷ 怪獸與恐龍

「怪獸」指的是幻想中的怪物。自古以來，世界各地的神話故事中，便有不少你我熟知的怪獸登場。有人認為，這可能是因為古代人們偶然發現了恐龍的化石，以此為靈感創造出怪獸，不過至今並沒有任何證據證明這點。

科學家們開始研究恐龍後，透過古生物藝術將恐龍的形象廣泛介紹給大眾，於是人們便以恐龍為藍本，創造出了各種怪獸，這大概才是怪獸的由來吧。這些怪獸誇大了古生物藝術所描繪的恐龍特徵，並使怪獸在各個故事中扮演正派、反派角色，匯集了不少人氣。當有新的恐龍復原結果出爐時，就會有人以此為靈感，創造出新的怪獸。另外，也有學者在為新發現的恐龍命名時，從既有怪獸中尋找靈感。

恐龍的名字

同一種生物在不同語言、不同地區、不同場合，甚至是不同成長階段中，可能會有不同的名字。以全球各地學者為目標讀者的學術論文，會用唯一的「二名法」學名來稱呼特定生物物種。不只是恐龍，其他古生物與現生生物的學名都是使用同一個框架，用同樣的方式命名。

∷ 學名的結構

以二名法命名的物種學名，由屬名與種小名組合而成。學名以羅馬字母書寫。為了與其他單字作出區別，屬名與種小名須以斜體表示。若因為手寫而難以寫成斜體，可改在屬名、種小名處畫底線表示。在日文文章中，常會依照學名的羅馬拼音念法或英語式念法，轉寫成片假名。

我們人類（智人）的學名為 *Homo sapiens*。屬名為「*Homo*」，種小名為「*sapiens*」。物種名必定為屬名與種小名的組合，不能單以種小名來稱呼特定物種。若要簡化屬名，以種名表示，可寫成 *H. sapiens* 的形式。與智人親緣接近，但被視為不同物種的尼安德塔人，學名為 *Homo neandertlensis*，與智人同為人屬（同屬異種）。

2個物種是同屬異種？還是不同屬？分類物種時，學者們常在這類問題上意見分歧。此時不能僅比較兩者形態，也要依據親緣關係分析（→p.154）的結果作出判斷。

∷ 恐龍的學名

恐龍學名的規則與現生動物相同。讀者為一般大眾的圖鑑中，通常只會列出屬名。不過因為多數恐龍的1個屬中只有1個物種，所以就算只有寫出屬名，通常也不會造成太大的問題。

不過，某些恐龍有名到連種小名都人盡皆知，譬如 *Tyrannosaurus rex*（暴龍），可略寫為 *T. rex*，以大眾為對象的讀物也經常會寫成「T-REX」。

今日學術界的全球共通語言是英語，不過以前的全球共通語言是拉丁語。因此，學名基本上是由拉丁語的單字組合而成。不過，若要將新物種的發現地點融入學名，便會將當地語言轉寫成羅馬字母。近年來，學者們也開始使用當地語言轉寫成的羅馬字母，命名新發現的物種。

學名通常源自該生物形態上的特徵或是其產地，偶爾會用怪物、神話人物（神）為新物種命名。有時也會用發現該物種重要標本的人、發掘資金提供者、在該領域留下重要成果的前人等，為研究作出貢獻的人的名字來命名，使其成為學名的一部分。有些恐龍的學名就是用學者的家人、戀人，甚至是虛構角色來命名。

寫文章時常會出現錯字、漏字的情況，為新種命名的論文也不例外。某些例子中使用少見的當地語言命名時出現拼字錯誤，便將錯就錯成為了正式學名。

Introduction
簡介

:: 學名的解讀方式

學名包含了許多意義。有時候只要看一眼學名，就知道該物種在分類學上的研究史。

有不少現生物種的學名會包含亞屬（在屬名與種小名之間加入亞屬名，並以括弧標註）與亞種（此處以 *Homo sapiens sapiens* 為例）。

古生物很難分到那麼細，別說是亞屬，連亞種這個分類階級都不會用到（不會細分到亞種）。

Homo sapiens sapiens（晚期智人）

屬名　　　種小名　　　亞種小名　　　命名者的姓　　　命名年分

Homo sapiens sapiens Linnaeus, 1758
（人類）　　（聰明的）

Triceratops horridus（三角龍）原本在1889年時被命名為「*Ceratops horridus*」。然而，後來學者們認為這個物種不適合放在 *Ceratops* 屬（角龍屬）內，於是為這個物種設立了新屬「*Triceratops*（三角龍屬）」。這種情況下，若要寫出完整版的種名，會加上第一個為此物種命名的人與命名年分，並加註括號。

Tyrannosaurus rex（暴龍）

屬名　　　　　種小名　　　命名者的姓　　　命名年分

Tyrannosaurus rex Osborn, 1905
　　（暴君蜥蜴）　　（國王）

Triceratops horridus（三角龍）

屬名　　　　種小名　　　命名者的姓　　　命名年分

Triceratops horridus (Marsh, 1889)
　（有三隻角的臉）　（凹凸不平的）

閱讀本書的方法

本書會用到與恐龍有關的各種一般性、學術性、專業性用語，並搭配插圖詳細解說。
本書基於2023年6月時的資訊整理而成。

用語分類
本書用語分為以下6個領域，以圖示表示。

- 恐龍的形態與分類
- 恐龍時代的非恐龍生物
- 研究、發掘
- 地球史
- 化石
- 歷史、文化

用語
在恐龍學、古生物學領域中常使用的用語。下方為英文寫法（物種時則為學名）。

頁碼
上方數字為左頁頁碼，下方數字為右頁頁碼。

解說
對用語的詳細解說。會描述該用語的意義、特徵、歷史、使用範例等。

相關用語的說明頁面
本書中說明其他相關用語的頁面。

圖解
運用插圖幫助理解。

用語索引

在恐龍相關書籍、圖鑑、新聞報導、博物館展示、演講中碰到陌生或不熟悉的用語時，若想知道其詳細意義，可從本書第4頁的Content，或是第285頁的筆畫順索引中查詢。

Dinopedia

1
Chapter

碩士篇

博物館展示品與恐龍相關書籍中，
有許多恐龍的名稱與恐龍相關用語。
你是否只是走馬看花地把它們當成一般名詞呢？
本章會詳細解釋這些用語背後的意義。

恐龍的形態與分類

暴龍
Tyrannosaurus

1902年，美國自然史博物館館長亨利・費爾費爾德・奧斯本派遣2位化石獵人——巴納姆・布朗與他的助手前往蒙大拿州的惡地，他們在那裡看到了超巨大獸腳類的化石。這個化石遠比當時已知的獸腳類化石大得多，而且是晚白堊世獸腳類中最完整的骨架。於是奧斯本決定將這副骨架包裝成美國自然史博物館的招牌。

■ 君王暴龍，誕生

1902年，亟需展示用化石的美國自然史博物館館長奧斯本，從朋友那裡獲得資訊，派遣了化石獵人（→p.250）布朗與他的助手盧爾前往蒙大拿州。兩人平安順利採集到了三角龍（→p.30）的顱骨，過程中也發現了巨大獸腳類的骨架。

這副骨架雖然只剩下一部分骨頭，卻已是當時晚白堊世的獸腳類化石中最完整的一個，保存狀態極為良好。母岩相當堅硬而難以發掘，不過奧斯本在挖掘整副骨架的工作完成前，便描述（→p.138）了這個恐龍。作為其對手的卡內基自然史博物館，也在同一個地層中發現了可能為相同物種的巨大獸腳類。若是卡內基自然史博物館搶先命名了這個化石生物，難得找到的招牌展示候選品就有可能變成同物異名（→p.140）的化石。1905年，奧斯本將這副骨架視為正模式標本（holotype。為新種命名時，做為基準的標本），為本物種賦予了 *Tyrannosaurus rex*（君王暴龍）這個華麗的學名。此外，他也為另一個僅留下局部骨架的化石賦予了 *Dynamosaurus imperiosus*（蠻橫健壯的蜥蜴）這個同樣華麗的學名，不過隔年奧斯本便親自證實這是 *Tyrannosaurus rex* 的同物異名。

■ 催促復原！

在20世紀初，一般會在化石研究大致完成後，才開始製作視覺化的復原（→p.134）圖像，作為研究成果。但奧斯本卻在化石清理（→p.130）完成之前，便著手建立暴龍的骨架圖與復原畫。1905年年末，報紙報導了他為暴龍命名的新聞；1906年時，奧斯本便在博物館公開展示組裝（→p.264）後的骨盆與後肢正模式標本。

1908年，布朗發現了以關節相連（→p.164）的暴龍骨架。該標本AMNH 5027（→p.238）除了四肢與尾巴後半部外，保存得相當完整，而且與正模式標本的個體大小相同。於是，他們便製作正模式標本的複製品（→p.132），填補AMNH 5027的缺損部分，組裝成組合化石（→p.262）。這就是1915年，在美國自然史博物館展出著名的「哥吉拉立姿」（→p.270）暴龍復原骨架。

不論他們有沒有公開展示AMNH 5027的復原骨架，都引起了萬眾矚目，在那之後的近30年內，這是全球唯一的暴龍復原骨架。世界上第二副暴龍復原骨架，則是美國自然史博物館後來組裝的正模式標本。美國自然史博物館因為財政困難而將組裝出的標本，賣給了卡內基自然史博物館。

∷ 暴龍真的很厲害

暴龍發現至今已超過100年以上，科學家其實很少發現如此巨大的獸腳類。南方巨獸龍（→p.70）、棘龍（→p.66）的全長（→p.142）雖然都比暴龍稍微長一些，但體格比起暴龍瘦小許多。

科學家們發現了許多保存狀態良好的暴龍骨架，與其他巨大獸腳類相比，暴龍的研究明顯順利許多。但另一方面，因為暴龍的人氣很高，狀況良好的骨架常被個人收藏家購買收藏，成為研究工作上不小的障礙。

亞洲也有發現暴龍科的化石。蒙古的特暴龍、中國的諸城暴龍等，都是暴龍的近親，成體化石極為相似。名為矮暴龍（→p.242）的中型暴龍類，今日則被認為可能是暴龍的幼體。

頭部 相對於身體，頭部明顯較大，成體頭部的左右擺動幅度相當廣。在獸腳類中，暴龍的頭部結構特別堅固，可能擁有最強的咬合力。與其他獸腳類相比，暴龍的眼窩（眼球所在的空洞）朝向前方，可能與肉食哺乳類一樣，擁有兩眼立體視覺。成體的牙齒非常粗，人們有時會將牙齒與巨大的牙根戲稱為香蕉。

頸部～軀幹 成體頸部較短，幼體則有稍長的頸部。與其他大型獸腳類相比，暴龍科的軀幹較短，左右較寬，暴龍的身材又特別粗壯穩重。

尾巴 為了與強壯的上半身取得平衡，與其他暴龍類相比，暴龍的尾巴特別粗重。

前肢 前肢骨頭乍看之下很粗，但與整個身體相比小了許多。相較於其他暴龍類，暴龍的前肢有退化跡象。幼體有第三指（中指）的骨頭，不過隨著個體成長，會逐漸與第三掌骨癒合。

外皮 從鼻子到眼睛上方的皮膚有角質覆蓋。科學家們曾發現頸、腰、尾巴基部附近的皮膚印痕（→p.224），有非常細小的鱗片，即使是全長超過10m的個體，鱗片也只有1～2mm。雖然不確定牠們有沒有羽毛（→p.76），但即使有應該也只是簡單纖維狀的羽毛。

後肢 後肢粗壯。作為大型獸腳類，暴龍的後肢相當長，腳也併蹠骨（→p.218）化。幼體擁有相當長的後肢，被認為是善於奔跑的特徵。

三角龍
Triceratops

化石戰爭正激烈時，奧斯尼爾・查爾斯・馬許發現他取得的「野牛化石」其實是長角的恐龍。名氣與暴龍不相上下的超人氣恐龍傳說，就從化石獵人們的嚴酷戰爭拉開序幕。

∷ 丹佛的野牛

科羅拉多州的丹佛為美國西部的代表性大都市。不過在19世紀時，仍到處都可以看到露頭（→p.106）。科學家在某處發現了一對巨大的角的化石，馬許初見時以為是新生代野牛的化石。雖然送來化石的當地研究者們向馬許說這是白堊紀地層出土的化石，但因為化石形態與野牛的角相仿，於是馬許描述（→p.138）這是滅絕的野牛新物種 *Bison alticornis*。這件事發生於1887年。

∷ 有3隻角的臉

1888年秋天，科學家在蒙大拿州的晚白堊世地層中，發現恐龍的角的化石。馬許賦予其「*Ceratops montanus*」的學名，意為「蒙大拿產的長角的臉」，並認為它是劍龍的化石。

在馬許底下工作的化石獵人——約翰・貝爾・海徹在發掘出 *Ceratops* 後，馬許要他在回程途中順便去另一個地方調查。雖然這個調查撲了空，不過海徹在路途中經過懷俄明州，獲得了其他資訊。當地的化石收藏家把形似 *Ceratops* 的大角化石拿給他看。收藏家說自己已放棄挖掘出顱骨本體，並將顱骨遺留在當地逕行離去。

過完新年後，海徹回到馬許研究室，在那裡首次見到 *Bison alticornis*，並說這個化石與 *Ceratops* 及他在懷俄明看到的角的化石十分相似。於是在馬許的命令下，海徹急忙來到寒冬中的惡地（有一整片露頭的廣大乾燥荒野，北美常將這種地方當作牧草地），挖掘剩下的顱骨本體。

馬許認為海徹發掘到的這個顱骨為 *Ceratops* 的新種，並賦予其 *Ceratops horridus* 的學名。不過，留在當地繼續發掘工作的海徹，陸續送來新的顱骨，讓馬許改變了想法。1889年7月，馬許再次描述化石，將 *Ceratops horridus* 改成了 *Triceratops horridus*（凹凸不平的長了三隻角的臉）。馬許將 *Ceratops* 與 *Triceratops* 歸類於角龍這個新分類，並認為 *Bison alticornis* 也屬於角龍。

∷ 三角龍的物種

在1889年馬許替三角龍命名為 *Triceratops horridus* 後，許多新發現物種在命名時也被歸於三角龍屬。不過這些物種幾乎都被懷疑是同物異名（→p.140），目前被普遍被認為是獨立物種的三角龍，只有2個物種。

Chapter 1 碩士篇

∷ 三角龍的成長

科學家發現的三角龍顱骨大小落差很大，有顱骨長40cm左右的幼體，也有長達2.4m的成體。

前突三角龍（*Triceratops prorsus*）被認為是皺褶三角龍（*Triceratops horridus*）演化後的物種，生存年代在皺褶三角龍之後。科學家無法區別兩者幼體的顱骨，且有找到兩者中間型的化石。過去也有人說牛角龍是三角龍的老年個體，現在則幾乎可否定這種說法。

幼體（顱骨長約40cm）
- 上眼窩角（眼窩上的角）相當短
- 頭盾（→p.212）為箱形，邊緣呈波浪狀

大型幼體（顱骨長約1.4m）
- 上眼窩角朝上彎曲伸長
- 頭盾呈扇形展開
- 頭盾邊緣有箭頭狀的小棘（緣顱骨）

大型亞成體（顱骨長約1.8m）
- 上眼窩角從根部附近開始往前方彎曲
- 緣顱骨呈圓鈍狀

成體（顱骨長最大達2.4m）
- 上眼窩角整體朝前方彎曲
- 顱骨整體持續癒合
- 眼窩周圍有許多凸出物

皺褶三角龍

前突三角龍（較長、較粗、弧度較大）

頭盾 相對較短，頂骨窗二次退化。有些化石有被暴龍（→p.28）咬過並治癒的痕跡。

皮膚 科學家有找到大範圍軀幹的皮膚印痕（→p.224），表面覆蓋著大片鱗片，鱗片的一部分有棘狀突出。腹部鱗片與鱷魚相似。

吻部 上下顎的末端有發達的喙。有齒列（→p.210）的結構，應有嚼碎植物的能力。

體型 比一般角龍大上許多，體型粗壯。全長（→p.142）最長僅約9m左右，體重（→p.143）卻遠比暴龍重。

斑龍
Megalosaurus

1824年，身為聖職者同時也是著名古生物學家的威廉・布克蘭，為「最初的恐龍」命名。他賦予的學名有「巨大蜥蜴」的意思，這讓恐龍有了「太古時期巨大爬行類」的形象。然而在那之後，被視為肉食恐龍代名詞的斑龍，卻慘遭棄置「垃圾箱」的命運。

∷ 發現「最初的恐龍」

從17世紀開始，英國各地陸續發現恐龍的化石，卻沒有人好好替它們進行分類。其中有些化石被認為是「魚齒」、羅馬軍隊帶到不列顛島的戰象骨頭，或是聖經中巨人的股骨（還被稱作Scrotum Humanum，意為「巨人的睪丸」），卻沒有人進一步研究這些化石從何而來。

18世紀後半到19世紀初，英國史東菲爾德（Stonesfield）的採石場發現了數個巨大動物的化石。研究這些化石的布克蘭，與威廉・科尼貝爾（以蛇頸龍（→p.86）的研究聞名）以及法國的喬治・居維葉（比較解剖學的權威，有研究多種古生物的經驗）等研究夥伴確認這些化石屬於已滅絕的巨大爬行類。居維葉催促布克蘭盡快發表這項研究，於是布克蘭採用了科尼貝爾的提議，將這個巨大的爬行類命名為 *Megalosaurus*（斑龍），意為「巨大的蜥蜴」。

布克蘭推測斑龍的全長約為12m（後來依據其他標本，往上修正到18～21m），為水陸兩生。布克蘭從片斷狀的化石中，發現形態獨特的股骨，於此看出這種動物與蜥蜴、鱷魚不同，為直立步行。

∷ 送進垃圾箱

理查・歐文在1842年創立了「恐龍」這個分類群，早期成員包括斑龍、禽龍（→p.34）以及林龍。此時，科學界已知禽龍的局部骨架（後來被歸為曼特爾龍）。另一方面，科學家也在史東菲爾德與其他產地陸續發現了斑龍的各種化石。其中，歐文在水晶宮（→p.148）的庭園內，製作、展示了實物大小的恐龍塑像。他將斑龍復原（→p.134）成了鱷魚與熊融合而成的動物。

後來科學家們又陸續發現了各種化石，確定斑龍是二足步行動物。另一方面，保存狀態良好的獸腳類骨架陸續出土，斑龍反而成了詳情不明的恐龍。人們對斑龍只有「典型獸腳類」這個模糊的概念，於是科學家們便將各種詳情不明的獸腳類物種硬塞入斑龍屬，使斑龍屬成了「垃圾箱分類群」。電影中看到的雙脊龍，當初命名時也被歸類為斑龍屬的新種。

Chapter 1

碩士篇

:: 斑龍再起

斑龍被視為垃圾箱分類群的狀況，在1970年代以後逐漸改善。各物種陸續被分配到新的屬，斑龍屬的模式種（設立屬時作為基準的物種）被定為 *Megalosaurus bucklandii*（巴氏斑龍）。

到了現代，獸腳類的研究仍在進行中，歐洲各地中侏羅世至晚侏羅世的地層，陸續出土了各式各樣的獸腳類（有些以前被當成斑龍屬），包括斑龍以及其近親。而美國莫里遜層（→p.178）出土的蠻龍也被認為是斑龍類。

斑龍類在中侏羅世至晚侏羅世興盛於全球各地，斑龍便是該類群的早期成員。不過目前我們仍未發現完整的斑龍骨架，其真正的姿態仍是個謎。

斑龍 今日被認為是斑龍的化石，主要為上下頜、肩、腰、四肢的骨頭。斑龍全長達7m以上，與早侏羅世的獸腳類相比，斑龍健壯許多。

蠻龍 最大、最後的斑龍類，與斑龍的親緣關係相當近。與斑龍一樣擁有又長又尖銳的牙齒。在獸腳類中，蠻龍的頭特別大。前肢看似相當健壯，但與體格相比短了一些。

美扭椎龍 原始斑龍類，與棘龍類（→p.66）有幾分相似。為斑龍類中，出土化石骨架最完整的物種，不過這具化石為相對較年輕的個體，相當瘦小。

恐龍的形態與分類

禽龍
Iguanodon

禽龍與斑龍並列為「最早發現的恐龍」而為人所知。巨大的植食性爬行類漫步在上古時代的英國，這項發現激起人們的熱情，捲起了恐龍熱潮。後來，在海的另一端的比利時，發現了禽龍的全身骨架，使事情往意料之外的方向發展。

:: 禽龍的命名

19世紀初的英國，各式各樣的業餘地質學者以及化石獵人們，開創了古生物學的黎明。年輕的開業醫師吉迪恩・曼特爾也是其中之一。他受到了同年代的瑪麗・安寧（→p.250）的激勵，開始積極採集化石，在學界也相當有名。

1822年某天，曼特爾帶著妻子瑪麗到外地訪問看診。在曼特爾診察病患時，瑪麗夫人在附近的工地發現了特別的牙齒化石（也有人說是曼特爾撿到的）。曼特爾對此相當感興趣，後來在附近的切石場也發現了同樣的牙齒化石。曼特爾看出這些牙齒是巨大植食性爬行類的化石，並在倫敦皇家學會發表這項發現，學界的反應卻相當冷淡。當時比較解剖學的權威，法國的喬治・居維葉鑑定這是犀牛的牙齒，但曼特爾仍堅持不懈地繼續研究。當初發現的化石都是經磨耗損後的牙齒，後來曼特爾終於發現了未經磨耗（換齒前）的牙齒化石。居維葉看到這個化石後，才認定這是植食性爬行類的牙齒，人們也終於認可了曼特爾夫婦的發現的重要性。

曼特爾覺得這些牙齒與美洲鬣蜥（*Iguana*）的牙齒十分相似，於是參考在這不久前獲命名的斑龍（*Megalosaurus*），想將這種生物命名為 *Iguanasaurus*。不過後來在朋友威廉・科尼貝爾的建議下，將其命名為 *Iguanodon*（禽龍）。這發生在1825年，也是斑龍獲命名的1年後。

:: 通往復原的道路

1834年，一副巨大動物的局部骨架於英國出土。曼特爾由牙齒形態鑑定出這是禽龍的骨架，於是花了大錢買下這副骨架。這副骨架一般稱作「Mantell piece」，是史上第一副出土、相對完整的恐龍骨架。曼特爾將在其他地方發現的「角」的化石組裝上去，嘗試復原（→p.134）禽龍。

1842年，在學界與曼特爾敵對的理查・歐文，提議將斑龍、禽龍、林龍（1833年時由曼特爾命名）合併為「恐龍」這個類群。歐文認為恐龍是「哺乳類性」的爬行類，並批評曼特爾的復原成品只是美洲鬣蜥的放大版。

1854年，歐文基於「Mantell piece」，在水晶宮（→p.148）的庭園內製作、展示禽龍的復原模型，並視其為自家團隊的研究結晶。曼特爾此時看出，「Mantell piece」應有修長的前肢才對，卻沒有將這個特徵反映在復原模型上。

:: 前進貝尼薩爾煤礦

後來，鴨嘴龍（→p.36）於美國出土，人們開始對歐文的復原模型產生懷疑。1878年，比利時的貝尼薩爾煤礦（→p.252）地下深處發現了大量禽龍化石，使禽龍的樣貌在短時間內清晰了起來。許多以關節相連（→p.164）的骨架陸續出土，1882年還展出了組裝（→p.264）成「哥吉拉立姿」（→p.270）的骨架。此時，終於確定曼特爾的復原工作以來，被認為是禽龍吻部上的「角」，其實是手的第一指（拇指）的爪指骨（→p.217）。

禽龍的研究在這之後仍持續著，後來英國懷特島也發現了保存狀態良好的骨架。然而，人們開始懷疑曼特爾一開始描述（→p.138）的「疑似禽龍的牙齒」是否真的來自禽龍。以貝尼薩爾煤礦為首，各地都發現了「健壯型」與「纖瘦型」的禽龍，我們無法透過牙齒的形態來區別這些禽龍與禽龍的近親。經過一番波折後，禽龍的模式種變成了貝尼薩爾煤礦出土的「健壯型」*Iguanodon bernissartensis*（貝尼薩爾禽龍）。由曼特爾最初描述之牙齒命名的 *Iguanodon anglicus*（英格蘭禽龍）則被列為疑名（→p.140）。另外，學者們則認為「Mantell piece」與懷特島及貝尼薩爾煤礦的「纖瘦型」禽龍為相同物種，且不屬於禽龍屬，改稱其為 *Mantellisaurus atherfieldensis*（阿瑟菲爾德曼特爾龍）。

禽龍的復原與變遷

1834年
曼特爾基於「Mantell piece」，復原禽龍（曼特爾龍）

1854年
歐文與班傑明·瓦特豪斯·郝金斯基於「Mantell piece」復原禽龍

1895年
基於貝尼薩爾煤礦的化石復原禽龍

禽龍　　　曼特爾龍

禽龍與曼特爾龍　兩者皆於相同地層（→p.106）內大量出土，混雜出現在同一個骨層（→p.170）內。雖然有些人認為是同一物種的兩性異型（雄性與雌性的形態有很大的差異），但兩物種的細部特徵有很大的差異。

鴨嘴龍
Hadrosaurus

今日的美國被認為是恐龍王國與恐龍研究的大本營,不過與恐龍化石研究的發源地歐洲相比,美國晚了不少,而且美國一開始只有發現一些牙齒的化石而已。改變美國恐龍研究命運的是1858年夏天,某個發生在紐澤西農場一隅的事件。

∷ 度假與恐龍

1858年夏天,美國自然科學學會的會員威廉・帕克・福克在美國東部紐澤西州的哈登菲爾德度假。當時一名居住在哈登菲爾德,名為霍普金斯的男子和福克聊到,20多年前他在農場挖到過化石。農場一隅為海相沉積層(→p.108),過去曾有泥灰岩(含有海綠石,可製成肥料)的挖掘坑,從那裡出土了大量化石。

於是福克透過科學會的關係,請求古生物學家約瑟夫・萊迪的協助,結果發現了完整度遠勝於歐洲產恐龍化石的骨架。

∷ 史上首見!恐龍復原骨架

萊迪立刻看出這個恐龍是與禽龍(→p.34)相似的新物種,並在該年內將其命名為 *Hadrosaurus foulkii*(福氏鴨嘴龍,學名意為「福克的大蜥蜴」)。

與後肢相比,牠的前肢相當短而纖瘦,故萊迪認為鴨嘴龍為二足步行動物。6年前在水晶宮(→p.148)展出的恐龍模型為四足步行,鴨嘴龍的發現為恐龍的復原(→p.134)掀起了革命。

到了1860年代後半,相關人士推出了紐約中央公園古生物博物館的建設計畫,招牌展示品是鴨嘴龍的復原骨架。他們聘請了水晶宮復原模型的製作人班傑明・瓦特豪斯・郝金斯,在萊迪的監修下,完成了史上第一副恐龍復原骨架的組裝(→p.264)工作。

郝金斯在中央公園設置工作室,製作複製品(→p.132)與組裝復原骨架。鴨嘴龍的復原骨架量產第1號順利完成,但紐約市博物館建設的相關補助金被捲入政爭,骨架遭暴徒破壞殆盡。郝金斯只得將鴨嘴龍的複製品帶出,為其他博物館量產數副復原骨架。

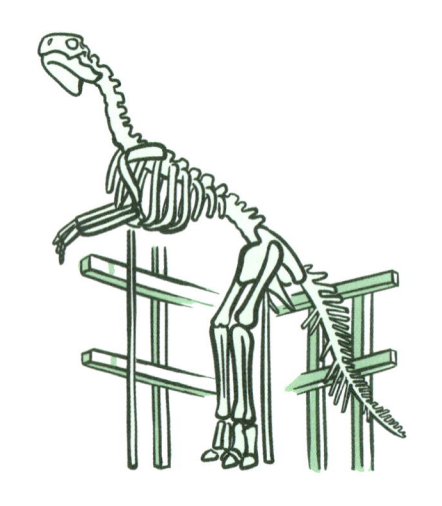

Chapter 1
碩士篇

∷ 鴨嘴龍的近親

開啟美國恐龍研究之路的是鴨嘴龍，後來卻沒有再發現新的骨架。恐龍發掘中心與化石戰爭（→p.144）一起轉移到了美國西部，在那裡陸續發現了許多鴨嘴龍的近緣種。

今日除了澳洲之外，所有大陸的晚白堊世地層中，都有發現鴨嘴龍類的化石。可見鴨嘴龍類在白堊紀相當興盛，又被稱作「白堊紀的牛」。多數物種都有發現全身骨架，有些物種還有找到皮膚印痕（→p.224）、木乃伊化石（→p.162）。日本也有發現神威龍（→p.38）與大和龍，並為其命名。

鴨嘴龍類是十分多樣化的類群，特別是顱骨的嵴飾（雞冠狀或背鰭狀的裝飾結構）在每個物種中都有不同的樣貌。然而鴨嘴龍幾乎沒有留下顱骨，所以無法確定鴨嘴龍頭部有沒有嵴飾。

埃德蒙頓龍　在加拿大與美國發現了大量埃德蒙頓龍的化石，也發現了多個大規模骨層（→p.170）與木乃伊化石。背部有由軟組織構成的四角形嵴飾。喙部相對較寬，也被稱作「鴨嘴獸龍」。埃德蒙頓龍以及其近親山東龍都相當巨大，特別是後者，全長可達15m。

副櫛龍　鴨嘴龍類可分成嵴飾為骨質且中空的類群（賴氏龍亞科），以及無中空嵴飾的類群（櫛龍亞科）。副櫛龍為前者的代表，除了加拿大與美國之外，墨西哥與中國也有牠們的近親物種。

櫛龍　與賴氏龍亞科的物種不同，嵴飾骨頭內部並非中空。在瘦長體型居多的鴨嘴龍類中，櫛龍體型相對健壯，加拿大與蒙古有許多櫛龍化石出土。

恐龍的形態與分類

神威龍
Kamuysaurus

1980年代，日本各地陸續發現恐龍化石，不過多數是在陸相沉積層中出土，幾乎無人認為可以在海相沉積層中找到恐龍化石。不過，在北海道發現的「蛇頸龍的骨頭」，後來被鑑定為鴨嘴龍類。發現化石的地點可以說是被「龍之神威」（kamui，愛努語的神）庇佑著。

∷ 發現與發掘

北海道西側各地有許多在晚白堊世沉積於海底的地層「蝦夷層群」。在鵡川町穗別地區，蝦夷層群的函淵層露出地表，是著名的菊石（→p.114）與疊瓦蛤（→p.115）產地。

2003年，當地化石收藏家發現並送至鵡川町穗別博物館的某個化石，一開始被認為是蛇頸龍（→p.86）的尾椎，而被列為化石清理（→p.130）優先度較低的標本。不過到了2011年，該化石被判定為鴨嘴龍類（→p.36）靠近尾端的部分，是鵡川町第一個恐龍化石。

重新調查發現地點後，科學家認為當地很可能埋藏著全長近8m的鴨嘴龍類骨架。這個暱稱為「鵡川龍」的化石挖掘工作，自2013年開始啟動。

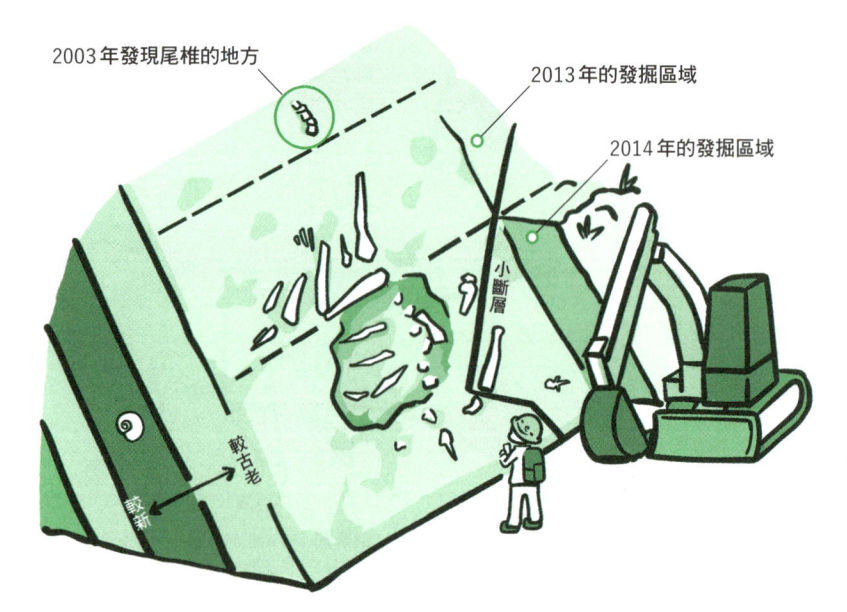

發現鵡川龍的地方是森林道路旁邊的斷崖，科學家們動用重型機械挖掘斷崖。挖掘出來的鵡川龍化石，骨架大多保持著以關節相連（→p.164）的狀態，身體右側朝著當時的海底方向橫躺著。因為地層曾反轉過，所以出土時，鵡川龍右半身側＝過去的海底側。

從鵡川龍到神威龍

鵡川龍的發掘工作在2014年時大致結束，化石清理工作持續到了2018年3月。結果發現，除了吻部與尾巴末端之外，全身骨骼幾乎都保留了下來。度過2018年9月6日的北海道膽振東部地震後，科學家們順利於2019年9月描述（→p.138）了鵡川龍，並命名為日本神威龍 *Kamuysaurus japonicus*，屬於新屬新種的鴨嘴龍類。

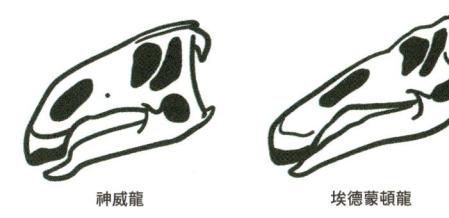

頭部 神威龍被認為是鴨嘴龍類中，埃德蒙頓龍與山東龍的近親。另外，有人認為神威龍頭上有類似短冠龍的骨質嵴飾。

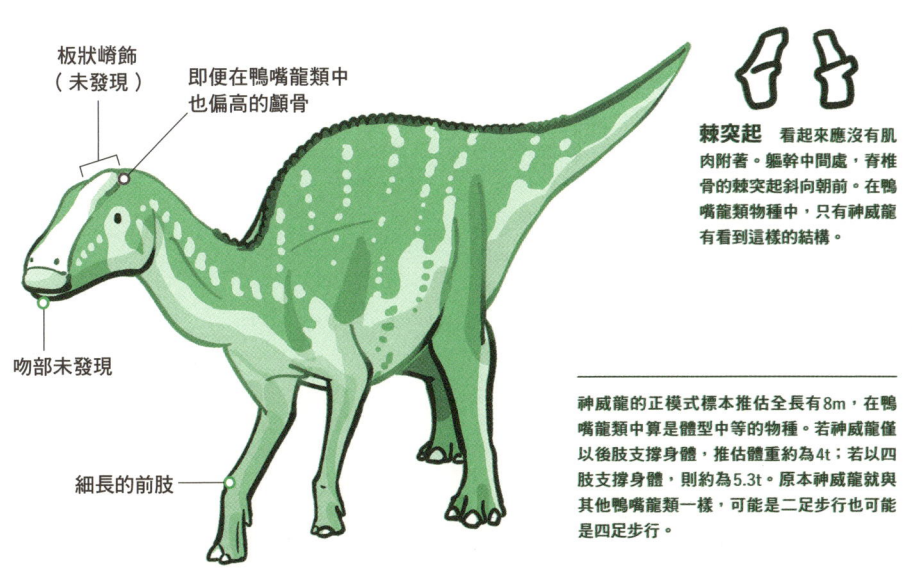

神威龍　　　埃德蒙頓龍

板狀嵴飾（未發現）
即便在鴨嘴龍類中也偏高的顱骨

棘突起 看起來應沒有肌肉附著。軀幹中間處，脊椎骨的棘突起斜向朝前。在鴨嘴龍類物種中，只有神威龍有看到這樣的結構。

吻部未發現

細長的前肢

神威龍的正模式標本推估全長有8m，在鴨嘴龍類中算是體型中等的物種。若神威龍僅以後肢支撐身體，推估體重約為4t；若以四肢支撐身體，則約為5.3t。原本神威龍就與其他鴨嘴龍類一樣，可能是二足步行也可能是四足步行。

因為這個以關節相連的骨架是在近海地層發現，所以牠很可能是在海岸附近生活的個體，死後被沖到近海，然後在該處沉至海底被掩埋後形成化石。另外，神威龍的正模式標本有許多蟲蛀狀的小洞，很可能是在沉至海底的過程中，骨頭被海中小動物啃咬所致。函淵層可說是化石的寶庫，曾有菊石、疊瓦蛤以及滄龍類（→p.92）化石出土。而且這裡也有一些陸地沉積而成的地層，含有豐富的陸地植物化石。

日本中生代地層多與函淵層同屬於海相沉積層（→p.108），一般認為不太可能會有恐龍化石。不過在發現神威龍後，人們開始熱中在海相沉積層尋找恐龍化石。

慈母龍
Maiasaura

人們在19世紀中期便已發現恐龍蛋化石，化石獵人羅伊・查普曼・安德斯率領的美國自然史博物館調查隊，在1920年代採集到了大量標本。不過，他們並未發現恐龍的胚胎或剛孵化的幼體，所以恐龍的繁殖型態一直是個謎團。

∷ 發現會育幼的恐龍（？）

在美國蒙大拿州，廣布著晚白堊世後半時，沉積於拉臘米迪亞（→p.184）靠內陸地區的雙麥迪遜層露頭。科學家曾在20世紀初的調查中，在此發現角龍與甲龍的化石，但後來便沒有在這個地層挖掘過恐龍化石。

1978年，雙麥迪遜層廣闊惡地（→p.107）的某個牧場內，發現了散亂的小型恐龍化石。接到通知的古生物學家傑克・霍納，與他的夥伴鮑伯・馬凱拉趕到當地後，看到的是凹洞中散亂的小型恐龍化石。試著往下挖掘後，不只看到了大量散亂的小型恐龍骨架，甚至還看到了蛋殼（→p.122）。換言之，謎之凹洞內埋藏著恐龍的巢穴，巢穴內有恐龍幼體與蛋殼的化石。

巢穴內有11副、巢外2m範圍內有4副鴨嘴龍類（→p.36）的幼體骨架。不過，這些鴨嘴龍類的全長達90cm，尺寸明顯比用巢穴內殘存的蛋殼碎片復原的恐龍蛋還要大。而且，距離巢穴100m處的地方也發現了未知的鴨嘴龍類成體，故可以肯定這些鴨嘴龍類都屬於同一個物種。

從巢中出土了多具幼體，且這些幼體明顯在孵化後成長了一段時間，附近則找到了可能是雙親的個體。霍納斷定這就是鴨嘴龍類會育幼的證據。在恐龍文藝復興（→p.150）勢不可擋的1979年，霍納與馬凱拉將這種鴨嘴龍類賦予了 *Maiasaura*（慈母龍）這個屬名，意為「良母蜥蜴」。

∷ 慈母龍棲息地的樣子

在那之後，科學家發現慈母龍的巢穴常集中分布，由此可知慈母龍有集體營巢的習性。後來還發現了慈母龍的大規模骨層（→p.170），使觀察骨頭剖面的組織學（→p.204）研究興盛起來。科學家們發現了各種年齡的慈母龍個體，大幅提升了人們對恐龍繁殖與成長的認識。

雙麥迪遜層因為發現了慈母龍而備受矚目，至今仍有許多調查工作在該處進行。因為在這裡發現了多種鋸齒龍類的蛋與巢穴化石，以及成體的骨架，所以當地被視為適合慈母龍與鋸齒龍類營巢的地點。直到今日，雙麥迪遜層仍作為各類群恐龍化石的一大產地而為人所知。

Chapter 1

碩士篇

040
▼
041

慈母龍的營巢地區 慈母龍的巢是個直徑約3m，高約1.5m的墳墓狀坑洞，巢與巢之間距離約7m左右。這個距離與慈母龍成體的全長相當，可避免雙親不慎踩入巢內。

營巢地點位於拉臘米迪亞內陸地區海拔相對較高的地方，與西部內陸海道（→p.186）沿線的低地相比，這裡應相對乾燥。

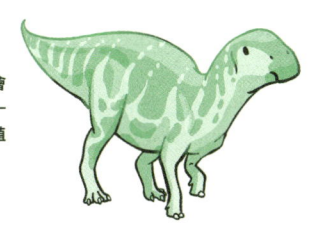

慈母龍的巢 巢的中心有個直徑約2m，深度約90cm的凹陷。慈母龍會在內部產下長徑15cm左右的蛋（圓形蛋科）。一個巢內的蛋個數並不一定，不過多在20～30個之間。成體會在蛋的表面覆蓋植物，運用日光與植物的發酵熱加溫。孵化時的幼體全長應為35cm左右。

復原後的恐龍蛋大小（長徑15cm）

∷ 其實牠們並沒有育幼？

慈母龍的營巢地區有多個全長35cm的個體（胚胎或剛孵化）一起出土的例子，以及多個全長90cm左右的個體一起出土的例子，也有兩者混合一起出土的例子。一般認為，小型個體的四肢骨骼關節尚未硬骨化，剛孵化時還不會行走。所以科學家認為在幼體成長到全長1m左右的1～2個月內，幼體無法離開巢穴，須接受雙親的照顧。

不過，小雞在關節還沒硬骨化的時期就會行走，所以也有人認為慈母龍幼體在孵化後應該就會走路了才對。現生爬行類中，也有幼體聚集在同一個地方生活的例子，所以有許多人認為慈母龍並不會照顧孵化後的幼體。恐龍繁殖型態的相關研究相當熱門，想必相關討論在未來也會持續下去。

恐龍的形態與分類

異特龍
Allosaurus

日本最有名的恐龍是哪一種恐龍呢？今日最有名的恐龍毫無疑問的是暴龍，不過在過去的日本，曾有過名氣比暴龍高的獸腳類。過去曾被稱作腔軀龍的異特龍，是日本第一個展出復原骨架的恐龍，也曾作為肉食恐龍的代表，成為怪獸的靈感來源。

▋▋ 發現異特龍

第一個異特龍化石發現於莫里遜層（→p.178），當時化石戰爭（→p.144）打得正火熱。這個標本相當殘破，以今日的標準來看，其獨特性恐怕不足以被視為單獨物種。然而，與愛德華·德林克·寇普展開激烈「戰爭」中的奧斯尼爾·查爾斯·馬許，注意到了該化石中脊椎骨的含氣化（→p.222）。此脊椎骨的特徵與當時已知的恐龍不同，所以馬許以此殘破的骨架作為正模式標本，將其命名為 *Allosaurus fragilis*（脆弱異特龍，學名意為「脆弱又異常的蜥蜴」）。

隨著化石戰爭的進展，寇普與馬許雙方都發現了大量異特龍骨架。寇普曾獲得相當完整的骨架，卻沒有發現該標本的重要性，連夾克（→p.126）都沒有正式開封。另一方面，馬許陣營在正模式標本出土的同一個骨層（→p.170）中，發現了另一副完整的骨架，但保存了死亡姿勢（→p.258）的這個樣本，卻在挖掘過程的爆裂處理中，發生了不小心把尾巴炸成粉碎的悲劇。

不管是寇普還是馬許，皆為出自莫里遜層之多個形似異特龍的獸腳類命名，並列為新種，但異特龍的研究在這段期間內幾乎沒有進展。

▋▋ 腔軀龍出現

寇普在美國自然史博物館將獲得的異特龍骨架賣給了其他收藏家。1908年製作了微縮版的復原（→p.134）骨架公開展示，描繪成異特龍正在吃迷惑龍屍體的樣子。這副骨架是第一副自立組裝（→p.265）的骨架，有趣的是，當時組裝完成的樣子並不是「哥吉拉立姿」（→p.270），而是類似現代認知的水平姿勢。馬許獲得的幾近完整的骨架（除了被炸碎的尾巴之外），則交給了史密森尼博物館，由查爾斯·W·吉爾摩繼續研究。吉爾摩覺得這副骨架比原本的脆弱異特龍標本更適合作為正模式標本。他也發現，在脆弱異特龍獲命名之前，已有一種類似的恐龍獲得命名。這種恐龍叫做腔軀龍，正模式標本只有1個尾椎（而且還不完整）。於是吉爾摩指稱腔軀龍應為脆弱異特龍的首同物異名（→p.140）。在這之後，異特龍也被叫做腔軀龍。

今日，腔軀龍被視為疑名（→p.140），可能是異特龍的同物異名。脆弱異特龍的正模式標本極為殘破，故科學家們一直希望能將史密森尼博物館的骨架指定為新模式標本。

⁞ 異特龍的墓地與日本

　　1927年，猶他州莫里遜層發現了大規模的恐龍骨層。恐龍骨層在莫里遜層中並不罕見，不過科學家們從1960年才開始認真發掘，找到了大大小小的化石，且幾乎都是異特龍的化石。這個後來被稱作「克利夫蘭勞埃德恐龍採石場」的產地，至少發現了46副異特龍骨架，一躍成為了異特龍化石的最大供應來源。科學家們從這些骨架中找出大小相仿者，組合成組合化石（→p.262）的復原骨架，販售到世界各地。當時住在美國的日本實業家小川勇吉購買了其中一副復原骨架，並寄贈上野國立科學博物館，1964年時展示於現在的日本館正面大廳。除了大部分顱骨之外，骨架中幾乎每個部分都是由實物化石組合而成。日本展示的恐龍復原骨架中，這是第一副幾乎由實物化石組成的骨架。小川先生也蒐集、寄贈了許多其他化石，日本各地的博物館都可以看到他的收藏。

頭部　圓頭、長臉，即使是同一個骨層出土的化石，每個個體的臉型也各有不同。眼窩前方有三角形的角狀突起，與2條鼻梁相連。不同物種的這個部位，發達程度似乎也不一樣。嘴巴可以張得非常大，上顎排列著短刀狀的牙齒，可能是用撞擊的方式攻擊獵物。

頸部　與其他大型獸腳類相比，異特龍的頸部較長，方便做出擺動頭部、垂下頭部等動作，也很適合用頸撞擊對手的攻擊方式。

尾巴　異特龍的復原骨架幾乎都是組合化石，尾巴通常都非常長。事實上，異特龍的尾巴長度與其他大型獸腳類相仿，末端相當細。

頭部

頸部

尾巴

蛋　科學家已鑑定出某些異特龍的胚胎、蛋、巢穴的化石，不過真正的研究才正要開始。

四肢　前後肢都偏長，3根手指都很發達。有些例子中的四肢有骨折、感染的情況，顯示個體過著嚴酷的生活。

四肢

異特龍的物種　目前被廣泛認可的異特龍屬僅有3物種，這些物種可能生存於不同時代。除了美國莫里遜之外，同時代的葡萄牙地層也有出土異特龍化石。莫里遜層還有出土體型比異特龍大的食蜥王龍，也有人認為牠們屬於異特龍屬。

劍龍
Stegosaurus

劍龍的背上排列著骨板狀的大型皮骨，獨特的外型使牠一直都擁有高知名度。在復原歷史中，人們會將各種與怪獸有關的設計與靈感添加到劍龍上，使劍龍至今仍保持著熱門恐龍的地位。

∷ 發現與復原的歷史

在美國西部開打的化石戰爭（→p.144）中，發現、命名了多種恐龍。劍龍也是其中之一。1877年時，奧斯尼爾・查爾斯・馬許描述（→p.138）了莫里遜層（→p.178）出土，含有巨大皮骨板（→p.214）的局部骨架，命名為 *Stegosaurus armatus*（裝甲劍龍，今列為疑名（→p.140））。當時只發現了1片皮骨板，馬許認為皮骨板可能是像屋瓦一樣覆蓋整個背，所以賦予牠的屬名意思是「屋頂蜥蜴」。隔年發現較完整的局部骨架後，馬許將其命名為 *Stegosaurus ungulates*（蹄足劍龍）。這個標本含有數片皮骨板與數根尾棘，他們認為棘應該與皮骨板一起長在背上才對。

1885年，科學家發現了幾乎完整且以關節相連（→p.164）的劍龍骨架，背部有2列皮骨板交互排列，且喉部有小顆皮骨散亂分布。這副骨架的尾棘部分散失，不過在其他劍龍類標本中，找到了尾巴末端以關節相連的2對（4根）尾棘。這個後來被稱作「路殺」（因為看起來像是被車輾過）的骨架，化石修整（→p.128）工作相當困難。馬許先製作了劍龍的骨架圖，然後以蹄足劍龍為主體，將化石清理（→p.130）完畢的 *Stegosaurus stenops*（狹臉劍龍）頭部與骨板組合上去。就這樣，最後組合出了背上有1列巨大骨板，尾巴有4對（8根）尾棘的蹄足劍龍，並將這副復原（→p.134）骨架公諸於世。

「路殺」骨架的化石修整工作結束後，他們發現狹臉劍龍的皮骨板比蹄足劍龍還要大。團隊曾為了骨板要如何排列而出現意見分歧，有人認為要像「路殺」的產狀（→p.160）那樣沿著脊椎交互排成2列，有人則認為要左右對稱排列；最後確定應該要交互排成2列才是正確的。

蹄足劍龍復原的變化

Chapter 1
碩士篇

∷ 劍龍以及其近親

出土了許多化石的劍龍,是劍龍類的代表物種,獨特的外貌也成為了各種研究方法的研究對象。劍龍化石不只在美國出土,也在葡萄牙同一個年代的地層中出土,分布範圍廣泛。

劍龍類主要興盛於晚侏羅世,擁有「屋頂」般大型皮骨骨板的種類,包括劍龍屬,還有被認為是劍龍屬直系祖先的西龍,以及生存於白堊紀、充滿謎團的烏爾禾龍。至今發現的劍龍,皮骨多介於骨板與棘之間(又稱為「棘骨板(splate)」),呈2列左右對稱排列在背上。

劍龍類的進化史有許多謎團,多數學者認為牠們在早白堊世便已滅絕。印度的晚白堊世地層偶爾會有劍龍類化石出土,不過保存狀況通常相當糟,難以確定其實際狀況。

骨板(皮骨板) 表面覆蓋角質,不同的物種,骨板的形狀、數量也不一樣。骨板功能有許多說法,較被認可的功能包括展示(求偶或威嚇時,誇耀身體的動作或行為)與調節體溫等。可稍稍左右擺動。有人認為劍龍興奮時,會因為表面血管擴張使骨板變得比較紅,但支持這種說法的人不多。

骨板(皮骨板)

尾棘

頭

骨架 背高相當高,與骨板十分相襯。手與後肢的結構與蜥腳類相似,無法快速奔跑。喉部與大腿附近有類似甲殼般的粒狀皮骨分布。

頭 在恐龍中,劍龍的頭特別小,牙齒結構相對單純。嘴巴末端有個圓圓的喙。腰部容納脊髓的空間相對較大,有人認為可能是「第二個腦」,具有輔助大腦的功能。以鳥類而言,這個部位不是「第二個腦」,而是名為糖原體的結構,劍龍的這個部位可能也有相同功能。

尾棘 長有2對名為尾刺(→p.216)的結構。幼體的尾棘較脆弱,成體則為相當緻密的骨頭,可做為強力武器擊退捕食者。有些個體的尾棘斷裂,可能是遭到感染。

┃ 恐龍的形態與分類

腕龍
Brachiosaurus

腕龍曾以「世界上最大的恐龍」之姿，君臨恐龍世界。腕龍的骨架研究進展相當順利，不論名氣或研究實績都曾相當突出；但近十多年來，腕龍突然變回了充滿謎團的恐龍。過去最廣為人知的腕龍來自非洲，後來卻發現牠並不是腕龍。

:: 美國的腕龍

腕龍屬的模式種 *Brachiosaurus altithorax*（高胸腕龍）的正模式標本於1900年出土，此時化石戰爭（→p.144）已結束一段時間。芝加哥菲爾德博物館的調查隊，於廣布於科羅拉多州荒野的莫里遜層（→p.178），發現了巨大蜥腳類的局部骨架。隊員想都沒想就躺在它巨大「股骨」（其實是肱骨）旁拍攝紀念照片。聽到發現恐龍化石後，大批周圍居民都前往參觀發掘行動。

進行這副骨架的化石修整（→p.128）時，原本被認為是股骨的骨頭，被鑑定為肱骨。由這根肱骨，可以知道牠的前肢比後肢長得多。這副骨架雖然只留下軀幹、肩、部分尾巴、肱骨、股骨等部分，不過率領調查隊的埃爾默・S・里格斯準確看出這個蜥腳類的體型類似長頸鹿，尾巴相當短，賦予牠的學名意義為「（軀幹很高的）前臂蜥蜴」。

即使在莫里遜層，高胸腕龍的化石也相當少見。從里格斯隊發現腕龍到現在已經超過了100年，骨架中的大部分骨頭仍未被發現。另一方面，過去被認為是「雷龍的顱骨」（→p.244）的化石，近年被鑑定為腕龍的顱骨。另外，數個曾被認為是極龍的化石，後來也被鑑定成腕龍。

:: 非洲的腕龍

20世紀初，德國的地質學家、古生物學家來到當時德意志帝國的殖民地——坦尚尼亞，積極調查化石。他們發現了許多恐龍骨層（→p.170），挖掘出了大量被認為是腕龍屬的化石，其中包含完整的顱骨與大部分的局部骨架。這些化石在描述（→p.138）時被命名為 *Brachiosaurus brancai*（布氏腕龍），並與複製品（→p.132）一起用於製作「世界最大恐龍」的復原（→p.134）骨架。

因為高胸腕龍方面只有找到不完全的骨架，所以一般人便有了「說到腕龍的話就要以布氏腕龍為主」的想法。而且在組裝高胸腕龍（→p.264）時，缺損部分會用布氏腕龍的複製品補足。

不過，進入1980年代後，開始有人認為布氏腕龍應歸類於另一個屬。當時接受這種想法的人並不多，不過今日則被廣為接受，改稱為 *Giraffatitan brancai*（布氏長頸巨龍，學名意為「布蘭卡的長頸鹿的巨人」）。因為有找到幾乎完整的骨架，所以目前與腕龍科有關的知識，幾乎都來自長頸巨龍。

Chapter 1

碩士篇

頭部 顱骨長約1m，與整副骨架相比，相對小了許多。骨架的外鼻孔位於頭頂，不過活著的時候，嘴巴附近應該也有鼻孔才對。腕龍的吻部比長頸巨龍短。就和我們在電影中看到的一樣，牠們不會咀嚼，而是將咬下來的植物整個吞下。

:: 腕龍與長頸巨龍

如今被認定為腕龍屬的物種僅剩下高胸腕龍1種。與發現了幾乎整副骨架的布氏長頸巨龍相比，我們對高胸腕龍所知甚少。但可以確定的是，兩者皆為晚侏羅世的恐龍中，體格最大的類群。以腕龍與長頸巨龍為首的腕龍科，曾在晚侏羅世到早白堊世的期間，興盛於北美、歐洲、非洲等地。

軀幹 脊椎骨的含氣化（→p.222）在蜥腳類中也算得上是特別發達的物種。腕龍與長頸巨龍軀幹的長度不同，腕龍的軀幹稍長一些。長頸巨龍的背部在靠近肩膀處有個突起，腕龍的背部則相對平緩。

四肢 腕龍與長頸巨龍的四肢都相當細長，在蜥腳類中特別纖瘦。前肢的指頭幾乎已退化，僅第一指（拇指）留下爪狀的爪指骨（→p.217）。後肢同樣相對纖瘦，不過比前肢短了不少。

腕龍

長頸巨龍

骨架與姿勢 腕龍類的軀幹呈現出傾斜朝上的樣貌，頸部沿著這個斜度繼續往上延伸。全長比不上「地震龍」（→p.246）那種尾巴特別長的梁龍類，不過體重可能比地震龍還要重很多。因為有很長的頸部、鼻孔位於頭頂，所以過去也有人認為蜥腳類生活在水中，現在則已完全否定這種說法。

恐龍的形態與分類

恐爪龍
Deinonychus

1930年代初期，美國自然史博物館的化石獵人巴納姆・布朗，率領了調查隊前往美國蒙大拿州，發掘調查早白堊世的地層。當時發掘出了許多明顯為新屬新種的恐龍化石，卻沒有描述這些恐龍。

時間來到1964年，約翰・歐斯壯率領耶魯大學皮博迪博物館來到此地。他們在這裡發現的化石打破了恐龍研究的黑暗時代，成為「恐龍文藝復興」的契機。

∷ 鐮形鉤爪

1964年8月，歐斯壯率領的調查隊找到了小型獸腳類的骨層（→p.170）。骨層內有5副獸腳類的局部骨架，以及1副中型鳥腳類的局部骨架，不過獸腳類的化石相當怪異。腳的第二趾有個巨大的鐮形爪指骨（→p.217）（曲線內側有「刃」），以關節相連（→p.164）的尾巴上，關節突起與人字骨（掛在尾椎骨下方，與尾椎骨以關節相連的骨頭，有很大的空間供血管通過）各自延伸，纏繞在一起。

歐斯壯當時認為這個獸腳類化石是個全新的發現。不過在他為了觀察標本，來到美國自然史博物館時，偶遇了2副可能為相同物種的局部骨架。當時那個暫名為「*Daptosaurus*」的恐龍化石在被鑽了組裝（→p.264）用的孔洞之後，一直沉睡在收藏庫。歐斯壯也發現，美國自然史博物館收藏的馳龍與伶盜龍（→p.50）零碎化石，與他找到的恐龍化石有類似形態。

1969年，歐斯壯發表了簡短報告，為自家團隊發現的獸腳類命名為 *Deinonychus antirrhopus*（平衡恐爪龍，學名意為「尾巴可幫助平衡，恐怖的鉤爪」）。因為他們認為這種恐龍有棒狀的尾巴，即使在激烈的捕獵行動中，也不會失去平衡，才有了這個命名。在簡短的報告之後，歐斯壯出版了詳細的描述（→p.138），並請他的學生羅伯特・巴克繪製首頁插圖，主題是快速奔跑中的恐爪龍。當時的論文已有數十年不曾有過如此生動的恐龍復原畫，這讓巴克得以推廣「恐龍溫血說」（恐龍就像鳥類與哺乳類一樣，一直保持著相對高的體溫，隨時都可敏捷活動）。就這樣，從19世紀到20世紀初的「對恐龍的傳統見解」，與各種科學領域結合、復活，催生了「恐龍文藝復興」（→p.150）。

:: 鳥的起源

歐斯壯以發現恐爪龍為契機，投入大量心力在獸腳類與鳥類的相關研究上。當時的主流意見認為鳥類與恐龍雖為近親，卻是完全不同的系統。然而，恐爪龍的化石與「最初的鳥類」始祖鳥（→p.78）相似程度相當驚人。恐爪龍的年代比始祖鳥晚了許多，於是歐斯壯認為，擁有恐爪龍般樣貌的恐龍，或許才是鳥類的祖先。這樣的意見逐漸成為主流。隨著中國發現了「羽毛恐龍」（→p.76），而在比始祖鳥更古老的地層中，也發現了多種羽毛恐龍，使歐斯壯的論點逐漸受到認同。

目前尚未發現恐爪龍的完整全身骨架。不過，科學家仍透過各種方法研究牠們直至今日，使恐爪龍至今仍是馳龍科中相當有名的恐龍。

頭部 相對於身體，頭部顯得非常大。在馳龍類中，恐爪龍的頭部相當健壯，吻部偏短。已有部分含氣化（→p.222），重量相當輕。牙齒不長。

尾巴 根部的上下可動性高，似乎可往上伸直。除了根部之外，不太能彎曲，水平方向的可彎曲程度相對較大。

軀幹 像是一般恐龍的縮小版，不過在獸腳類中，恐爪龍的軀幹相對較寬。胸部、肋骨、骨盆結構與鳥類相似。

前肢 非常長。與鳥類一樣，肘部彎曲時，手腕也會跟著彎曲。掌部相當大，爪指骨也很發達。

後肢 擁有細長後肢，卻非適合快速跑動的結構。腳相當健壯，「鐮刀爪」（形狀像鐮刀，比其他趾頭大上許多的爪指骨）之外的爪指骨也很大。

羽毛 恐爪龍化石本身並沒有找到羽毛的痕跡，不過從親緣關係上判斷，幾乎可以確定恐爪龍有羽毛。另一方面，最大的馳龍類全長達4m，而恐爪龍在馳龍類中算是相當大型的類群，復原時也須考慮到這點。

生態 歐斯壯發現的骨層，被認為是與腱龍兩敗俱傷的恐爪龍群。另一方面，這裡提到的「群」，與今日我們所知的狼群等動物集團，或許並不是相同的概念。也有人認為這些化石是恐爪龍互食的結果。

伶盜龍
Velociraptor

因為曾在電影中位居主角級的地位,使得伶盜龍成為今日最有名的恐龍之一(譯註:電影常譯為「迅猛龍」)。人們常暱稱其為「raptor」,不過伶盜龍的實際樣貌與電影中的「raptor」並不怎麼相像。那麼,若拋開電影中的形象,實際的伶盜龍又是什麼樣的動物呢?

∷ 最初的發現

1923年,化石獵人(→p.250)羅伊·查普曼·安德斯率領的美國自然史博物館中亞探險隊,在調查過程中發現第一個伶盜龍化石。在他們調查「烈火危崖」時,除了發現大量「原角龍的蛋」(→p.52、p.122),還有以偷蛋龍(→p.54)為首的各種獸腳類化石,其中也包含了纖瘦小型獸腳類的完整顱骨。

研究該顱骨的亨利·費爾費爾德·奧斯本,一開始將這種恐龍命名為「*Ovoraptor djadochtari*」,不過重新思考後,改將牠命名為 *Velociraptor mongoliensis*(蒙古伶盜龍)。同時被命名的偷蛋龍以「偷蛋」而著名,相對的,只找到顱骨與部分手部的伶盜龍,在當時的知名度相對低了許多。事實上,此時除了顎的碎片之外,也發現了包括「鐮刀爪」在內的大部分足部化石。不過,在發現恐爪龍(→p.48)以前,這些化石並沒有受到關注。

∷ 成為人氣恐龍的道路

進入1970年代以後,伶盜龍才一躍成為聚光燈的焦點。以「蒙古娘子軍」著稱的波蘭-蒙古共同調查隊,在戈壁沙漠發現了以關節相連(→p.164)的原角龍與伶盜龍骨架,且兩者糾纏在一起,為所謂的「搏鬥化石」(→p.166)。這個化石不僅產狀(→p.160)相當耐人尋味,也是首次發現伶盜龍與馳龍類的完整骨架。

進入1980年代後,出現了與伶盜龍有關的「奇論」。有人認為恐爪龍是伶盜龍的同物異名(→p.140),應將平衡恐爪龍改為平衡伶盜龍才對。雖然伶盜龍的描述(→p.138)幾乎沒有進展,其他學者也沒有接受這個說法,但某些以一般大眾為讀者的書籍卻介紹了這個論點,造成出乎意料的混亂。某個科幻作家參考這本書而寫下的小說大賣,拍成電影後也成為了全球人氣作品。《侏羅紀公園》的「raptor」(→p.260)為伶盜龍,卻是參考平衡恐爪龍的形象描寫而成。

電影中,角色「raptor」的參考對象是恐爪龍,這個形象一直持續到今日,不過伶盜龍的研究在這之後仍相當活躍。現生鳥類的飛羽附著結構,亦可在伶盜龍身上找到,故幾乎可以確定伶盜龍全身覆有羽毛(→p.76)。也有人認為伶盜龍屬可能包含了多個物種。

Chapter **1**

碩士篇

∷ 伶盜龍的外觀

現在已有許多伶盜龍化石出土,其中也有不少是以關節相連的骨架。在晚白堊世的戈壁,伶盜龍似乎並不罕見。讓我們試著比較電影中的伶盜龍「角色」與實際伶盜龍的外觀吧。

頭部 不同物種的吻部,長度略有差異。不過不管是哪個物種,都比恐爪龍或「raptor」的吻部長,頭占身體的比例也非常大。鞏膜環(→p.206)的研究顯示,伶盜龍很可能為夜行性。

頭部 | 頸部、軀幹、尾巴

前肢

後肢

實際的伶盜龍

頸部、軀幹、尾巴 基本結構與恐爪龍相同,不過比恐爪龍纖瘦。頸部比恐爪龍略長,肩部結構比恐爪龍還要像鳥類,但這不代表伶盜龍與鳥類的親緣關係,比恐爪龍與鳥類的親緣關係更近。

前肢 與恐爪龍相似,但比恐爪龍稍短,手部的爪指骨(→p.217)也比較小。像鳥一樣可以折起來,可以做出像是拍翅膀般的動作,卻沒辦法像人類一樣做出轉動手腕的動作。身上可以找到類似鳥類骨架中的飛羽附著點般的結構,但比鳥類的對應結構還要貧弱許多。很可能與鳥類翅膀結構相似,但功能是否與現生鳥類相同則是另一個問題。

後肢 與恐爪龍相似,但比恐爪龍的後肢長。鐮刀爪的彎曲程度較小,比恐爪龍還要細一些。

電影所描繪的「raptor」

大小 「raptor」被描繪成了大小與恐爪龍相仿,或者比恐爪龍大的樣子。伶盜龍全長最大約為2.5m。若不計尾巴,體型大致與大型犬相仿。

恐龍的形態與分類

原角龍
Protoceratops

「角龍」以牠們巨大的角而得名，但回顧角龍的演化史，有角的物種僅限於最後的最後才出現的類群。研究史上一直以「無角角龍」著稱的原角龍，亦以出土大量化石而著名。

∷ 謎之動物化石

1922年9月，化石獵人（→p.250）羅伊・查普曼・安德斯率領的中亞探險隊採集了許多恐龍與哺乳類的化石，準備為首年度的調查活動收尾。已進入初秋的戈壁沙漠，天氣逐漸變得寒冷，探險隊必須盡早撤離該地區。然而探險隊不小心迷了路，浪費了3天。9月2日，獨自一人留下來等待接送車輛的發掘隊攝影師，在崖邊發現了雙手才能捧起的動物顱骨化石。這個崖在夕陽的照耀下像是在燃燒的樣子，故名為烈火危崖（Flaming Cliffs）。直到日落前，他雖然還發現了幾個骨頭與蛋殼（→p.122），但因為趕著回去，於是將正式調查活動延到下個年度。

烈火危崖當初被認為是新生代的地層，發現的顱骨也被認為是哺乳類。不過在化石清理（→p.130）結果出來後，確認是與角龍十分相似的化石，除了沒有角這個特徵。於是，研究團隊便在1923年以這個化石為正模式標本，命名為*Protoceratops andrewsi*（安氏原角龍，學名意為「安德斯的，有原始角的臉」）。原本研究團隊認為這是沒有頭盾（→p.212）的正模式標本，但在同一年的調查中，發現了大量原角龍的追加標本，才知道這個正模式標本為頭盾還沒長出來的幼體。

1923年的調查中，在烈火危崖發現了大量的恐龍蛋與巢穴化石。這些化石其實主要來自偷蛋龍（→p.54）與偷蛋龍的近親物種；但當時沒有發現胚胎化石，所以用消去法判斷這些蛋化石來自這個產地中數量最多的原角龍。

∷ 白堊紀的羊

在安德斯調查隊發現原角龍的100年後，科學家仍陸續發現大量原角龍化石。過去原角龍化石多出土於沙漠或半沙漠環境下沉積的地層，其中的「搏鬥化石」（→p.166）相當有名。發現以關節相連（→p.164）的骨架時，這些骨架常面向斜上方或正上方，有人認為這表示牠們是在將要被活埋的時候，想逃出卻力竭而亡，或是在巢穴休息時直接被沙塵暴掩埋。

安德斯調查隊沒能找到的剛出生幼體、真正的「原角龍蛋」、巢穴、胚胎等，近年陸續出土。化石顯示原角龍蛋就像蜥蜴或鱷魚那樣，蛋殼偏軟。除了原角龍蛋之外，目前仍尚未找到其他可斷定為角龍蛋的化石，這可能是因為蛋殼太軟，難以化石化。

原角龍以及其近親物種已有相當多化石出土，在恐龍研究中，相關研究進展得特別順利。因為出土量相當多，所以原角龍也被稱作「白堊紀的羊」。原角龍的發現量多到看不到盡頭，化石獵人們有時還會特意避開。

Chapter 1

碩士篇

052
▼
053

∷ 原角龍以及其近親

戈壁沙漠一帶有許多原角龍及其近親物種的化石，但原角龍科僅在中亞地區出土。北美雖然也有發現樣貌與原始角龍類相似的物種，但現在科學家把牠們歸類為不同類群（纖角龍科）。

巨鼻原角龍

生態 發現化石時，常是多個大小相近的個體一起出土，所以科學家認為牠們可能是群體生活，然後一起被掩埋。由鞏膜環（→p.206）的形態可以知道，牠們可能不分晝夜都在活動。

軀幹、尾巴 軀幹前後非常短，左右相對較寬。腰部的左右寬度非常窄，這點與鸚鵡嘴龍等二足步行的原始角龍差不多。尾巴的棘突起伸長成鰭狀，但至今仍無法確定這會不會在游泳時派上用場。

頭部 在角龍中，原角龍的頭部比例特別大，從正面觀看時，會以為四肢是從頭部長出來。頭盾邊緣有小棘般的波浪，吻部有像是鼻尖般的凸起。安氏原角龍的嘴巴末端有釘狀牙齒，後來出現的巨鼻原角龍的釘狀牙齒則退化。

軀幹、尾巴

安氏原角龍

四肢 相對纖瘦、後肢較長的特徵，源自二足步行的祖先。有人認為在臉部小的幼體時期，原角龍可能是二足步行。與三角龍等較晚期的角龍類不同，原角龍的前肢稍微有些O形腿。

四肢

偷蛋龍
Oviraptor

蒙古曾發現大量的恐龍蛋化石。在巢穴旁倒下的小型獸腳類,被抹上「恐龍蛋小偷」的汙名。在那之後過了100年,新的證據洗清了偷蛋龍的汙名,但真相或許仍埋藏在蒙古的紅沙中。

∷ 發現「恐龍蛋小偷」

1920年代前半,傳說的化石獵人(→p.250)羅伊・查普曼・安德斯率領的自然史博物館的中亞探險隊前往蒙古,展開大規模調查活動。在「烈火危崖」的調查中,發現了大量恐龍蛋的化石(→p.122)。雖然蛋內沒有東西,不過周圍找到的恐龍化石幾乎都是原角龍(→p.52)的化石,所以這個蛋化石也被認為是原角龍的蛋。

探險隊還在「烈火危崖」發現了「原角龍的巢」與某種趴在巢上的未知小型獸腳類的骨架。這副骨架經風化後失去了下半身,上半身卻保持著以關節相連(→p.164)的狀態。亨利・費爾費爾德・奧斯本判斷這是對「原角龍的巢」發動襲擊卻被沙塵暴活埋在巢中的小型獸腳類,於是賦予牠 *Oviraptor philoceratops*(嗜角偷蛋龍,學名意為「喜歡角龍蛋的恐龍蛋小偷」)的學名。

∷ 被冤枉的證據與不明的身分

就這樣,偷蛋龍被描寫成「恐龍蛋小偷」的形象,直到1990年代,狀況才有所改變。調查隊在中國內蒙古自治區「原角龍的巢」中,發現了偷蛋龍的骨架,維持現生鳥類的抱卵姿勢,端坐在巢的正中間。

蒙古重新鑑定了「原角龍的蛋」,確認裡面是偷蛋龍類物種的胚胎化石。過去被認為是原角龍蛋的化石,其實都屬於偷蛋龍類。而且後來陸續發現多個端坐在「偷蛋龍類的巢」中的偷蛋龍類化石,洗刷了偷蛋龍是「恐龍蛋小偷」的汙名。偷蛋龍的正模式標本,其實是在保護自己的蛋時被活埋。

雖然洗刷了偷蛋龍的汙名,但隨著分類學研究的進步,原本被認為是嗜角偷蛋龍的化石,後來被陸續鑑定成其他物種。偷蛋龍的化石只剩下保存狀態不良的正模式標本、牠的蛋,以及旁邊新發現的胚胎化石。

巢為墳墓狀,蛋排列成甜甜圈狀,兩兩併在一起。可能有多頭雌龍會共用同一個巢。子代孵化後應能立即開始步行。蛋呈細長狀,中國的化石則帶有一些藍綠色色素。

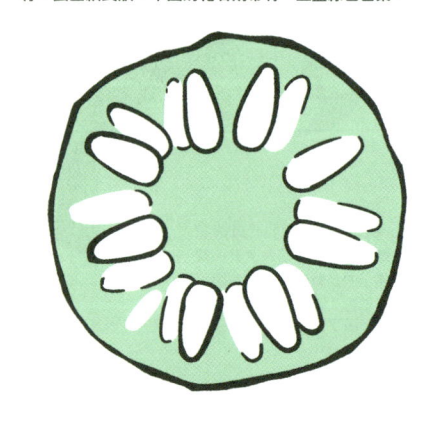

⁝⁝ 偷蛋龍以及其近親

　　偷蛋龍科的化石只有在亞洲發現，不過偷蛋龍近親——近頜龍科則有在北美出土，其中包含了全長達7m的巨盜龍。這2個類群的頭上大多長有嵴飾，不過本節主角的偷蛋龍卻沒有嵴飾。

與偷蛋龍科祖先為近親的近頜龍，從頸部到軀幹都長有羽毛（→p.76），前肢與尾巴末端也有飾羽般的長羽毛。科學家發現了偷蛋龍與近頜龍科的尾綜骨（→p.221），所以牠們的尾巴可能長有飾羽。

目前仍不確定營巢個體是否使用自身體溫直接為蛋保溫。同屬於偷蛋龍科的葬火龍，則可能是由雄性營巢。

頭部　質地輕，下頜卻相當堅固。雖然未發現偷蛋龍的嵴飾，但比起同科的瑞欽龍（右），應與葬火龍（左）更為相似。

前肢　偷蛋龍科各物種的前肢長度各有不同。偷蛋龍與葬火龍的前肢（上）較長，三頭鷹龍的前肢（下）則極為短小，且只有2根指頭。

⁝⁝ 所以牠們到底吃什麼？

　　偷蛋龍科的顱骨形狀非常奇怪，所以關於牠們的食性也有很多種意見。某些研究者認為偷蛋龍為半水生，下頜堅固的結構就是用來吃貝類。不過現在一般並不認為偷蛋龍為半水生。偷蛋龍的化石多出土於沙漠等風成沉積層，並不支持偷蛋龍為半水生的說法。

　　偷蛋龍科並沒有能撕裂肉類的牙齒，也沒有尖喙，多數研究者都同意牠們不是肉食。許多研究者認為牠們可能為植食性，以堅果或種子為食。另一方面，偷蛋龍出土的地層很少發現花粉（→p.202）化石，所以我們很難得知當時的植被狀況。

　　如果偷蛋龍顱骨結構適合吃堅果或種子等堅硬食物，那麼牠們或許也能咬破蛋殼。當眼前有營養豐富的蛋時，偷蛋龍會怎麼做呢？

恐手龍
Deinocheirus

2013年，一項報告震撼了學界。過去40多年以來，恐手龍一直是充滿謎團的恐龍，這次卻一次出土了2副骨架。除了顱骨與足部以外的部分，幾乎都保存得相當完整，然而卻與2000年代推測的恐手龍樣貌完全不同。到了2014年，由這項報告整理而成的論文出版，再度引起學界譁然。恐手龍從頭到腳的全身樣貌就在眼前。

∷ 蒙古的超巨大獸腳類

1960年代，波蘭與蒙古合作在戈壁沙漠進行化石發掘調查。因為這個調查隊有許多來自波蘭的女性研究者，所以後來中國研究者稱其為「娘子軍」。然後於1965年，在耐梅蓋特層發現了巨大的恐龍手臂。

現場留下的是完整的肩帶與前肢，以及些許肋骨、腹肋骨的碎骨。由化石形態可明顯看出為獸腳類的化石，但光是手臂的大小就長達2.4m。

負責描述（→p.138）化石的哈茲卡‧奧斯穆斯卡發現，這個化石有許多與似鳥龍（→p.58）一致的特徵。另一方面，爪指骨（→p.217）的形態則與既有恐龍都不一樣，與似鳥龍類其他物種相比顯得大了不少。奧斯穆斯卡賦予這種恐龍 *Deinocheirus* 這個屬名，意為「恐怖的手」，並在煩惱一陣子後，將其歸於斑龍類（→p.32）。

∷ 謎之巨大鴕鳥恐龍

科學家一直沒有發現恐手龍的新標本。由於鐮刀龍（→p.60）與恐手龍都擁有很長的手臂，所以有研究者認為兩者可能為近親。到了1990年代初期，許多恐手龍的復原（→p.134）版本紛紛出爐，包括長著巨大手臂的暴龍（→p.28）姿態、全長超過10m的巨大似鳥龍姿態、「慢龍」風格的姿態等等。

進入2000年代後，恐手龍確定被納入似鳥龍類（包含似鳥龍屬的大型類群）底下，做為描述者的奧斯穆斯卡也支持這個決定。發現恐手龍與似鳥龍類有類似之處的奧斯穆斯卡並沒有看走眼。不過，恐手龍的標本仍舊只有正模式標本，復原時也只能使用既有的似鳥龍類骨架，再將手臂換成恐手龍的手臂。

Chapter 1
碩士篇

:: 被盜挖的全身骨架

　　2006年起，韓國與蒙古開始在戈壁沙漠進行共同調查。這個調查團隊內還包含了日本、美國、加拿大、中國的研究者，可以說是國際色彩豐富的調查團隊。

　　首年度的2006年，他們就在耐梅蓋特層發現了怪異的獸腳類骨架。雖然骨架被盜挖者破壞得很嚴重，調查隊仍採集到了肩膀到尾巴都連接在一起的脊椎骨、部分骨盆，還有腳掌以外的後肢。他們估計這頭恐龍的全長在7m以上，但與已知出土於耐梅蓋特層的恐龍化石並沒有一致的特徵。

　　2008年，韓國－蒙古共同調查隊到恐手龍正模式標本的發掘現場進行再發掘活動，調查是否有沒採集完的標本。此時發現了有特暴龍齒型的骨頭，表示恐手龍的正模式標本可能被特暴龍吃下了一部分。但除此之外，他們並沒有發現其他化石。

　　2009年，韓國－蒙古共同調查隊發現了巨大的盜挖現場。當初被認為遭盜挖特暴龍化石的地方，居然發現了恐手龍的肩帶。

　　遺留在發掘現場的骨架仍保持以關節相連（→p.164）的狀態，頭部、手掌、腳掌都被盜挖帶走。這副骨架的特徵與2006年發現的骨架一致，故可確定2006年發現的骨架也是恐手龍的骨架。

　　2011年，接到化石販賣業者的訊息後，研究者們飛往比利時，在那裡看到了2009年發現之骨架佚失的頭部、手掌、腳掌。這些盜挖的化石經由日本，被賣給了比利時的化石收藏家。2013年時，這些化石被送回蒙古，並在2014年發表了相關論文。

頭　基本結構與其他似鳥龍類相同，吻部非常長，下顎有一定高度，所以乍看之下與其他似鳥龍類完全不同。嘴巴末端的左右寬度很廣，類似鴨嘴龍類。

脊椎骨　看似比其他似鳥龍類的脊椎骨健壯不少，但含氣化（→p.222）程度高，所以比較輕。與其他似鳥龍類不同，恐手龍軀幹的棘突起相當高。

前肢　結構與其他似鳥龍類相似，不過從全身比例看來，前肢顯得相當健壯。手掌末端的爪指骨彎曲程度很大，與原始似鳥龍類相似。

後肢　比其他似鳥龍類的後肢短，幾乎沒有高速跑動的特徵。腳的爪指寬末端呈方形，與鴨嘴龍類有些類似。

似鳥龍　　恐手龍　　鴨嘴龍類

似鳥龍
Ornithomimus

以似鳥龍為首的似鳥龍類恐龍，過去一直有著「鴕鳥恐龍」的稱號。從20世紀初起，許多出土的似鳥龍類全身骨架與鴕鳥外觀相似，不過直到最近，科學家們才認真比較牠們的演化與生態。

▪▪ 馬許的「擬鳥」

似鳥龍類的第一個化石，是在「化石戰爭」（→ p.144）打得正熱的1889年，於美國科羅拉多州出土。這個化石為手部與足部碎片，後來送到奧斯尼爾‧查爾斯‧馬許手上。比起過去曾發現的各種恐龍，這種化石的足部形態比較接近現生鳥類，具有後來稱作「併蹠骨」（→ p.218）的獨特結構。雖然足部與現生鳥類相似，但手部結構卻很不相像。馬許賦予其 *Ornithomimus*（似鳥龍）的屬名，意為「擬鳥」。

在那之後，美國西部也發現了數個相似的足部化石，馬許亦將其歸類於似鳥龍屬。不過這些化石其實幾乎都不屬於似鳥龍類，其中包含了小型的阿爾瓦雷斯龍類與大型暴龍類（→ p.28）。馬許將某些化石認定為某種似鳥龍，不過在暴龍被賦予命名後，這些化石被鑑定出是君王暴龍的後肢。

▪▪ 全球的鴕鳥恐龍

進入20世紀後，加拿大也發現了數副保存狀態良好的骨架，使似鳥龍的「擬鳥」姿態更為明朗。似鳥龍屬與牠們的近親都擁有鴕鳥般的長頸、小小的頭、長長的後肢，也擁有細長前肢與相對較長的尾巴。後來在亞洲與歐洲也有發現似鳥龍類物種，廣泛分布於白堊紀的勞亞古陸（→ p.176）。

晚白堊世的似鳥龍類，姿態多與「鴕鳥恐龍」這個稱呼相符，早白堊世的似鳥龍姿態也不會差太多。在演化的早期階段，似鳥龍類便已演化出基本姿態，之後再慢慢地讓骨架結構變得洗鍊。另一方面，近幾年的鑑定結果發現，似鳥龍類也演化出了恐手龍（→ p.56）這類體型、大小與「鴕鳥恐龍」相差甚大的類群。這表示似鳥龍類的外貌與生態，比過去我們所認為的還要更為多樣。

似鳥龍類常會形成骨層（→ p.170），表示牠們可能一般會採取集體行動。牠們的牙齒與喙並不適合撕咬肉類，體內還有發現胃石（→ p.125），表示牠們可能是雜食性或植食性。有些化石擁有角質羽毛（→ p.76）與喙，使研究者們試著從各種觀點出發，對牠們展開研究。

碩士篇

■ 鴕鳥恐龍的演化

似鳥龍類的化石幾乎都在勞亞古陸的範圍內發現。最古老的似鳥龍類——恩奎巴龍，出土於當時為岡瓦納古陸（→p.182）的非洲南部早白堊世地層。其他原屬於岡瓦納古陸的地區，並沒有發現確定為似鳥龍類的化石，侏羅紀地層也沒有找到似鳥龍類化石。似鳥龍類的化石容易與親緣關係很遠、樣貌卻十分相似的西北阿根廷龍類化石混淆，造成人們混亂。

原始似鳥龍類擁有小小的牙齒，其中包含了總共約有220根牙齒的似鵜鶘龍。原始似鳥龍與其他獸腳類一樣，擁有4根腳趾。晚白堊世出現的進化型物種中，第一趾（拇趾）退化，只剩3根腳趾，腳背轉變成了併蹠骨結構，適於快速跑動。

頭部 從全身比例看來，頭部顯得相當小，巨大眼窩十分顯眼。不同物種的吻部末端各不相同。似鵜鶘龍的枕部有由軟組織構成的小型嵴飾，也有發現可能是喉袋的結構。

軀幹、尾巴 在進化型的獸腳類中，似鳥龍的軀幹前後較長。數種似鳥龍類被發現時，體內積有大量胃石。尾巴偏短，但比偷蛋龍類長許多。尾巴中段以後突然變得很細，為直棒狀。恐手龍的尾巴末端轉變成了尾綜骨（→p.221）。

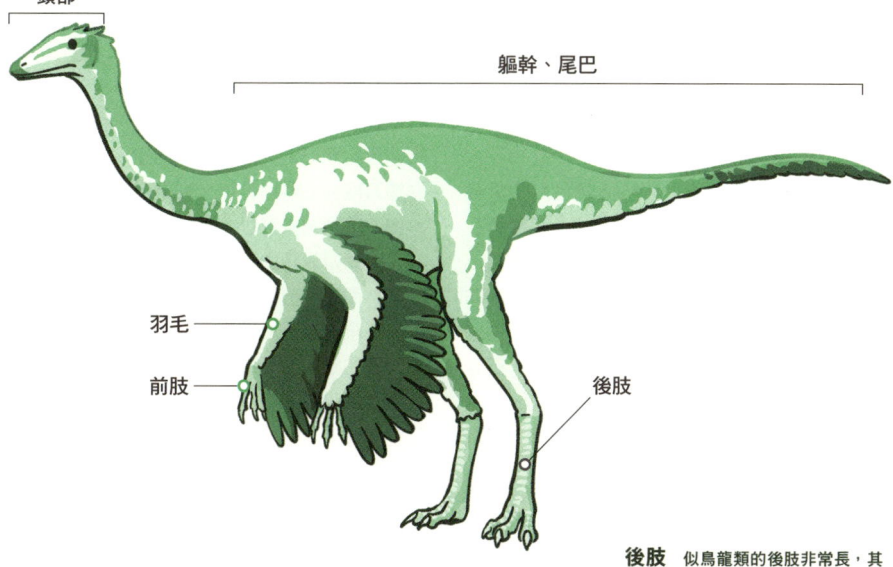

前肢 非常細長，手指也很長。各物種的手部形態各不相同，不過基本上結構都不適於攻擊獵物。

羽毛 似鳥龍身上有纖維狀的簡單羽毛。前肢骨也有形似羽毛附著點的結構。尾巴末端可能有飾羽般的羽毛，卻沒有直接證據。

後肢 似鳥龍類的後肢非常長，其中又以進化型的「鴕鳥恐龍」特別長。與鴕鳥不同的地方在於，即使是進化型的似鳥龍，接觸地面的腳趾仍有3根。進化型物種的腳掌已併蹠鈣化，難以與進化型暴龍類幼體區別。

恐龍的形態與分類

鐮刀龍
Therizinosaurus

即使21世紀已過了20多年，世界上仍有許多謎團般的恐龍。在蒙古發現的鐮刀龍，當初甚至還不確定是否為恐龍。隨著近親物種研究的進展，科學家逐漸推論出牠的樣子，然而鐮刀龍的真實樣貌仍被層層謎團包圍著。

∷ 謎之巨龜？

1948年，欲在蒙古開闢恐龍化石新產地的蘇聯調查隊，在耐梅蓋特層發現了3個巨大爪指骨（→p.217）化石。其中1個化石的長度超過50cm，附近還有發現掌骨以及長度超過1.2m的肋骨碎片。這個肋骨異常寬厚，有人覺得與原蓋龜、古巨龜等白堊紀巨大海龜的肋骨相似。雖然研究人員不曉得這個化石到底屬於什麼動物，但因為肋骨相似，所以認為這可能是像龜類般體型寬廣扁平的水生動物的化石。爪指骨應來自前肢，可能用於割取、收集水草。

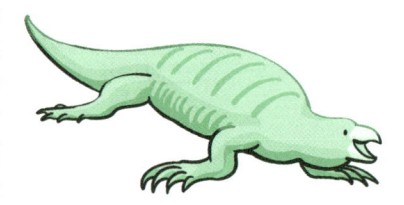

∷ 蜥腳類？獸腳類？或者都不是？

進入1970年代後，研究人員找到了重要線索，幫助我們了解鐮刀龍的樣貌，那就是在1973年發現的肩帶與前肢化石。這段期間，蒙古陸續發現了許多怪異的恐龍化石。被稱作慢龍的恐龍，擁有「古蜥腳類」般的顱骨與足部，以及相對長的頸部、相對寬的軀幹，恥骨朝後的骨盆，也與獸腳類物種差異很大。

鐮刀龍的肩膀、前肢與慢龍類相似；所以在進入1990年代後，鐮刀龍被視為巨大的慢龍類。1954年為鐮刀龍命名時，也設立了鐮刀龍科，並將慢龍類歸於鐮刀龍科下。

在1990年代以前，學者們曾激烈爭論過鐮刀龍的分類，當時許多人認為鐮刀龍不是獸腳類，較接近「古蜥腳類」類群。不過到了1999年，在中國發現了原始的鐮刀龍類——北票龍，其擁有許多獸腳類特徵。過去被用來辨別鐮刀龍類的「古蜥腳類特徵」，似乎只有在鐮刀龍身上特別發達。於是多數研究者皆同意鐮刀龍類為獸腳類。

與鐮刀龍類的分類有關的討論逐漸找到共識，然而鐮刀龍的化石仍舊只有肩帶與手臂，以及不曉得是屬於鐮刀龍還是屬於其他鐮刀龍類物種的腳骨。同樣在耐梅蓋特層發現的「只有手臂的恐龍」恐手龍（→p.56），近年也發現了全身骨架。那麼，要什麼時候才能找到鐮刀龍的全身骨架呢？

Chapter 1
碩士篇

060
▼
061

∷ 鐮刀龍的身體

目前可斷定為鐮刀龍的化石,只有肩帶與前肢,但如果把範圍擴大到整個鐮刀龍類,便可包含到有多個部位的出土化石。雖不曉得什麼時候可以「對答案」,但總之先讓我們來看看目前推測的鐮刀龍全身樣貌吧。

頭 小型鐮刀龍類——死神龍已有完整顱骨出土。在同一個地層內發現的慢龍下頜往下彎曲,可見鐮刀龍的顱骨十分多樣。

羽毛 研究人員發現了北票龍的羽毛(→p.76);與鳥類不同,北票龍的羽毛結構較單純,且覆蓋全身。另外,也發現了尾綜骨(→p.221),表示牠們可能有飾羽。另一方面,鐮刀龍的全長為北票龍的4倍以上,可能住在比北票龍溫暖的環境,所以不需要羽毛保溫。

頸部、軀幹、尾巴 某個出土的南雄龍化石幾乎保存了完整的頸部與軀幹。軀幹的腰部附近相當寬,骨盆的左右也相當寬,可承受整個軀幹的重量。尾巴偏粗短,從腰部垂直往上延伸。與其他二足步行的恐龍不同,步行時可抬起上半身。

前肢 就全身比例而言,前肢並沒有長到很誇張。鐮刀龍的前肢在鐮刀龍類中也算得上是相當獨特的樣子,爪指骨非常薄,彎曲程度較小,鐮刀龍類前肢的可動範圍並不廣,應無法大幅張開手臂揮爪攻擊。

後肢 在已知化石中,鐮刀龍類的小腿並不長。整體而言,後肢相當健壯,腳腕到腳尖的結構乍看之下與「古蜥腳類」相仿。腳的4個爪指骨都非常大,呈薄薄的鉤爪狀。4根腳趾可留下極具特徵的足跡。

| 恐龍的形態與分類

甲龍
Ankylosaurus

皮骨發達的裝甲類當中，包含了背上排列著骨板狀皮骨、尾巴上有長長尾刺的劍龍類，以及使皮骨如裝甲般覆蓋全身的甲龍亞目。甲龍亞目中最有名的恐龍就是甲龍，但牠們的實際情況尚有許多不明之處。

∷ 甲龍亞目的發現

甲龍亞目是最早期發現的恐龍之一。1832年在英國發現的甲龍亞目化石，是恐龍史上第一副發現的以關節相連（→p.164）之局部骨架。隔年的1833年，由吉迪恩・曼特爾賦予其 *Hylaeosaurus armatus*（武裝林龍）的學名，意為「武裝的森林蜥蜴」。

這是繼斑龍（→p.32）、禽龍（→p.34）之後，史上第三個被命名的恐龍。不過後來幾乎沒發現牠們的化石，至今我們對林龍的了解仍不多。

∷ 甲龍之謎

除了歐洲之外，後來美國也有發現甲龍亞目的骨架。不過「甲龍亞目」這個分類直到1920年代才確立，過去則與劍龍（→p.44）同歸於劍龍類。

進入20世紀後，研究人員才發現目前甲龍亞目中最著名的甲龍的化石。1906年，傳奇的化石獵人（→p.250）巴納姆・布朗所率領的美國自然史博物館調查隊，到美國蒙大拿州的惡地（→p.107），發現了含有顱骨的局部骨架。1908年時，布朗將這副骨架命名為甲龍，但骨架僅有局部身體，包含尾巴在內的缺損部分，則是透過劍龍補全，才能畫出骨架圖。

進入1920年代後，研究人員確認到某些甲龍亞目的尾巴末端有鐵槌狀結構，也了解到某些種類的甲龍亞目有鐵鎚，某些沒有。甲龍屬於前者，後來終於發現了有鐵鎚結構的化石。不過直到今日，我們仍未發現甲龍的全身骨架。

∷ 奇蹟的化石們

研究人員在蒙古發現了數種甲龍亞目，牠們有些被沙塵暴活埋，有些在死後迅速被沉積物掩埋，所以全身仍保持著以關節相連的狀態。這些骨架呈臥姿狀態，腹部的裝甲保存得很好，不過背部的鎧甲卻容易因為風化、侵蝕而消失。北美有時會發現仰躺的甲龍化石，牠們死後經水流搬運，受腐敗時產生的氣體影響而轉為仰躺姿勢，氣體消散後沉於水底形成化石。這些骨架的腹部裝甲難以保存，而在軀幹下方的背部裝甲則多保持完整狀態。其中也包括北方盾龍這種上半身完全木乃伊化（→p.162）的化石。

Chapter **1**

碩士篇

062
▼
063

:: 甲龍亞目的復原

　　甲龍亞目的類群中，許多物種的親緣關係尚未明瞭，至今討論仍十分熱烈。一般可將甲龍亞目分成進化型的甲龍類與結節龍類。在這之前分支演化出來的類群，可能在岡瓦納古陸（→p.182）生存到了白堊紀末。甲龍亞目最大的特徵為皮骨（→p.214）構成的「裝甲」，但這些裝甲的配置至今尚不明瞭。甲龍亞目物種的復原（→p.134）在恐龍中十分困難，不過近親物種似乎有共通的皮骨配置方式。

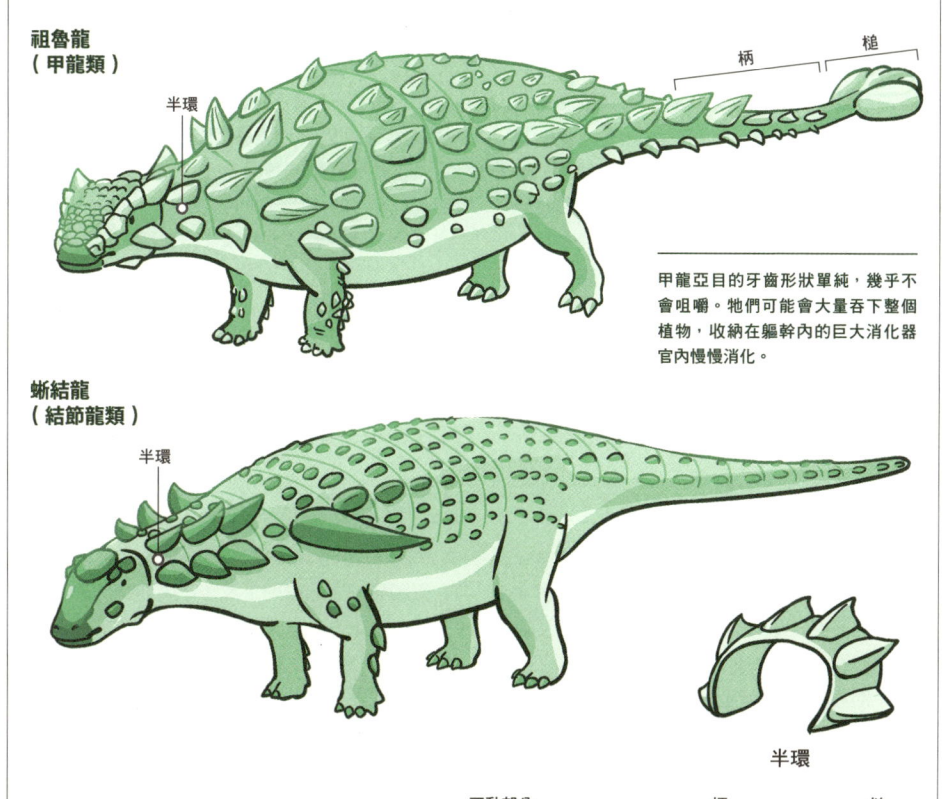

祖魯龍（甲龍類）

半環

柄　　槌

甲龍亞目的牙齒形狀單純，幾乎不會咀嚼。牠們可能會大量吞下整個植物，收納在軀幹內的巨大消化器官內慢慢消化。

蜥結龍（結節龍類）

半環

半環

可動部分　　柄　　槌

甲龍亞目的頸部由半環狀的帶狀皮骨，與棘刺狀皮骨組成多個「半環」。甲龍類尾巴的後半部由特化的尾椎與鈣化肌腱（→p.205）組成堅硬的棒狀「柄」，末端則由多個皮骨構成複雜的「槌」。柄與槌構成的鐵槌狀結構，可能用於擊退捕食者，或者與同類打鬥。

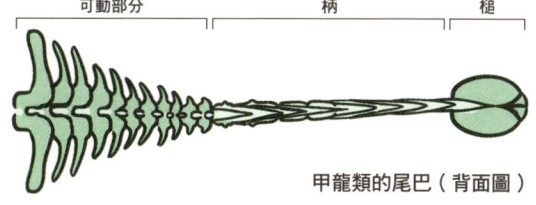

甲龍類的尾巴（背面圖）

厚頭龍
Pachycephalosaurus

以厚頭龍為代表的厚頭龍類，乍看之下頭部形狀有些奇怪，且與鳥腳類相似。然而厚頭龍類為角龍類的近親類群，體型與鳥腳類完全不同。因為過去曾發現許多「圓頂」化石，使厚頭龍類變得相當著名，近年的相關研究則有很大的進展。

∷ 厚頭龍類與鋸齒龍

厚頭龍類最初的化石發現於19世紀後半的美國。這個化石為顱骨的碎片，當時以為是蜥蜴或犰狳之類的動物化石，不久後便被眾人遺忘。

進入20世紀後，厚頭龍類被歸類為恐龍，研究人員在加拿大的晚白堊世地層發現了「圓頂」化石，命名為 *Stegoceras*（劍角龍）。但只靠這個化石，仍不曉得這種恐龍整體長什麼樣子，這可能來自角龍的鼻尖（屬名意為「屋頂狀的角」）或是甲龍亞目。進入1920年代後，研究進展迅速，因為發現了含有完整顱骨的劍角龍局部骨架。

研究這副骨架的查爾斯・吉爾摩發現，「劍角龍的顱骨」內的牙齒，與被命名為鋸齒龍的化石很像。今日我們將鋸齒龍類歸類於與鳥類親緣較近的獸腳類，不過當時只有發現鋸齒龍的牙齒化石，連牠們是不是恐龍都不確定。吉爾摩判斷劍角龍就是鋸齒龍的本體，將劍角龍視為鋸齒龍的同物異名（→p.140）。在這之後，厚頭龍類也被稱作鋸齒龍類。

∷ 厚頭龍的誕生

「鋸齒龍的骨架」有數個奇怪的特徵，卻幾乎沒留下脊椎骨，體型方面仍充滿謎團。正當研究人員為此煩惱時，加拿大與美國又發現了更多厚頭龍類的化石，但都是「圓頂」的化石。別說是整個顱骨，就連脊椎骨都沒有發現。

1931年，在美國懷俄明州的白堊紀末地層發現了「鋸齒龍的新種」。這個 *Troodon wyomingensis*（懷俄明鋸齒龍）也只剩下「圓頂」。之後在地獄溪層（→p.190）中，發現了幾乎完整的厚頭龍類顱骨，卻與「鋸齒龍的顱骨」有明顯差異，於是命名為 *Pachycephalosaurus grangeri*（谷氏厚頭龍）。後來研究人員認為兩者為相同物種，故學名變成了 *Pachycephalosaurus wyomingensis*（懷俄明厚頭龍）。

進入1940年代後半後，學界確定鋸齒龍為獸腳類，厚頭龍則是完全不同類群的恐龍。不過在這之後，以大眾為目標讀者的書籍仍偶爾會將劍角龍介紹成鋸齒龍。1960年代以後，波蘭與蒙古的研究團隊合作，在蒙古戈壁沙漠調查化石，發現了傾頭龍、平頭龍等新的厚頭龍類。特別是平頭龍，保留了相對完整的骨架，加上劍角龍的骨架，讓研究人員得以了解厚頭龍類奇特的骨架結構。近年來還發現了可能是厚頭龍的局部骨架，使顱骨以外部分的研究得以順利進行。

Chapter **1**

碩士篇

064
▼
065

:: 不同種？同一種？

多種厚頭龍類化石曾在同一個地層內出土，並被描述（→p.138）。而這些在同地層中的化石，有些頭頂有「圓頂」結構，有些沒有。以前沒有「圓頂」結構的物種被當成了原始厚頭龍類，不過這些物種在「圓頂」以外的顱骨裝飾（枕部的顆粒狀突起物、棘刺狀皮骨（→p.214）的配置、數目、形態等），與同地層中有「圓頂」之物種十分相似，所以後來學者們傾向認為前者為後者的幼體。研究恐龍形態隨著成長的變化，是近年來相當熱門的主題，厚頭龍類與角龍類都很適合作為研究材料。

頭部 被顆粒狀、棘刺狀的皮骨包覆，不過基本形態與原始角龍十分相似。在身體長大到一定程度時，頭頂的「圓頂」會快速發展成形。腦在鳥臀類中特別大。上下顎的末端附近有數個獠牙般的牙齒。

軀幹、尾巴 就二足步行的恐龍來說，軀幹到尾巴根部的左右寬度特別寬，可能是用來收納很大的內臟。尾巴後半部有發達的、名為「肌骨竿」的鈣化肌腱（→p.205），形態相當特殊，可將尾巴的骨頭如竹籃般編織在一起。

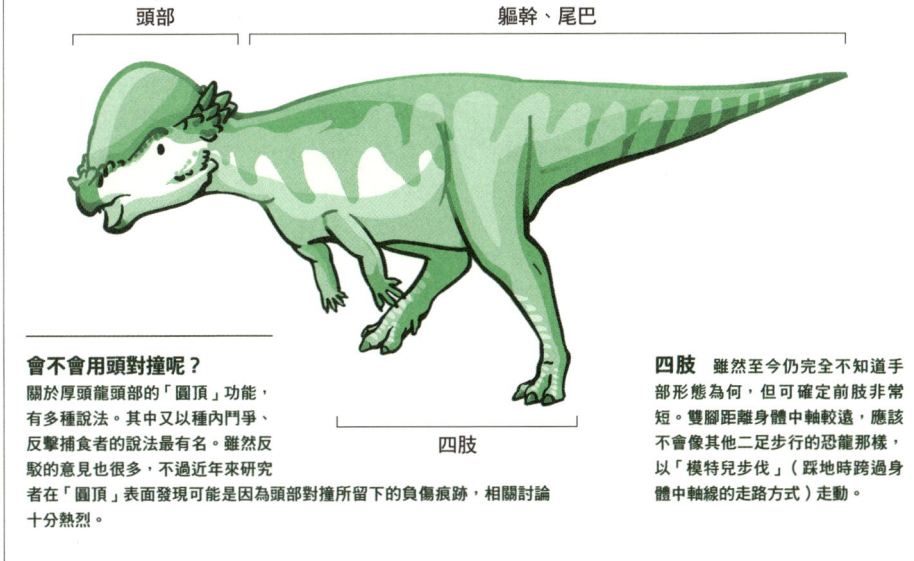

頭部　　　　軀幹、尾巴

會不會用頭對撞呢？
關於厚頭龍頭部的「圓頂」功能，有多種說法。其中又以種內鬥爭、反擊捕食者的說法最有名。雖然反駁的意見也很多，不過近年來研究者在「圓頂」表面發現可能因為頭部對撞所留下的負傷痕跡，相關討論十分熱烈。

四肢

四肢 雖然至今仍完全不知道手部形態為何，但可確定前肢非常短。雙腳距離身體中軸較遠，應該不會像其他二足步行的恐龍那樣，以「模特兒步伐」（踩地時跨過身體中軸線的走路方式）走動。

厚頭龍　　　冥河龍　　　龍王龍

厚頭龍的成長 厚頭龍出土的地獄溪層中，也有出土冥河龍、龍王龍的化石。除了圓頂的有無、棘刺長度之外，三者顱骨十分相近。目前學者認為龍王龍是厚頭龍的幼體，冥河龍是厚頭龍的亞成體。

恐龍的形態與分類

棘龍
Spinosaurus

外型獨特、體型巨大而匯集不少人氣的棘龍,一直都是充滿了謎團的恐龍,到今日也是如此。與棘龍有關的討論,近年來變得相當熱烈,可以說牠是目前最熱門的恐龍之一。

:: 正模式標本佚失

20世紀初,全球少數幾個科學大國之一的德國,盛行到殖民地與其他海外地區進行學術遠征調查。其中,德國的貴族同時也是地質學家的恩斯特・斯特莫,帶了一群化石獵人(→p.250),前往當時英國的殖民地——埃及的內陸地區調查。一行人在拜哈里耶綠洲,發現了大量白堊紀中期的動物化石。在後來的第一次世界大戰,與英國進入戰爭狀態前的數年內,他們發掘了以恐龍為首的大量化石送回德國。斯特莫在慕尼黑的博物館內,忙於描述(→p.138)這些化石。其中最引人注目的是擁有巨大「背鰭」之獸腳類的局部骨架。雖然四肢一點也不剩,不過軀幹的骨架相對完整,軀幹脊椎的棘突起比任何一種已知恐龍都還要長。斯特莫認為,這些棘突起可能構成了巨大「背鰭」的形狀。

斯特莫將這種恐龍命名為 *Spinosaurus aegyptiacus*(埃及棘龍),意為「埃及的有棘蜥蜴」,並積極研究這種恐龍。拜哈里耶綠洲還發現了可能是棘龍後肢的小型局部骨架,斯特莫稱其為「棘龍B」。

第二次世界大戰開始後,斯特莫便向慕尼黑的博物館館長提出要求,希望能將館內收藏之拜哈里耶綠洲出土的一系列化石,撤離到其他地方。然而,斯特莫平時與納粹交情很差,讓作為納粹狂熱黨員的博物館館長把他的話當耳邊風。1944年4月24日,2具棘龍標本與博物館一起化成了灰燼。只留下論文的插圖,以及幾張在博物館展示時的照片。

:: 新的近親化石

因為失去了正模式標本(以及不確定是否為棘龍的「棘龍B」),使得第二次世界大戰後的棘龍研究陷入困境。不過,非洲北部散布著數個與拜哈里耶綠洲同時代的地層,偶爾會發現形似棘龍的化石。

進入1990年代後,摩洛哥也發現了與拜哈里耶綠洲出土化石相同物種的恐龍。雖然一直沒能找到最需要的棘龍完整骨架,不過摩洛哥的白堊紀中期地層成為了備受矚目的商業標本產地,摩洛哥產的棘龍牙齒化石在市面上大量流通。另外,以重爪龍為首的早白堊世棘龍類物種的研究,也在順利進行中。就這樣,雖然失去了正模式標本,不過運用摩洛哥產的零碎化石,以及早白堊世的近親物種資訊,最後復原(→p.134)出了比暴龍(→p.28)更巨大的棘龍。

Chapter 1 碩士篇

∷「新復原品」與現在

　　此時復原的棘龍，與同科的重爪龍、似鱷龍一樣，擁有修長的後肢。不過，2014年研究人員發表了具衝擊性的「新復原品」。在摩洛哥新發現的局部骨架，後肢與「棘龍B」的形態類似，從全身比例看來，後肢顯得非常短而貧弱。發表「新復原品」的研究團隊，由多種特徵判斷棘龍為半水生，在陸地上移動時，也會使用前肢四足步行（因為後肢較短）。研究團隊還用新發現的局部骨架，取代燒毀的正模式標本，成為新模式標本。但另一方面，也有人懷疑新模式標本為嵌合體化石（混合了多個類群生物的化石）。

　　因為有這些質疑，於是拿出「新復原品」的研究團隊再度來到新模式標本的產地，進行再發掘工作，發掘出當初挖剩下的幾乎完整的尾巴。這項發現不只證實了新模式標本並不是嵌合體化石，也顯示棘龍的尾巴與水生或半水生的兩生類，以及爬行類擁有相似形態。研究團隊認為棘龍可快速泳動，是在水中捕獵的獵手，但也有不少人有不同的意見。

　　在命名超過100年後，棘龍的研究才終於站穩了起點。

頭部　幾乎所有化石只留下吻部。可以確定的是牠們的顱骨左右寬度相當狹窄。鼻孔開在很後面的地方，因此即使鼻尖放入水中，棘龍也可以呼吸。牙齒與以魚類為食的鱷魚形狀相似，可以確定棘龍會吃魚。擁有較矮的嵴飾，不過形狀並不固定。

背鰭　功能有多種說法，譬如調節體溫、展示等，詳情仍不明，甚至連完整背鰭的形狀都不確定。棘龍與近親魚獵龍的棘突起在出土時為彎彎扭扭的樣子，可能是由柔軟性高的骨頭構成。

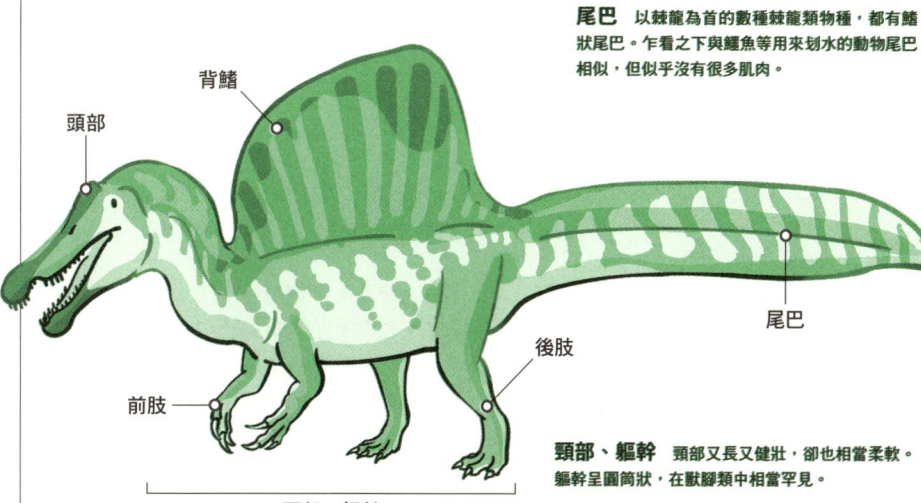

尾巴　以棘龍為首的數種棘龍類物種，都有鰭狀尾巴。乍看之下與鱷魚等用來划水的動物尾巴相似，但似乎沒有很多肌肉。

頸部、軀幹　頭部又長又健壯，卻也相當柔軟。軀幹呈圓筒狀，在獸腳類中相當罕見。

後肢　偏瘦且相當短。在鐮刀龍以外的獸腳類中，這樣的後肢相當罕見。第一腳趾（拇趾）似乎也會接觸地板。有說法認為可能用於划水，也可能用於游泳，或者在濕地中步行。

前肢　手指似乎偏長，除此之外就沒有更多資訊了。重爪龍或似鱷龍的前肢較健壯，但相當短。

食肉牛龍
Carnotaurus

> 與勞亞古陸不同,白堊紀的岡瓦納古陸有多種恐龍類群大量繁衍,然而直到最近,我們才逐漸明白這件事。在1980年代過了一半,發現食肉牛龍時,興盛於白堊紀岡瓦納古陸的中型～大型肉食恐龍——阿貝力龍類才被視為一個類群。

∷ 肉食的公牛

20世紀前半,科學家開始研究起印度與阿根廷的晚白堊世地層。從當時起就發現、描述(→p.138)了各種岡瓦納古陸(→p.182)的蜥腳類與獸腳類。不過,這些恐龍化石都相當零碎,特別是獸腳類的相關化石,連分類都難以做到。舉例來說,今日我們說的印度鱷龍,是印度產的阿貝力龍類,當初卻被歸類於異特龍類(→p.42);而在1960年代到1980年代,還被認為可能是暴龍類(→p.28)。

1970年代後半起,在阿根廷恐龍的發掘開始盛行,陸續採集到了不少保存狀態良好的恐龍化石。其中,也在南美首次發現了以關節相連(→p.164)的大型獸腳類骨架。

這副骨架被堅固的菱鐵礦團塊(→p.168)包覆,化石清理(→p.130)的工作相當耗費時間。不過在發掘當下,研究人員便已發現這副骨架有些奇特的特徵。就大型獸腳類而言,這副骨架的臉相當小,而且頭部就像公牛一樣長有2根短角。還有,前肢比暴龍還要短。另外,骨架周圍也發現了皮膚印痕(→p.224)。

因為有公牛般的角,再加上發掘現場所屬牧場的主人名字,這個恐龍於1985年被命名為 *Carnotaurus sastrei*(薩氏食肉牛龍),意為「薩斯特雷的肉食公牛」。同年,科學家由部分的顱骨,判斷已獲命名的阿貝力龍與食肉牛龍為近親物種,並將這些恐龍合稱為阿貝力龍類。另外,科學家也鑑定出,印度與阿根廷過去發現的大型獸腳類零碎化石,為阿貝力龍類的化石。就這樣,我們終於了解到阿貝力龍類在白堊紀的岡瓦納古陸為相當普遍的恐龍。

∷ 岡瓦納古陸的王者

進入1990年代後,在馬達加斯加陸續發現了多個保存狀態良好的瑪君龍化石,證明世界上曾經存在過體型與食肉牛龍差異很大的阿貝力龍類。另外,歐洲也發現了數種阿貝力龍類化石,可能是晚白堊世時,阿貝力龍類從岡瓦納古陸侵入、定居的結果。

過去科學家認為,以南方巨獸龍(→p.70)為首的鯊齒龍類在白堊紀中期滅絕後,君臨岡瓦納古陸捕食者頂點的是阿貝力龍類。不過近年來,科學家確認到白堊紀末以前,南美曾存在大型大盜龍類(→p.72)。棲息於岡瓦納古陸的恐龍的相關研究才正要開始,全球古生物學家紛紛把焦點轉移到這裡。

Chapter 1

碩士篇

:: 角鼻龍的系譜

　　阿貝力龍類是晚侏羅世角鼻龍的近親類群，繼承了多種骨架特徵。在角鼻龍興盛的同一個時期，阿貝力龍類持續擴張到岡瓦納古陸各地，進入白堊紀後也持續擴張勢力。阿貝力龍類與角鼻龍不同，牙齒比較短，顱骨則相當堅固，可活用強力的頸部撕咬獵物的肉。

　　西北阿根廷龍類是另一類角鼻龍的近親類群，不過謎團比角鼻龍更多。晚侏羅世時，西北阿根廷龍類不只興盛於岡瓦納古陸，也興盛於勞亞古陸。但進入晚白堊世後，只有在岡瓦納古陸看到。已知西北阿根廷龍類的牙齒會隨著成長而消失，至少有一部分的西北阿根廷龍類為植食性。多種西北阿根廷龍類的全長達2m左右，也有超過7m的個體存在。

食肉牛龍　南美阿貝力龍類的代表性物種，也是該類群中進化程度較高的物種。在阿貝力龍類中，食肉牛龍後肢的運動肌肉特別發達，應可快速跑動。

瑪君龍　有許多保存狀態良好的化石出土。雖為棲息於白堊紀末的阿貝力龍類，但與棲息於南美的食肉牛龍物種的親緣關係較遠，體型有很大的差異，譬如較長的頸部、較短的後肢等。與印度、歐洲的阿貝力龍親緣關係較近。

泥潭龍　在西北阿根廷龍類中，泥潭龍是年代較為古老（晚侏羅世）的物種，也是唯一發現全身骨架的物種。從幼體到成體都有多具化石出土，牙齒會隨著成長而消失，與鴕鳥恐龍（→p.58）的形態相似。另外也有發現胃石（→p.125），食性的相關研究正在進行中。

南方巨獸龍
Giganotosaurus

長期以來，暴龍一直是最大最強的獸腳類王者，不過在1995年，某個事件動搖了暴龍的寶座。那就是在阿根廷出土的超巨大獸腳類——南方巨獸龍的命名。當時以「比暴龍更為巨大」作為宣傳標語，使南方巨獸龍一躍成為人氣恐龍，但牠們的實際情況仍有許多謎團。

∷ El Chocón 湖的怪物

1980年代以後，南美的恐龍發掘活動突然暴增。過去科學家們對岡瓦納古陸（→p.182）的恐龍幾乎一無所知，這段時間內的相關研究卻急速進展，陸續描述（→p.138）、命名了多種新恐龍。其中如阿根廷龍（→p.74）這種研究者極為重視的物種，也有許多相關發現。

1993年，業餘化石獵人在阿根廷巴塔哥尼亞惡地（→p.107）的El Chocón湖畔，發現了巨大的「蜥腳類」化石。不過，接到聯絡急忙趕來現場的當地研究者查看後，認為是巨大的獸腳類化石。這副骨架部分以關節相連（→p.164），保存了全身的許多部位。雖然顱骨相當不完整，但即使如此，也可明顯看出這種恐龍的大小應與暴龍（→p.28）旗鼓相當。

到了1995年，科學家以這種巨大獸腳類的發現者名字命名為 *Giganotosaurus carolinii*（卡羅利尼南方巨獸龍），意為「卡羅利尼的巨大南方蜥蜴」。當時人們對牠的分類尚無共識，有人認為牠和埃及與摩洛哥出土的巨大獸腳類鯊齒龍為近親，有人認為牠是分布於岡瓦納古陸各地的阿貝力龍類之一。在命名後不久，便公開了牠的復原（→p.134）骨架。全長為13m，比最大的暴龍還要長一些。參考阿貝力龍復原的顱骨長度約為180cm，比暴龍長了約30cm。與鯊齒龍相比，這個復原顱骨明顯拉長了許多，招來那些「認為南方巨獸龍屬於鯊齒龍類」之學者的批評。

∷ 鯊齒龍類的王者

後來的研究證實，南方巨獸龍確實屬於鯊齒龍類，復原顱骨時打造出的人造物（→p.136）由於沒有依據，被認為不適合當成復原品。高棘龍等以完整狀態出土的鯊齒龍類，顱骨與異特龍類（→p.42）較相似。

在這之後，在南方巨獸龍的化石方面，只發現了下顎的碎片。不過南美陸續發現了各種鯊齒龍類的化石。南方巨獸龍未發現的部位，可用南美出土的鯊齒龍類化石取代，使南方巨獸龍的復原更為精細。雖然後來也發現了許多新物種，不過南方巨獸龍一直保持著鯊齒龍類最大物種的地位，體格也比暴龍還要大，君臨整個恐龍世界。

碩士篇

Chapter 1

070
▼
071

∷ 徹底比較！暴龍 vs. 南方巨獸龍

暴龍與南方巨獸龍都是獸腳類中極為巨大的物種，經常被說成是最大最強的「肉食恐龍」。雖然比較兩者的強弱沒有太大的意義，不過這裡讓我們來稍微介紹君臨生態系頂點的2種巨大獸腳類有哪些差異吧。

頭部 就鯊齒龍類而言，南方巨獸龍的頭部結構相當堅固，鼻面或眼窩上方有角質構成的凸起。雖然復原顱骨的人造物做得過長，不過南方巨獸龍的顱骨確實比暴龍還要長。另一方面，與暴龍相比，南方巨獸龍的骨頭比較纖細，牙齒也呈較薄的刀狀。與使用粗壯牙齒及強韌上下顎啃食獵物骨頭的暴龍相比，南方巨獸龍較擅長使用銳利的牙齒撕下獵物的肉。

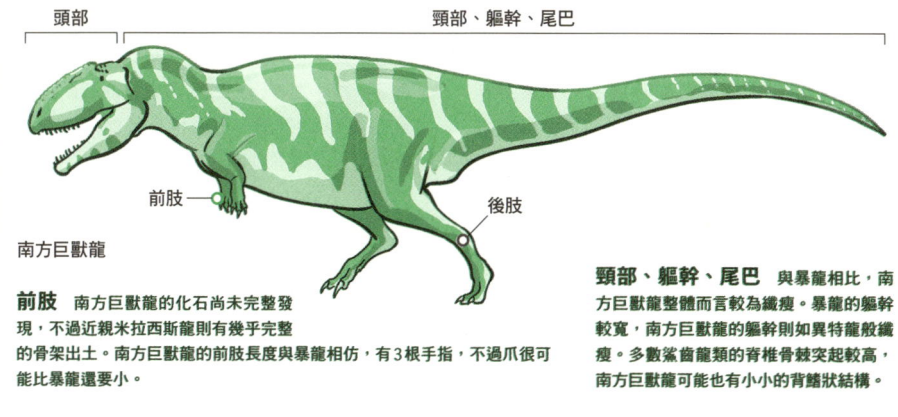

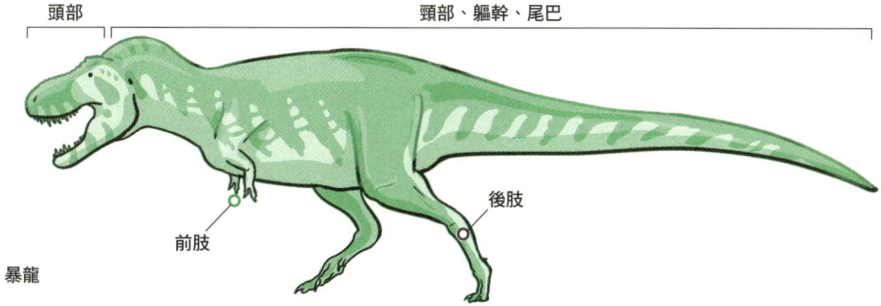

南方巨獸龍

前肢 南方巨獸龍的化石尚未完整發現，不過近親米拉西斯龍則有幾乎完整的骨架出土。南方巨獸龍的前肢長度與暴龍相仿，有3根手指，不過爪很可能比暴龍還要小。

頸部、軀幹、尾巴 與暴龍相比，南方巨獸龍整體而言較為纖瘦。暴龍的軀幹較寬，南方巨獸龍的軀幹則如異特龍般纖瘦。多數鯊齒龍類的脊椎骨棘突起較高，南方巨獸龍可能也有小小的背鰭狀結構。

暴龍

大小 上方插圖是將南方巨獸龍的正模式標本（上）與最大的暴龍「蘇」（→p.240）以同比例縮小。已知南方巨獸龍有比正模式標本還要大一些的個體化石，不過目前還沒找到確定比「蘇」要大的暴龍骨架。目前幾乎可以確定南方巨獸龍的全長比暴龍還要長，不過南方巨獸龍比暴龍纖瘦了不少，也保留了適於快速奔跑的特徵。另外，暴龍的最大個體很可能比南方巨獸龍的最大個體還要重。

後肢 南方巨獸龍絕對稱不上短腿，不過後肢確實比暴龍還要短。暴龍有併蹠骨（→p.218）般的結構，南方巨獸龍的後肢則相對普通。米拉西斯龍有完整的腳出土。南方巨獸龍很可能與米拉西斯龍一樣，第二趾（食趾）有很大的爪指骨（→p.217）。

大盜龍
Megaraptor

晚 白堊世，擁有巨大鉤爪的獸腳類興盛於岡瓦納古陸。這些被稱作大盜龍類的恐龍們的樣貌謎團，正逐漸被科學家們逐一解開。

∷ 手爪？腳爪？

1980年代，南美盛行恐龍發掘，發現了許多過去不為人知的各種恐龍類群。其中有個標本包含了部分中型獸腳類的四肢，以及巨大的鉤爪狀爪指骨（→p.217）。

該標本的四肢特徵與過去已知其他獸腳類並不一致，卻與虛骨龍類物種的形態較為相似。牠的鉤爪巨大卻很薄，剖面形狀就像尖刃菜刀，類似馳龍類的「鐮刀爪」。雖然無法判斷這個標本是否來自馳龍，但普遍認為牠的姿態應與馳龍類物種類似。因為牠的體型就和猶他盜龍等巨大馳龍類同等級，甚至更大，於是賦予其「*Megaraptor*（大盜龍）」的屬名。

進入2002年，發現了期盼已久的大盜龍新標本，使科學家們得知了衝擊性的事實。新標本的手肘到末端保持以關節相連（→p.164）的狀態。不過，形成鐮刀爪的不是腳的第二趾（食趾），而是手的第一指（拇指）。除了肘部之外，這副骨架並不完整，所以至今仍無法完全確定標本在分類上屬於大盜龍。研究者們以這個新標本為基礎，製作出鯊齒龍類風格的復原（→p.134）骨架。不過也有其他研究者提出大盜龍可能屬於棘龍類（→p.66）。

∷ 真面目未知的鉤爪們

進入2010年代後，大盜龍的研究狀況有了很大的變化。在南美發現的多種獸腳類，被認定為大盜龍的近親。在澳洲發現的南方獵龍、日本發現的福井盜龍（→p.232）也被認為是原始的大盜龍類。另外，這個時期也發現了上半身大部分為以關節相連的大盜龍幼體，以及幾乎完整的大盜龍類枕部化石，這些化石使大盜龍類的骨架大致齊備。

獸腳類中，關於大盜龍類的地位有兩派說法，一派認為大盜龍較接近鯊齒龍類，另一派則將大盜龍視為較原始的虛骨龍類，至今仍在持續討論中。到了最近，在白堊紀最末期的地層中發現了大型大盜龍的化石，證明全長超過9m的大盜龍類一直繁盛到了白堊紀的最後。

:: 未來的大盜龍類

在大盜龍類的物種中，至今我們仍未發現一整副完整骨架；而也只有大盜龍這個物種，發現了多副局部骨架。因此，大盜龍類的復原工作，須將多種大盜龍類骨架組合在一起才行。福井盜龍幾乎沒有四肢以外的化石出土，不過與時代較晚、進化程度較高的大盜龍類相比，福井盜龍的前肢較短，手的爪指骨也特別小。雖然都屬於大盜龍類，但在不同地區、不同時代，形態也各不相同，在組合化石、復原時須特別注意。

因為實際狀況並不明朗，所以直到今日，大盜龍的分類仍不穩定。在白堊紀中期的地層中發現的獸腳類零碎骨架，常被歸類於大盜龍類，但也有不少人懷疑這些化石是否真的是大盜龍類。

在岡瓦納古陸（→p.182），至少現在的南美，大盜龍類與阿貝力龍類一直稱霸到了白堊紀的最後。不過在北半球，鯊齒龍最多也只撐到了白堊紀中期左右便滅絕，被進化型的暴龍（→p.28）取代。在解析恐龍們的興亡史時，大盜龍是很重要的關鍵。

頭 至今仍未發現大盜龍類的完整頭骨，不過有找到大盜龍的幼體吻部與部分枕部，以及巖壁龍的大部分枕部與下顎後半部。進化型物種的頭部較小，吻部細長。

頸部、軀幹、尾巴 進化型中的大盜龍，有幾乎完整的幼體頭部與軀幹出土；同屬於進化型的氣腔龍、特拉塔尼亞龍，也有軀幹與大部分腰部出土。頸部偏長，軀幹與暴龍類相似，胸部相當寬。腰帶乍看之下與暴龍類相似。卻很少發現尾巴的化石。

前肢 福井盜龍等原始大盜龍類中，爪指骨特別薄，基本上與異特龍（→p.42）沒有差太多。大盜龍等進化型物種的手非常大，特別是第一指（拇指）的爪指骨特別長，也有鐮刀爪化。第三指（中指）相當短，爪指骨也相當小。第四掌骨（無名指的手背部分）保留而沒有消失。

後肢 就全身比例而言，後肢偏長。原始型大盜龍的後肢較纖瘦。原始型中的福井盜龍、南方獵龍的腳趾相當長。

恐龍的形態與分類

阿根廷龍
Argentinosaurus

從1970年代到1990年代，人們相當熱中於爭論誰才是「最大恐龍」。北美陸續發現了巨大的梁龍類與腕龍類化石。在這段時間內，以全長52m的「地震龍」為首，各研究團隊紛紛拿出估計的全長與體重數值互相競爭。這個過程持續到1993年，壓軸的選手在阿根廷登場。

∷ 全球最重的恐龍

1987年，阿根廷盛行恐龍發掘活動，在中西部內屋肯州的白堊紀中期地層，發現了巨大的「矽化木」（→p.203）。當地博物館工作人員接到通知後趕往現場，確認這不是樹幹，而是蜥腳類小腿片化石的一部分，並於1989年正式開始挖掘周圍，結果發現了巨大的脊椎與骨盆。而且不管是脊椎還是骨盆，都比當時已知的蜥腳類或者陸上動物還要大。

1993年科學家將這種恐龍描述（→p.138）、命名為 *Argentinosaurus huinculensis*（烏因庫爾阿根廷龍）。不同於北美產的侏羅紀巨大恐龍，這種恐龍被認為是興盛於白堊紀岡瓦納古陸（→p.182）之泰坦巨龍類的原始物種。

當時科學家們還不是很了解泰坦巨龍類的體型多樣性，以為阿根廷龍的全長（→p.142）應與小型泰坦巨龍類的30m差不多，推測其為35～40m左右、頸部及尾巴都很長的體型。另一方面，當時已知泰坦巨龍類整體而言遠比梁龍類或腕龍類（→p.46）更健壯，所以幾乎確定阿根廷龍的體重（→p.143）比其他所有恐龍都還重。阿根廷龍的全長可能比頸部及尾巴都非常長的梁龍短一些，不過體重方面，阿根廷龍毫無疑問是全球最重的恐龍，估計為80～100t。

∷ 巨大泰坦巨龍類的王國

進入2000年代後，阿根廷的白堊紀地層陸續出土了許多巨大的泰坦巨龍類化石。其中，富塔隆柯龍明顯比阿根廷龍小很多，不過頸部、軀幹、骨盆幾乎保存完整狀態，並以關節相連（→p.164）。這項發現讓科學家確定大型的泰坦巨龍類中也有頸部相當長的物種。另外也發現了多種保存狀態良好的化石，使科學家更確定整體而言，不只大型的泰坦巨龍類，所有的泰坦巨龍類都擁有很長的頸部。

後來在2010年，科學家在阿根廷發現了巨大的泰坦巨龍類的骨層（→p.170）。雖然找到的個體都是關節分離的不完整骨架，不過這些化石經組合後，可以組成顱骨以外的大部分骨架。這種恐龍全長37m，體重估計為69t，被命名為巴塔哥巨龍，應該與阿根廷龍為近親關係。

▪▪ 史上最大的恐龍

　　巴塔哥巨龍在描述中比阿根廷龍大一些，但如果比較兩者相同部位的化石，則是阿根廷龍大一些，這個比較結果引來了一些爭論。另外，也有人認為巴塔哥巨龍尾巴的推測長度過長。雖說如此，由於目前以「地震龍」（→p.246）為首的北美產侏羅紀梁龍類的推測全長整體往下修正，故可確定巴塔哥巨龍確實是最長且最重的恐龍。而且，阿根廷龍可能比巴塔哥巨龍還要大一些。

　　在南美，全長超過30m的巨大泰坦巨龍類在早白堊世時期，陸續出現不同物種，其中一部分還入侵北美。與勞亞古陸（→p.176）的恐龍相比，棲息於岡瓦納古陸的恐龍研究還在發展中，未來很有可能發現比阿根廷龍更大的完整泰坦巨龍類化石。

阿根廷龍
比巴塔哥巨龍大一些，似乎也比巴塔哥巨龍健壯一些。在泰坦巨龍類中，阿根廷龍背部的棘突起相對較高。

巴塔哥巨龍　在巨大的泰坦巨龍類中，已發現巴塔哥巨龍全身各部分的化石，科學家期待能藉此分析出牠的實際樣貌。科學家於2017年才描述巴塔哥巨龍，詳細研究才正要開始。

普爾塔龍　已有數個脊椎骨出土，頸部與軀幹的寬度非常寬，軀幹可能比阿根廷龍還要寬。普爾塔龍的頸部明顯比巴塔哥巨龍還要長，全長、體重也有可能比阿根廷龍還要長、還要重。

恐龍的形態與分類

羽毛
feather

1996年，一項衝擊性的新聞震驚了學界。在中國遼寧省的熱河群發現了小型恐龍的化石，且全身覆蓋著羽毛。

從那之後到今日過了25年以上，長有羽毛的恐龍復原圖已不稀奇。許多有羽毛的恐龍化石出土，使人們不再懷疑有羽毛的恐龍是否存在。

❊ 已確認有羽毛的恐龍類群

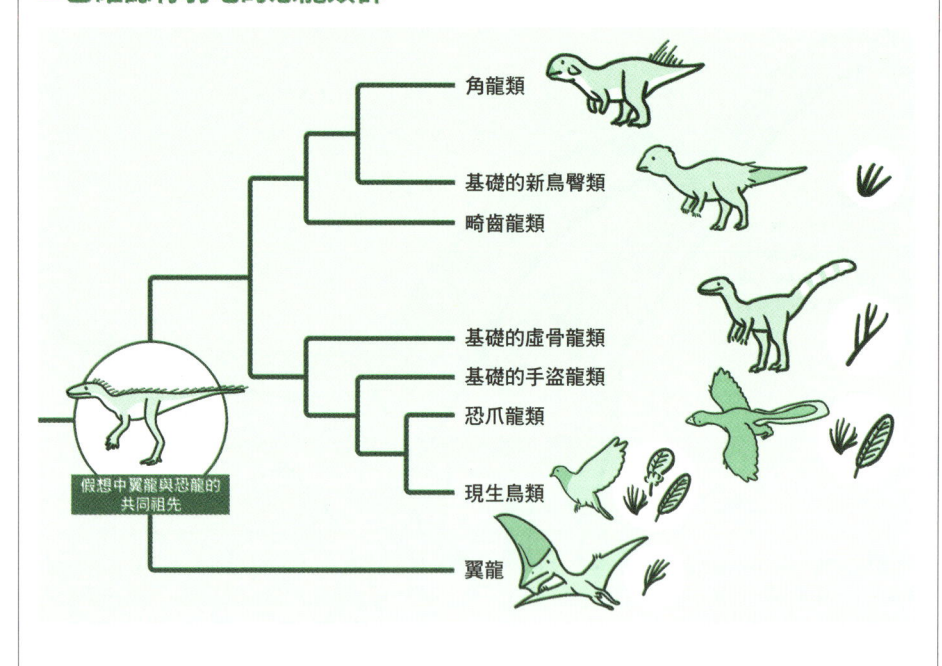

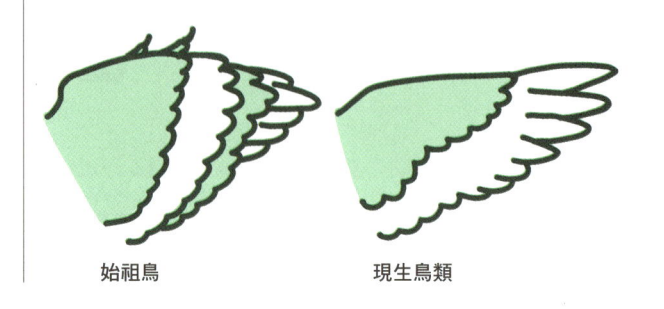

- 角龍類
- 基礎的新鳥臀類
- 畸齒龍類
- 基礎的虛骨龍類
- 基礎的手盜龍類
- 恐爪龍類
- 現生鳥類
- 翼龍

假想中翼龍與恐龍的共同祖先

始祖鳥　　　現生鳥類

恐爪龍類的小盜龍、近鳥龍、始祖鳥（→p.78）的翅膀長有飛羽，不過飛羽的結構比現生鳥類纖細、脆弱。這些物種的飛羽片數比現生鳥類多出許多，遮雨的範圍變得更大。這似乎有助於維持飛行需要的翅膀強度。

碩士篇

■ 各式各樣的羽毛恐龍

當時長有羽毛的恐龍化石還很罕見，所以人們稱這些恐龍為「羽毛恐龍」，不過在「羽毛恐龍」氾濫的今日，已經不再使用這個詞。羽毛比骨頭容易被分解，死後多會自體表脫落。羽毛要成為化石有許多條件，包括遺體必須在死後迅速被沉積物掩埋、須能阻隔氧氣等。因此，有羽毛的化石僅出土於少數幾個地層，這些地層被稱為化石礦床（→p.172）。相反的，除了這些地層之外，其他地層幾乎不太可能出土「羽毛恐龍」的羽毛化石。

羽毛化石保存了黑色素體這種含有色素的胞器，科學家可由此推測羽毛的顏色，使羽毛恐龍全身的顏色、圖樣逐漸明朗化。

鸚鵡嘴龍（角龍類）

有羽毛化石證據的恐龍，散布在演化樹上多個位置。因此沒有羽毛的恐龍，祖先也可能有羽毛。

近鳥龍
（鳥翼類
（廣義的鳥類））

中華龍鳥
（基礎的虛骨龍類）

庫林達奔龍
（基礎的新鳥臀類）

始祖鳥
Archaeopteryx

1860年左右，在當時已是著名化石產地的德國索爾恩霍芬石灰岩，發現了1片化石化的飛羽。該地區為石版印刷（lithography）所使用之石灰岩的採石場，故將該化石命名為「印石板始祖鳥」*Archaeopteryx lithographica*，隔年發現了幾乎完整的骨架。

:: 始祖鳥的發現

1861年在索爾恩霍芬石灰岩（→p.173）發現的鳥類擁有相當完整的骨架，大英自然史博物館將其收購，由設立了「恐龍」這個分類而著名的理查・歐文進行研究。這個標本的手指與翅膀彼此獨立，還擁有爬行類般的長尾巴，所以被認為是「爬行類演化成鳥類的過渡階段化石」而引起熱議。當時，達爾文在《物種起源》中闡述演化論僅過了2年，包含歐文自己在內，強硬反對演化論的研究者相當多。歐文看出這個「倫敦標本」是始祖鳥，骨架與現生鳥類的胚胎十分相似。另一方面，那個年代還沒有「有齒鳥類」的概念，歐文曾將倫敦標本所保留的含齒上顎誤認為魚類。

1874年左右，索爾恩霍芬發現了新的始祖鳥化石。該骨架包含顱骨在內都保持得相當完整，羽毛的印痕化石（→p.226）狀態也比倫敦標本還要好上許多。與倫敦標本一樣，這個標本也成為許多買家的爭奪目標。經過一番明爭暗鬥後，該標本由今日的柏林自然史博物館購入，也就是後來被稱作「柏林標本」的始祖鳥。

在這之後很長一段時間都沒有發現始祖鳥的化石，倫敦標本與柏林標本就被認為是「最初的鳥」——始祖鳥的化石，而廣為人知。始祖鳥也被眾人當成介於鳥與爬行類之間的「過渡化石」。做為「爬行類與鳥的中間生物」、說明演化論的最佳例子，教科書一定會提到始祖鳥。

:: 鳥類的起源

就這樣，人們雖已逐漸接受鳥類從爬行類分支演化而來的論點，然而，始祖鳥的祖先仍充滿謎團。從19世紀後半到20世紀初，來自各方的研究者皆指出始祖鳥的骨架與恐龍十分相似，到了20世紀前半，還展開了以叉骨（wishbone，部分恐龍與鳥類體內可見的分岔狀骨頭）的有無為焦點的爭論。當時的科學家認為，獸腳類別說是叉骨，就連被視為叉骨原型的鎖骨都沒有。他們也認為，獸腳類祖先擁有的鎖骨後來完全退化，始祖鳥之所以有類似結構，則是因為趨同演化，也就是模仿別人的結果。因此，當時科學家認為，始祖鳥是由比恐龍更原始、擁有鎖骨的爬行類演化而成。

始祖鳥與恐龍骨架的相似點，於「恐龍文藝復興」（→p.150）時，再次受到矚目。隨著「羽毛恐龍」（→p.76）與獸腳類叉骨的發現，科學家逐漸認同鳥類確實由恐龍演化而來。鳥類被視為特化獸腳類的一個類群。

Chapter 1
碩士篇

■ 現今對始祖鳥的看法

科學家逐漸認同鳥類由恐龍演化而來，但另一方面，始祖鳥在系統演化學上的位置仍在爭論中。認為始祖鳥屬於鳥翼類（廣義的鳥類）的人很多，也有人認為始祖鳥為馳龍或鋸齒龍類的近親（＝非鳥翼類）。

在發現「羽毛恐龍」時，科學家對於這些生存年代比晚侏羅世的始祖鳥還要晚很多的恐龍感到不解。不過到了今日，以近鳥龍為首，科學家發現了多種與始祖鳥相似的中侏羅世化石。從中侏羅世到晚侏羅世，全球各地到處都興盛著介於恐龍與鳥之間的動物。

現今「始祖鳥」*Archaeopteryx* 包含了多個物種，柏林標本通常被歸類於西門子始祖鳥 *Archaeopteryx siemensii*。倫敦標本今日則被視為 *Archaeopteryx lithographica* 的新模式標本。另外，被稱作始祖鳥的標本中，也包含了與近鳥龍為近親、被視為其他屬的標本。這些始祖鳥標本中，只有 *A. siemensii* 的骨架、羽毛形態被研究得較透徹。始祖鳥的相關研究仍將持續下去。

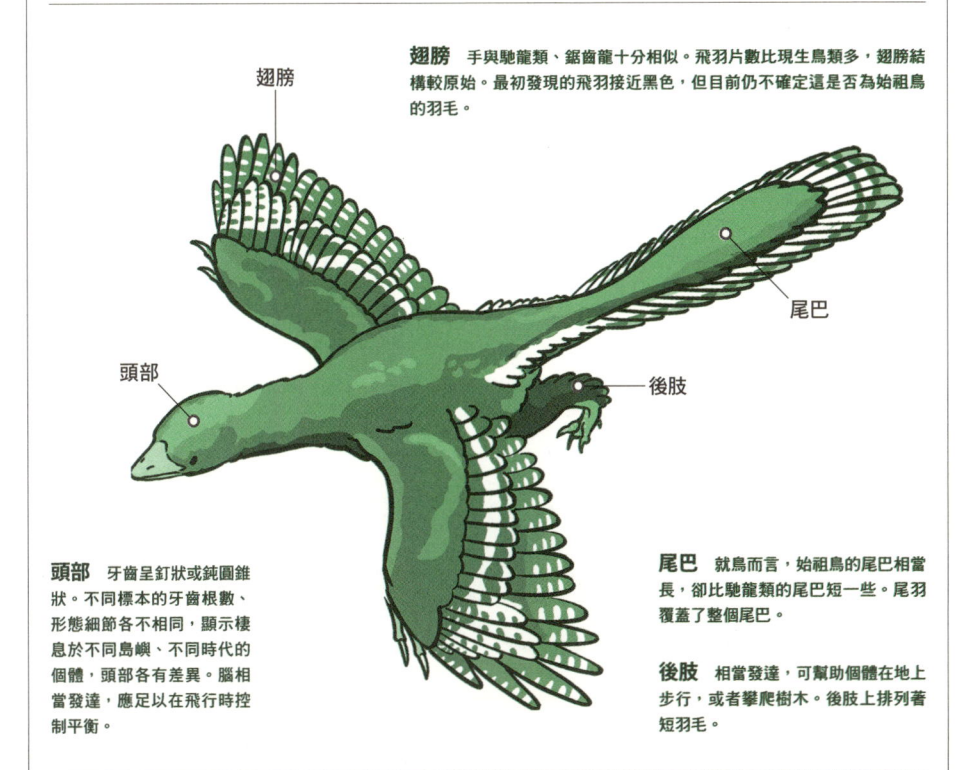

翅膀 手與馳龍類、鋸齒龍十分相似。飛羽片數比現生鳥類多，翅膀結構較原始。最初發現的飛羽接近黑色，但目前仍不確定這是否為始祖鳥的羽毛。

翅膀

尾巴

頭部

後肢

頭部 牙齒呈釘狀或鈍圓錐狀。不同標本的牙齒根數、形態細節各不相同，顯示棲息於不同島嶼、不同時代的個體，頭部各有差異。腦相當發達，應足以在飛行時控制平衡。

尾巴 就鳥而言，始祖鳥的尾巴相當長，卻比馳龍類的尾巴短一些。尾羽覆蓋了整個尾巴。

後肢 相當發達，可幫助個體在地上步行，或者攀爬樹木。後肢上排列著短羽毛。

飛行能力 始祖鳥缺少白堊紀以後的鳥類體內可以看到的鈣化胸骨，有人認為這表示始祖鳥應不擅長拍動翅膀飛行。牠們可能生活在熱帶淺海的群島上，這些島嶼可能只有低矮灌木，卻也足以讓牠們滑翔飛行。

恐龍時代的非恐龍生物

翼龍
Pterosauria

到了晚三疊世，藉由拍動翅膀飛行的脊椎動物首次出現於地球。那就是翼龍，牠們興盛了很長一段時間，一直到白堊紀末。翼龍雖然是恐龍的近親，經常被當成恐龍，卻屬於另一個類群。作為飛行動物，一登場就以完成體樣貌現身的翼龍，究竟是什麼樣的動物呢？

:: 翼龍的起源與演化

第一個翼龍化石於1784年發現，做為化石礦床（→p.172）而相當著名的德國索爾恩霍芬石灰岩，突然出土了小型翼龍之翼手龍的完整骨架。有人把牠當成用翼狀鰭游泳的動物，有人認為這是有袋類版的蝙蝠，到了19世紀前半，科學家們才理解到這是會飛的爬行類。世界各地都有各個年代的翼龍出土，但含氣化（→p.222）程度愈高的骨架，愈難形成化石，所以全球只有少數幾副保存狀態良好的骨架。

最古老的翼龍化石紀錄，可追溯到晚三疊世。同年代的恐龍仍保留了不少祖先鳥頸類的特徵；相對於此，「最古老翼龍」的每個物種，樣貌顯然就是翼龍。那麼，原本有著恐龍樣貌的鳥頸類，究竟是如何演化成翼龍的呢？至今我們仍不曉得詳情為何。

早期翼龍多擁有很長的尾巴，進入晚侏羅世之後，短尾的進化型翼龍出現，取代了原始型翼龍。原始型翼龍中體型較大者的翼展（→p.142）約為2m左右。不過進化型翼龍中，翼展達5m的物種並不少見，到晚白堊世時，甚至出現了翼展達10m的物種。有研究者認為鳥類這個新興類群搶走了小型翼龍的棲位（生態系中的地位），不過近年來在白堊紀末的地層中，陸續有小型翼龍出土，看來還需要更多研究才能得到解答。

頭部 形狀有很多種，進化型翼龍通常沒有牙齒，擁有巨大的嵴飾（鳥冠）。有些翼龍的牙齒轉變成了鯨鬚般的結構，像紅鶴般以濾食方式進食。

羽毛（→p.76） 有些物種的羽毛結構單純，可能是用於維持體溫。

骨架 含氣化程度相當高。進化型翼龍中，用以支撐拍動翅膀之肌肉的肩部、胸部骨架特別堅固。肩部附近的脊椎骨彼此融合，形成「癒合胸椎」結構。

翅膀 第四指（無名指）伸得很長，支撐著堅固的皮膜。原始型翼龍的後肢與尾巴間也有皮膜（腿間膜），不過尾巴較短的進化型翼龍，就不曉得有沒有腿間膜了。有些物種在細長尾巴的末端有小小的鰭狀結構，有人認為這有尾翼的功能。

:: 翼龍與飛行

即便放眼全球,保存狀態良好的翼龍化石的產地也相當有限,所以翼龍相關研究相當受限於出土標本的年代、地區。皮膜的皮膚印痕(→p.226)與覆蓋體表之羽毛的化石產地更是稀少,於是能夠推測出精確翅膀形狀的翼龍只有數種而已。因此,翼龍的空氣力學特性與飛行能力等,無法以一般方式研究。

一般認為,原始型翼龍在地上只能用四足爬行移動,不過飛行能力從一開始便相當優異。進化型翼龍則可用半直立的姿勢輕快移動。另一方面,有些進化型翼龍就像無齒翼龍(→p.82)以及其近親夜翼龍一樣,特別強化了飛行能力,幾乎捨棄了在地上、樹上的運動能力。也有人認為牠們可降落在水面上游泳,或者潛水捕捉獵物等。

不同翼龍的飛行方式(短距離飛行時會一直拍動翅膀、長距離飛行時會乘著氣流盡可能降低拍動翅膀的次數等)與地面上的運動能力會有很大的差異。這點與現生鳥類相似,翼龍的生態也相當多彩多姿。

翼龍的繁殖方式仍有許多謎團,不過目前已有不帶硬殼的蛋(→p.122)出土(軟質蛋)。胚與幼體的化石相當少見,不過一般認為牠們在孵化後,應該馬上就能飛行,且子代與成體可能在不同地方生活。

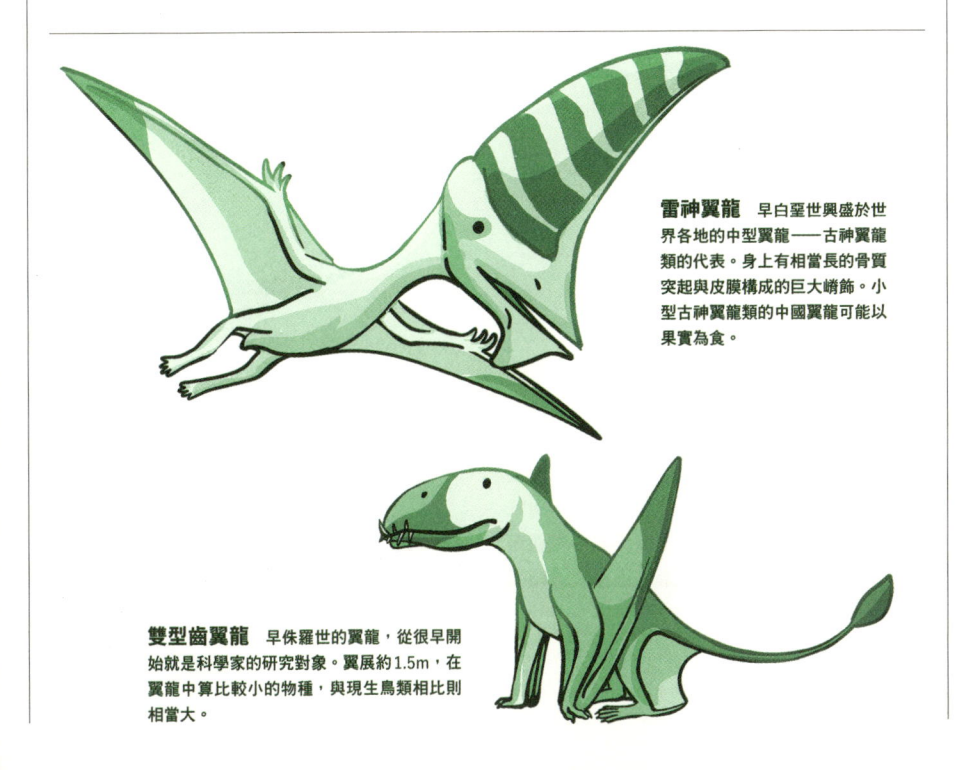

雷神翼龍 早白堊世興盛於世界各地的中型翼龍——古神翼龍類的代表。身上有相當長的骨質突起與皮膜構成的巨大嵴飾。小型古神翼龍類的中國翼龍可能以果實為食。

雙型齒翼龍 早侏羅世的翼龍,從很早開始就是科學家的研究對象。翼展約1.5m,在翼龍中算比較小的物種,與現生鳥類相比則相當大。

恐龍時代的非恐龍生物

無齒翼龍
Pteranodon

無齒翼龍是中生代空中的霸主，在翼龍中特別有名。巨大的嵴飾相當顯眼，在典型的「恐龍時代」插圖中，常可看到以火山為背景，在暴龍後方飛行的無齒翼龍。

無齒翼龍的研究在1990年代時有了飛躍性的進展，不過今日看到的無齒翼龍形象與過去沒有太大差別。由目前的研究結果看到的無齒翼龍，究竟有著什麼樣的面貌呢？

▪▪ 無齒翼龍生存的年代

無齒翼龍的化石產地僅限於美洲，而且集中於堪薩斯州與科羅拉多州的海相沉積層（→p.108）。這些海相沉積層可能在約8550萬～7950萬年前沉積下來，且在暴龍出現的1000萬年多以前，無齒翼龍便已滅絕。如同科學家在海相沉積層中發現的化石所示，成長到一定程度的無齒翼龍，會在海上飛行覓食。暴龍（→p.28）的祖先與無齒翼龍雖然在同年代的相鄰區域生活，然而暴龍與無齒翼龍應該不曾同時出現才對。

▪▪ 無齒翼龍的性別

科學家們依據頭頂部嵴飾（鳥冠）的形態，為過去發現的數種無齒翼龍類命名。目前一般公認的無齒翼龍僅有2個物種，不過這2個物種各發現了2種不同嵴飾、不同體型大小的個體（異型）。這被認為是兩性異型。體格較大者（雄性？）在成長到一定程度時，嵴飾會開始長大、發達。有人認為斯氏無齒翼龍應屬於另一個喬斯坦伯格翼龍屬，但接受這種說法的研究者並不多。

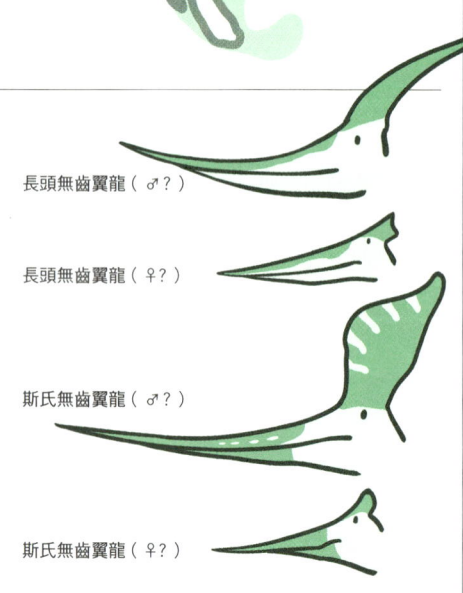

長頭無齒翼龍（♂？）

長頭無齒翼龍（♀？）

斯氏無齒翼龍（♂？）

斯氏無齒翼龍（♀？）

Chapter **1**

碩士篇

082
▼
083

:: 無齒翼龍的樣貌

目前已有許多無齒翼龍的化石出土,這些化石幾乎都是關節彼此分離,只剩下一部分骨架,僅發現數個全身以關節相連(→p.164)的例子。長頭無齒翼龍的雄性個體,已知翼展(→p.142)超過7m。

北美的大型無齒翼龍類於7950萬年前左右消失,親緣相近的夜翼龍類則一直興盛到了白堊紀末。夜翼龍曾與無齒翼龍共存,但夜翼龍相當小,手指完全退化。無齒翼龍、夜翼龍可以像信天翁那樣持續飛行很長的時間及很遠的距離,但在地面上幾乎處於無防備狀態。

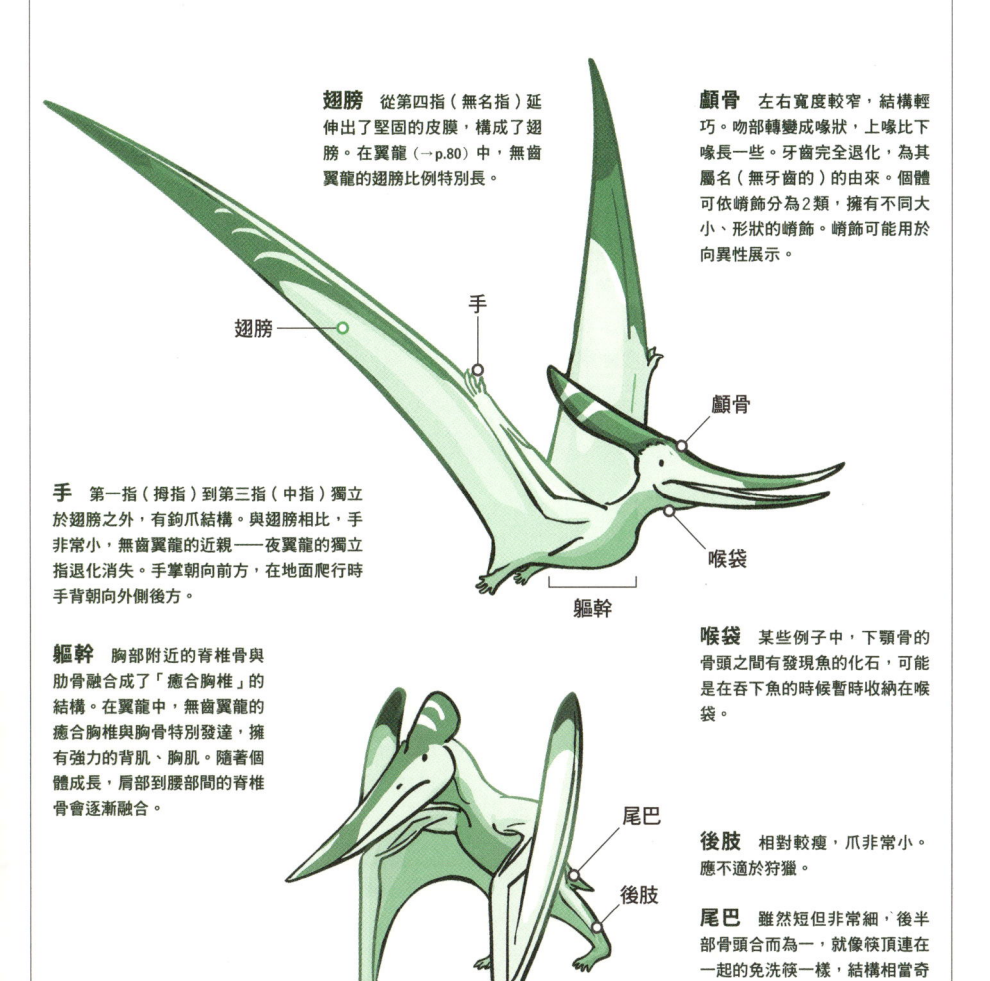

翅膀 從第四指(無名指)延伸出了堅固的皮膜,構成了翅膀。在翼龍(→p.80)中,無齒翼龍的翅膀比例特別長。

顱骨 左右寬度較窄,結構輕巧。吻部轉變成喙狀,上喙比下喙長一些。牙齒完全退化,為其屬名(無牙齒的)的由來。個體可依嵴飾分為2類,擁有不同大小、形狀的嵴飾。嵴飾可能用於向異性展示。

手 第一指(拇指)到第三指(中指)獨立於翅膀之外,有鉤爪結構。與翅膀相比,手非常小,無齒翼龍的近親——夜翼龍的獨立指退化消失。手掌朝向前方,在地面爬行時手背朝向外側後方。

軀幹 胸部附近的脊椎骨與肋骨融合成了「癒合胸椎」的結構。在翼龍中,無齒翼龍的癒合胸椎與胸骨特別發達,擁有強力的背肌、胸肌。隨著個體成長,肩部到腰部間的脊椎骨會逐漸融合。

喉袋 某些例子中,下顎骨的骨頭之間有發現魚的化石,可能是在吞下魚的時候暫時收納在喉袋。

後肢 相對較瘦,爪非常小。應不適於狩獵。

尾巴 雖然短但非常細,後半部骨頭合而為一,就像筷頂連在一起的免洗筷一樣,結構相當奇特。

恐龍時代的非恐龍生物

風神翼龍
Quetzalcoatlus

白堊紀的進化型翼龍中，不少物種的翼展超過5m。無齒翼龍等物種，翼展甚至可達7m。不過，翼展那麼寬的翼龍只有一小部分。在巨大的神龍翼龍類中，風神翼龍又特別巨大，是「最大的翼龍」。

:: 風神翼龍的發現

1971年，在緊鄰墨西哥國界的美國德州大彎曲國家公園，發現了1根巨大細長的化石。這個化石在白堊紀末附近的地層出土，如果這是恐龍，化石的含氣化（→p.222）程度未免過高；如果是翼龍（→p.80）或鳥類，這個化石未免過大，讓人難以判斷是什麼動物的化石。然而，在重新調查發現地點後，確定這是翼龍的化石，換言之，這表示存在著未知的巨大翼龍。

1973年，大彎曲國家公園內陸續發現翼龍骨層（→p.170）。這些翼龍化石的體型，皆為1971年發現之巨大翼龍個體的一半左右，形態卻十分相似，至少應為同屬物種。到了1975年，研究者以巨大翼龍的化石為正模式標本，命名為 *Quetzalcoatlus northropi*（諾氏風神翼龍）。屬名源自阿茲特克神話的「羽蛇神」，種小名則源自軍用飛機廠商，該廠商曾試作形似翼龍之巨大全翼機（由1片巨大機翼構成主體的飛機）。

:: 橫跨半世紀的描述工作

諾氏風神翼龍的正模式標本僅留下左翼骨架，但研究者們在骨層中採集到了大量被視為「某種風神翼龍」的中型翼龍化石。然而，骨層內化石的化石修整（→p.128）工作相當困難，使研究停滯不前，甚至出現連翼龍研究者都沒有看過風神翼龍化石的狀況。

當初推測諾氏風神翼龍的翼展（→p.142）為15.5～21m，是無齒翼龍的2倍以上。不過，在這之後，近親物種在勞亞古陸（→p.176）各地的晚白堊世地層出土，使諾氏風神翼龍的翼展大幅往下修正到了10～12m。即使如此，風神翼龍仍是近親物種中，體型最大的翼龍之一。

以風神翼龍為首的神龍翼龍類中，有2個物種出土了大部分骨架，分別是「某種風神翼龍」以及中國的浙江翼龍。於是1990年代後，研究者組合這2種翼龍的化石，復原（→p.134）了風神翼龍。另一方面，「某種風神翼龍」的研究卻幾乎沒有進展。

到了2021年，風神翼龍的發現已經過了半世紀，終於有研究者發表論文，詳細描述（→p.138）了「某種風神翼龍」，命名為 *Quetzalcoatlus lawsone*（勞森氏風神翼龍），並描述了諾氏風神翼龍。在風神翼龍獲命名的50年後，研究才正要開始。

Chapter 1

碩士篇

∷ 會飛或不會飛？

諾氏風神翼龍因為相當巨大而受到大量關注，一獲得命名就立刻引起許多與飛行能力有關的討論。有人認為，若以鳥類模型為基礎，諾氏風神翼龍的體重（→p.143）估計為500kg左右，過重而難以飛行；也有人認為，諾氏風神翼龍的體重與人類相仿，飛行應不成問題，但這並非基於風神翼龍的實際化石做出的推測。在首次詳細描述風神翼龍骨架的2021年研究結果中，翼展4.5m的勞森氏風神翼龍，體重約20kg；推測翼展為10m的諾氏風神翼龍，體重約150kg。研究翼龍的飛行能力時，目前我們只能參考現生鳥類的狀況，未來應能以風神翼龍的實際化石為模型展開研究。

風神翼龍屬的每個物種的化石，都出土於內陸地區的沉積地層。吻部相當細長，左右寬度較小，所以牠們應不會捕食恐龍，而是用吻部像筷子般夾取生長水邊的螺類、甲殼類進食。韓國曾發現大型神龍翼龍類的足跡化石（→p.120），牠們似乎能用四足步行的方式輕快移動。不論有沒有飛行能力，至少我們可以確定牠們應可在地面上步行移動以尋找食物。

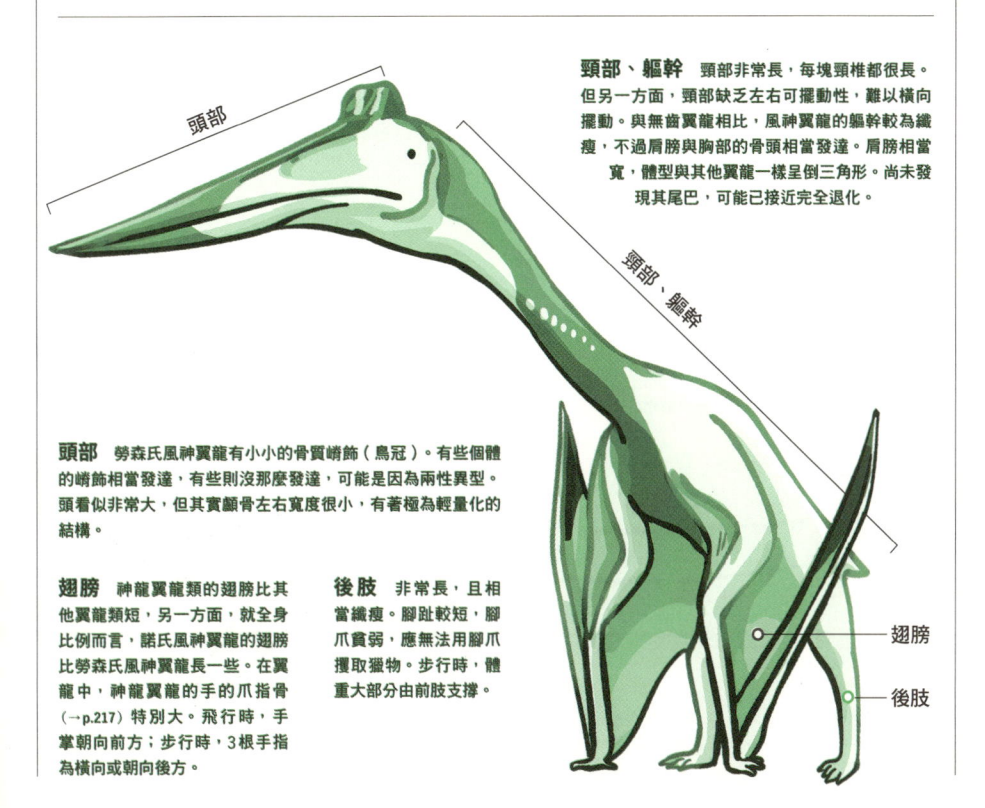

頭部 頭部

頸部、軀幹 頭部非常長，每塊頸椎都很長。但另一方面，頸部缺乏左右可擺動性，難以橫向擺動。與無齒翼龍相比，風神翼龍的軀幹較為纖瘦，不過肩膀與胸部的骨頭相當發達。肩膀相當寬，體型與其他翼龍一樣呈倒三角形。尚未發現其尾巴，可能已接近完全退化。

頸部、軀幹

頭部 勞森氏風神翼龍有小小的骨質嵴飾（鳥冠）。有些個體的嵴飾相當發達，有些則沒那麼發達，可能是因為兩性異型。頭看似非常大，但其實顱骨左右寬度很小，有著極為輕量化的結構。

翅膀 神龍翼龍類的翅膀比其他翼龍類短，另一方面，就全身比例而言，諾氏風神翼龍的翅膀比勞森氏風神翼龍長一些。在翼龍中，神龍翼龍的手的爪指骨（→p.217）特別大。飛行時，手掌朝向前方；步行時，3根手指為橫向或朝向後方。

後肢 非常長，且相當纖瘦。腳趾較短，腳爪貧弱，應無法用腳爪攫取獵物。步行時，體重大部分由前肢支撐。

翅膀

後肢

恐龍時代的非恐龍生物

蛇頸龍
Plesiosauria

中生代海洋是各種海生爬行類的王國。其中，蛇頸龍興盛於三疊紀末到白堊紀末。今日偶爾還會看到有人介紹牠們是「海中恐龍」。容易與恐龍（特別是脖子很長的蜥腳類）混淆的蛇頸龍，究竟是什麼樣的動物呢？

鰭龍類與蛇頸龍類

蛇頸龍的演化有許多謎團，牠們的起源與分類也有許多說法。今日我們認為蛇頸龍是鰭龍類這種海生爬行類底下的一個類群。有人認為鰭龍類為魚龍類（→p.90）的近親，背上由皮骨（→p.214）構成的背甲相當發達，就像龜類的龜殼一樣。各種鰭龍類雖然曾在三疊紀興盛一時，然而其中只有蛇頸龍類一直活到了侏羅紀。

蛇頸龍十分多樣，從侏羅紀到白堊紀，分支出了各式各樣的類群。蛇頸龍類有分成「長頸」蛇頸龍與「短頸」蛇頸龍，不過這種分類與牠們的脖子長短沒有直接關係。

每一種蛇頸龍都擁有非常長的鰭狀四肢，在水中可以像拍打翅膀一樣游泳。肩部與腰部的骨頭不在背側，而是移動到腹側，如果上陸的話，軀幹就會因為自身重量而垮下。電影等創作中常可看到蛇頸龍從蛋中孵化的片段，但目前已在某些化石內發現胎兒骨架，故可確定牠們為卵胎生，不須特別上陸產卵。

以著名的雙葉龍（雙葉鈴木龍：→p.88）為首，在日本各地的晚白堊世海相沉積層（→p.108）出土了許多蛇頸龍類化石。北海道出土了數個以「穗別荒木龍」為首的局部骨架。鹿兒島縣出土了亞洲（西北太平洋）薄片龍類中最古老的物種「薩摩宇都宮龍」。

頭部　頸部較短的大型物種，長度近3m。牙齒基本上為細長圓錐形，擁有許多細小的牙齒，有些為濾食性，以小動物為食。

尾巴　由保存了皮膚印痕（→p.224）的標本，可以確認到小小的尾鰭般結構。

頸部　有些復原畫（→p.134）中的蛇頸龍可伸起長長的脖子捕食翼龍（→p.80）或鳥類，但其實牠們的頸部缺乏可動性。

鰭　四肢骨頭轉變成板狀。活著時的大小應比化石看到的大小還要大很多。

Chapter **1**

碩士篇

086
▼
087

蛇頸龍 與魚龍皆為化石獵人（→p.250）瑪麗·安寧的重要發現，相當著名。蛇頸龍在蛇頸龍類中算是相當原始的物種，與晚白堊世的長頸類型相比，蛇頸龍的脖子偏短。

:: 各種蛇頸龍類

　　蛇頸龍類為十分多樣的類群，在侏羅紀、白堊紀之間，許多類群紛紛登場、滅絕。第一個發現的物種、為類群名稱由來的蛇頸龍，生存於早侏羅世，為相對原始的類型。同為長頸蛇頸龍代名詞，生存於晚白堊世的薄片龍，與蛇頸龍的親緣關係較遠。

上龍 代表性的「短頸蛇頸龍」之一，為晚侏羅世海中的頂點捕食者。上龍類後來曾相當興盛，卻在晚白堊世初期滅絕。

極泳龍 屬於晚白堊世「長頸蛇頸龍」的薄片龍類，與薄片龍類其他物種相比，頸部偏短。與蛇頸龍同屬於體型最大的蛇頸龍類，長有許多細小的牙齒，可能為濾食者。

雙葉鈴木龍
Futabasaurus suzukii

1968年，日本國立科學博物館收到一名福島縣高中生的來信。這位喜歡化石的高中生，在伯母家後方的小河懸崖上，發現了動物骨頭的化石。在經過一番摸索、清理後，出現的是以關節相連的蛇頸龍骨架！

世紀大發現

在福島縣的海邊，暴露出了許多年代的地層。新近紀地層蘊藏煤炭，所以該地區一直以來都有許多地質調查工作。在這過程中，於磐城市及其周圍露出的雙葉層群，也接受過一定程度的調查。雙葉層群為晚白堊世的海相沉積層（→p.108），以曾經出土菊石（→p.114）、疊瓦蛤（→p.115）、鯊魚牙齒化石而著名。

名為鈴木的少年，中學時在鎮上的二手書店找了幾本書，開始對當地的化石產生興趣，於是常到伯母家後方的大久川採集化石。大久川的逕流侵蝕了雙葉層群，使河岸與河床形成雙葉層的露頭。少年鈴木時而寫信給日本國立科學博物館詢問化石相關問題，時而寄贈以自己發現的化石製成的研究標本。在1968年秋天，打算採集鯊魚牙齒化石的少年鈴木，在大久川發現了以關節相連（→p.164）的脊椎骨。

隔年一開年，國立科學博物館的研究者造訪少年鈴木採集化石的現場，確認這是蛇頸龍（→p.86）以關節相連的骨架，且一直延伸到懸崖深處。他們自費進行第一次發掘，找到顱骨、腰帶、後鰭等化石，到了1970年的秋天，再次開始進行較正式的發掘。

在這個年代，日本的白堊紀動物化石研究者，專長多為菊石或疊瓦蛤，缺乏中生代脊椎動物化石的專家，恐龍專家就更不用說了。經過當時剛好拜訪日本的美國研究者確認，才得以判定這個化石是新屬新種。

邊發掘邊摸索方法

為了進行第二次發掘，他們發布了發現化石的消息，並創造出了蛇頸龍的口語化日語「首長龍」。為了紀念發現這個蛇頸龍化石，他們以地層的名稱與少年鈴木的名字，稱其為「雙葉鈴木龍」。

在報社的協助下，當地土木事務所、研究會都加入了發掘工作，規模變得很大，甚至還為此變更了道路，在邊挖邊摸索的狀態下進行發掘工作。因為是邊挖邊摸索，所以發掘工作相當慎重且仔細，留下了詳細的發掘紀錄。發掘現場有多達1萬人來參觀，在發掘的最終日搬出骨架塊時，還進行了祈福儀式。當時並沒有製作石膏夾克（→p.126），而是將化石的露出部分以石膏包覆再取出。

化石修整（→p.128）也是邊摸索邊進行，化石清理（→p.130）中的雙葉鈴木龍骨架分成了許多塊，分別巡迴展示各地，引起了眾人關注。研究者參考了美國出土的蛇頸龍化石，製作其復原（→p.134）骨架得到第1號骨架，然後凱旋回到磐城市。

∷ 再來是命名……

雙葉鈴木龍的發現引起了很大的話題，人們稱之為「海之恐龍」，建立起「日本的恐龍＝雙葉鈴木龍」的形象。某個國民漫畫以及其改編的動畫電影中，也有以雙葉鈴木龍的幼體為模型設計的角色登場，並在作品標題大大放上「恐龍」字樣。在當時日本的尼斯湖水怪熱潮（→p.278）加乘下，使雙葉鈴木龍獲得了很高的知名度。

雙葉鈴木龍為相當有名的日本中生代化石之一，但相關研究卻一直沒有進展。雖然已找齊了雙葉鈴木龍的大部分骨架，但分類學上最重要的顱骨，在發掘過程中受到很大的損傷。由於日本國內沒有蛇頸龍的專家，難以與其他蛇頸龍化石比較。雖然在發掘結束後便已確定是新屬新種，但要整理成論文卻是相當困難的事，這種狀況持續了很長一段時間。曾有人提議，以指出這可能是新屬新種的美國研究者與少年鈴木之名命名為「*Wellesisaurus sudzuki*」，不過後來並沒有用這個名字來描述（→p.138）雙葉鈴木龍。

到了2003年，研究人員終於整理好了相關資料，得以正式描述雙葉鈴木龍。2006年，研究者在正式的描述報告中，賦予了「*Futabasaurus suzukii*」這個學名。

雙葉層群在這之後也數度發現了蛇頸龍化石，雙葉鈴木龍的化石埋葬學（→p.158）相關研究也在進行中。儘管已發現超過50年，雙葉鈴木龍的研究仍未結束。

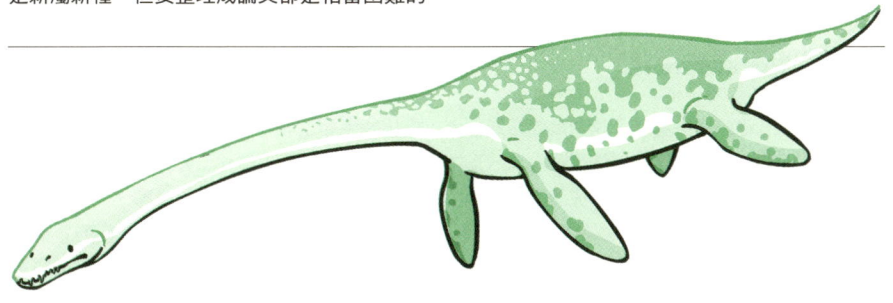

雙葉鈴木龍的骨架　建構復原骨架時，主要參考美國出土的水怪龍與海霸龍。我們至今仍不確定雙葉鈴木龍的頸椎個數，不過在薄片龍科中，應屬於頸椎偏少的物種。

雙葉鈴木龍以及其近親　雙葉鈴木龍屬於薄片龍科。有人認為與牠們親緣關係最接近的是紐西蘭的薄片龍。在晚白堊世時，或許有各種相似的蛇頸龍在南北太平洋間悠遊。

胃石（→p.125）　研究者偶爾會在蛇頸龍化石中發現胃石。有人認為，胃石不只能輔助消化，也能幫助水中個體平衡（就像壓艙物一樣）。雙葉鈴木龍體內也發現了各種大小的圓形石頭，可能為胃石。

被鯊魚襲擊？　發現雙葉鈴木龍的骨架時，也一同發現了80根以上的鼠鯊類牙齒化石，而且其中數根牙齒還刺進骨頭內。雙葉鈴木龍骨架的腰部後鰭處，在被撕裂的狀態下化石化，研究者認為這至少是由大小2隻鯊魚造成。之後雙葉鈴木龍的遺體漂流到泥灘，並在該處化石化。

恐龍時代的非恐龍生物

魚龍
Ichthyosauria

三疊紀的海洋有多種爬行類類群登場、滅絕。其中，魚龍類演化出了符合流體力學的洗鍊體型。顧名思義，魚龍擁有魚類般的體型，卻在白堊紀中期滅絕。作為今日海豚與鯨魚之先驅的魚龍，是什麼樣的動物呢？

▓ 魚龍的發現

魚龍的化石雖於17世紀末被發現，不過直到19世紀初，化石獵人（→p.250）瑪麗・安寧等人找到大量保存狀態良好的魚龍骨架時，才開始正式研究。在發現恐龍之前的時代，各種上古時期的奇特爬行類，如魚龍、蛇頸龍（→p.86）等，都很受大眾歡迎。從現代觀點看來，19世紀中期以前的魚龍復原（→p.134）有許多錯誤的地方，譬如水晶宮（→p.148）的復原像，就將原本應埋藏在眼球內部的鞏膜環（→p.206）凸出於眼球。

到了19世紀後半，德國化石礦床（→p.172）出土了數副保存了軟組織輪廓的全身骨架，這證明了魚龍顯然有著與魚類相仿的體型。不僅確認到由軟組織構成的三角形背鰭以及新月型的尾鰭，還發現了多個懷孕中個體的化石，證明牠們是卵胎生。

▓ 魚龍的起源與演化

魚龍類出現於早三疊世，早期魚龍類體型如鰻魚般細長、沒有背鰭、尾鰭也不發達。三疊紀時，與魚龍類親緣相近的多種海生爬行類類群曾興盛一時，不過多數都在中三疊世滅絕。

魚龍的多樣性於晚三疊世時達到高峰，其中還出現了全長超過20m的物種。到了晚三疊世，魚龍演化出「魚」般的洗鍊體型，有些進化型物種不須扭動全身，僅靠尾巴的左右擺動便能快速泳動。進入侏羅紀後，進化型魚龍的體型變得更加洗鍊，於全球海洋中繁盛到了早白堊世，卻在晚白堊世的前期消失蹤影。魚龍滅絕的原因有許多說法，於白堊紀中期頻繁發生的海洋缺氧事件（全球規模的海水缺氧現象，對海洋環境造成了劇烈影響，還引發了地球暖化現象）造成海洋生態系崩解，可能是相當重要的原因。

日本東北地區的太平洋沿岸有三疊紀到侏羅紀的海相沉積層（→p.108）露出，特別是宮城縣南三陸町看到的早三疊世地層，為世界知名的地層。這裡有數副原始魚龍——歌津魚龍的骨架出土，是研究魚龍初期演化的重要產地。除此之外，南三陸町還有發現中三疊世的「管濱魚龍」與侏羅紀的「細浦魚龍」，等待詳細研究。

魚龍滅絕後，白堊紀的海洋由滄龍類（→p.92）稱霸。滄龍類中也有與魚龍體型相似的物種，不過外型的洗鍊程度僅與三疊紀的魚龍相仿，與進化型魚龍還差得遠了。

Chapter **1**
碩士篇

各種魚龍

魚龍是相當多樣化的類群,特別是進化型魚龍都擁有相當洗鍊的體型,加上肌肉後,很難辨別其差異。

歌津魚龍 最古老的魚龍之一。不過與同年代的其他魚龍及親緣相近的其他海生爬行類相比,歌津魚龍的體型相當洗鍊。加拿大也發現了牠們的化石,可見牠們擁有很強的游泳能力,化石才會廣泛分布各地。

秀尼魚龍 晚三疊世的巨大魚龍,全長可達15m。有發現大規模骨層(→p.170)。

真鼻龍 早侏羅世的中型魚龍,擁有旗魚類般的細長吻部。生態也與旗魚類相似。

大眼魚龍 興盛於中侏羅世至晚白堊世初期的大眼魚龍類代表性物種。即便是在魚龍類中,體型也特別洗鍊。因為眼睛很大,所以屬名意思是「眼睛的蜥蜴」,不過所有魚龍都有這個特徵。

滄龍
Mosasaurus

> 俗稱「海龍」的中生代海生爬行類之各類群生物，頻繁更迭、興盛，在白堊紀之後演化出了滄龍類。滄龍類適應了全球海洋，一直興盛到了白堊紀的最後。

∷ 滄龍的發現

晚白堊世的歐洲有許多淺海地區，在這些淺海中漂浮著無數的顆石藻（一種浮游植物）。顆石藻有碳酸鈣構成的外殼，它們的遺體在經年累月的堆積後，於歐洲各地形成了白堊質的淺海層。

人類在這些淺海層建立起碳酸鈣的採石場，並發現了各種化石。在1760年代到1780年代，荷蘭馬斯垂克近郊的採石場，找到了2具巨大動物頭部的化石。

最初發現的顱骨只留下顎部，第二個發現的顱骨幾乎完整保留了其面貌。1794年，拿破崙率領的法軍占領了馬斯垂克，法軍便帶回了第二個發現的顱骨作為戰利品。

在馬斯垂克擔任外科醫生的約翰・李奧納多・霍夫曼本來以為這些化石是鱷魚的顱骨，也有學者認為這是巨大的齒鯨。1800年代初期，荷蘭的帕圖斯・坎博與法國的喬治・居維葉認為這些化石與巨蜥很像，卻沒有為這些化石賦予學名。1822年，英國的威廉・科尼貝爾賦予其屬名「*Mosasaurus*」（滄龍）。到了1829年，吉迪恩・曼特爾再以霍夫曼的名字，賦予其種小名「*hoffmanni*」，並指定被運送到巴黎的第二號顱骨為正模式標本。

19世紀後半，美國也發現了大量滄龍類的化石，使研究者們更加了解「海蜥」的骨架。另外，也發現保存了皮膚印痕（→p.226）的骨架，逐漸揭開了滄龍類的真實樣貌。

Chapter 1 碩士篇

:: 滄龍類的特徵

近年因為在電影中登場，使滄龍的人氣來到前所未有的高峰。滄龍類的實際特徵與電影描寫的樣貌有很大的差異，這裡讓我們一起來看看。

牙齒 與肉食恐龍不同，閉起嘴巴時，上下顎的牙齒可咬合。喉嚨長有翼狀骨齒。

鱗片 全身覆蓋著細小的菱形鱗片。早期復原品會在背上加上頭盾狀的背鰭，不過這是將化石化的氣管誤認成背鰭的緣故。

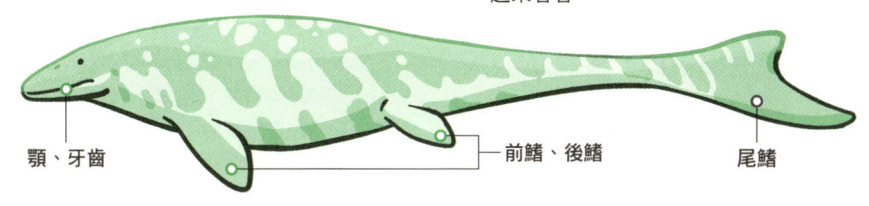

- 顎、牙齒
- 前鰭、後鰭
- 尾鰭

顎 多數滄龍類的顱骨，結構與蜥蜴一樣柔軟，下顎骨較寬廣。

前鰭、後鰭 印痕化石顯示，活著時的鰭比骨架中看到的鰭還要大上許多。

尾鰭 尾骨些微朝下彎曲，上面長有肉質鰭。

:: 三「大」滄龍類

雖然不像電影中描繪的那麼大，不過滄龍類中也有不少全長超過10m的個體。北美的白堊紀末地層常發現滄龍的化石，或許滄龍還曾有機會與暴龍（→ p.28）面對面。

滄龍 已知的滄龍包含多個物種，霍夫曼滄龍的下顎長達1.7m。目前尚未發現霍夫曼滄龍的完整骨架，全長估計最大為13m左右，為滄龍類中最大的一種。體型健壯，吻部很長。

傾齒龍 擁有偏短的吻部與堅固的牙齒，相較起魚類更適合咬碎海龜等大型獵物。雖然吻部偏短，不過有些物種的下顎長度達1.5m。

海王龍 大型物種的全長與霍夫曼滄龍相當，骨架卻較為纖瘦。吻部末端突出，有人說這是用來撞擊獵物或敵人的結構。

恐龍時代的非恐龍生物

合弓類
Synapsida

近30年左右，學界對生物的系統與演化的理解有很大的進展，並試圖以親緣關係重新為生物分類。過去的分類學認為，爬行類先演化成「哺乳類型爬行類」，再演化成哺乳類。今日則將爬行類與「哺乳類型爬行類」歸於完全不同系統的類群，並將「哺乳類型爬行類」與哺乳類合併為一類群，稱其為「合弓類」。

∷ 合弓類的出現與「盤龍類」

最古老的合弓類化石，出土於古生代石炭紀快結束時的地層，其樣貌與蜥蜴沒有太大差別。這些「哺乳類型爬行類」中最原始的一群，在古生代二疊紀時持續多樣化，包含背部有「帆」的肉食性異齒龍（→p.96）、植食性的基龍等著名物種。

這些俗稱「盤龍類」的類群，在二疊紀初期至中期時達到鼎盛，與適應了陸地生活的大型兩生類同為陸地生態系中最顯眼的動物。常被誤認為恐龍的異齒龍，以頂點捕食者的角色君臨陸地生態系，另一方面，此時爬行類在陸地上仍是不顯眼的動物。

∷ 獸孔類的興盛與第二次大滅絕

「盤龍類」在二疊紀的後半急遽衰退，被進化程度較高的獸孔類取代，其中也包括了現生哺乳類的直接祖先。二疊紀獸孔類的體型比「盤龍類」更加洗鍊，尾巴更短更細。此外，獸孔類成功多樣化，演化出了全長超過4m的大型物種，不過在二疊紀末大滅絕時，幾乎獸孔類的所有系群都一起滅絕了。

在二疊紀末的大滅絕中跟著滅絕的獸孔類類群，包括犬齒獸類與二齒獸類。大型犬齒獸類的全長約為2m，食性相當多樣。二齒獸類的特徵為喙與2根獠牙，為植食性類群，在中三疊世以後，曾經出現全長超過3m的物種。不過與二疊紀的獸孔類不同，三疊紀的獸孔類並非陸地生態系的頂級捕食者。三疊紀的陸地生態系頂級捕食者為爬行類，特別是屬於主龍形類的鱷魚與恐龍的系群。

二齒獸類於三疊紀末衰退，犬齒獸類也在三疊紀末因大滅絕而遭受巨大打擊。

∷ 犬齒獸類與哺乳類

活到侏羅紀的合弓類只剩犬齒獸類的3個系群，其中之一為包含了現生哺乳類之直接祖先在內的哺乳形類（→p.98）。進入侏羅紀後，哺乳形類才演化出哺乳類（單孔類、有袋類、胎盤類）。

除了哺乳形類以外的犬齒獸類，一直殘存到早白堊世。該類群最後一個化石於手取層群（→p.230）出土。

Chapter **1**

碩士篇

∷ 各式各樣的「哺乳類型爬行類」

「合弓類」這個詞常被視為「哺乳類型爬行類」（＝基礎的合弓類）的同義詞。以下將介紹各種基礎的合弓類，有的看起來與典型的爬行類如出一轍，有的與早期恐龍共存，有的則是乍看之下與哺乳類沒什麼區別。

杯鼻龍　「盤龍類」中特別巨大的植食性類群，有的物種全長可達6m。有人認為牠們可能是水生動物。興盛於中二疊世。

伊斯基瓜拉斯托獸　二齒獸類中體型最大的一類，與最早期的恐龍——艾雷拉龍、始盜龍、始馳龍等共存。

冠鱷獸　稱霸了半個二疊紀的早期獸孔類，全長達4m。因為有角與獠牙，使外觀看起來很恐怖，不過毫無疑問地是植食性動物。

Montirictus
屬於三瘤齒獸科，雖不是哺乳類，卻是合弓類最後的物種。在「桑島化石壁」的內部開鑿隧道時，發現了這種生物的化石，全長約30cm。

| 恐龍時代的非恐龍生物

異齒龍
Dimetrodon

不少本書提到的「某某龍」都不是恐龍，而是恐龍以外的古生物，卻被人們理所當然地冠上「恐龍」之名。連猛瑪象、劍齒虎等不屬於「恐龍時代」，而是曾與人類共存的動物，有時還會被當成恐龍類的生物。其中，合弓類的異齒龍更是常被誤解成「有帆的恐龍」。

::「盤龍類」之王

異齒龍興盛於古生代二疊紀的前期至中期，不屬於爬行類，而屬於合弓類（→p.94）。也就是說，牠們不是恐龍，而是近似於哺乳類（→p.98）的動物。異齒龍屬於合弓類中相對原始的「盤龍類」，過去也被稱作「哺乳類型爬行類」，為該類群的代表物種。

異齒龍最初的化石於19世紀中期出土。這個出土於加拿大東部之愛德華王子島的異齒龍上顎骨被認為是三疊紀的恐龍化石，於1853年被命名為 *Bathygnathus borealis*。

在「化石戰爭」（→p.144）正熱的1870年代，愛德華·德林克·寇普率領了化石獵人團隊到美國德州，並發現了許多化石，寇普將這些標本分成多個屬、種。1878年時，寇普命名了 *Dimetrodon*（異齒龍屬），並將各式各樣的物種都歸於異齒龍屬。另外，*Bathygnathus* 與 *Dimetrodon* 被認為是同一個屬。*Dimetrodon* 雖然不是第一個賦予的屬名，卻因為比較常用，於是作為異齒龍的「保留名」留了下來。

到了今日，異齒龍屬已成為包含多個物種的大屬。整個屬的生存期間長達1000萬年，毫無疑問地是非常長、非常興盛的屬。早期的異齒龍屬物種全長不到2m，年代較晚的物種則可能長達3m。

頭部 各牙齒大小有顯著差異，稱作異齒性。與恐龍不同，顳顬孔（供頸部肌肉附著的窗狀結構）只有1對，上顎與其深處也長有牙齒。

Dimetrodon limbatus

帆 頸椎、胸椎、腰椎、薦椎的棘突起往上伸展，形成「帆」。不同物種的異齒龍，帆的外形也不一樣。一般認為有調節體溫的功能，不過同年代的近親屬中，也有帆不發達的物種，所以帆的功能至今仍不明瞭。

尾巴 完整的尾巴化石相當少見，過去的復原（→p.134）模型有個相當短的尾巴。

四肢 與恐龍不同，四肢往左右突出，這也是牠們被稱為「哺乳類型爬行類」的原因之一。

:: 異齒龍的近親

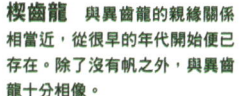

與異齒龍親緣關係接近的合弓類中,也有不少物種有「帆」的結構。牠們也和異齒龍一樣,常被誤解是恐龍。另一方面,異齒龍的近親中,也有完全沒有帆的物種。

楔齒龍 與異齒龍的親緣關係相當近,從很早的年代開始便已存在。除了沒有帆之外,與異齒龍十分相像。

Dimetrodon grandis
比 *Dimetrodon limbatus* 還要大一圈,全長可達3m。帆的形狀也相當複雜。擁有非常發達的牙齒——鋸齒(→p.209),應擅長撕咬肉類。

基龍 異齒龍及楔齒龍的近親,不過基龍是植食性動物。「帆」的棘突起比異齒龍還要粗許多,左右長有許多棘。目前未發現完整骨架,復原骨架是以異齒龍的顱骨及四肢製作而成的組合化石(→p.262)。

哺乳類
Mammalia

在深夜的月光下，像小老鼠般的動物潛入恐龍巢穴中，竊取恐龍蛋食用。這是過去人們對「恐龍時代」哺乳類的印象，至今也有不少人這麼認為。不過在近30年左右，學界對當時哺乳類的看法大幅修正。哺乳類出現至今已過了2億年，這段時間的大半是所謂的「恐龍時代」。那麼，恐龍時代的哺乳類究竟是什麼樣的動物呢？

∷ 哺乳形類的演化

興盛於二疊紀的合弓類（→p.94）於二疊紀末遭受大滅絕的大打擊，僅進化型合弓類當中的獸孔類之2個系群殘留下來。其中，犬齒獸類於三疊紀後期演化出了哺乳形類（廣義的哺乳類）。

過去人們認為，中生代的哺乳形類都有著老鼠般的外形、大小，為夜行性，以昆蟲為食。不過現在已經知道，當時的哺乳形類就有多種形態與大小，有的像河狸，有的像鼴鼠，也有的像鼯鼠，還有發現體型如中型犬的物種。有些哺乳形類化石的胃內容物甚至還有恐龍幼體，可見當時的哺乳形類絕對不是在恐龍的陰影下生活。

中生代的哺乳形類有多個系群，不過大部分都在中生代滅絕。哺乳類（哺乳形類的一個系群）的出現時期有多種說法，有人說在哺乳形類出現沒多久，哺乳類就出現了。哺乳類也在中生代發展出了形形色色的系群，不過延續至今日的系群僅剩單孔類（鴨嘴獸與針鼴）、有袋類、胎盤類。

有袋類與胎盤類的系群於中侏羅世分支演化，不過真正的有袋類與胎盤類在白堊紀中期以後才現身。胎盤類的現生類群，更是在恐龍滅絕後才分支演化出來。單孔類的起源仍存在許多謎團，目前真正的單孔類化石紀錄，僅能追溯到早白堊世。

基礎合弓類（哺乳類型爬行類）的耳朵內部結構為「爬行類型」，耳內只有1個聽小骨（將鼓膜的振動傳遞至內耳的骨頭）。哺乳類中，獸類（有袋類與胎盤類等進化型哺乳類）的數個顎關節骨頭轉變成了聽小骨，單孔類與其他哺乳形類的狀況則介於「哺乳類型爬行類」與獸類之間。合弓類體表原本只有鱗片與單純的皮膚，有人認為原始的犬齒獸類的吻上可能有感覺毛（與哺乳類的鬍子為同源器官（→p.220））。另一方面，在犬齒獸類中，只有哺乳形類以及其近親，才有毛皮與授乳等特徵。

另外，有些原始的物種親緣上較接近胎盤類，卻與單孔類或有袋類一樣會產卵，或者生下未成熟的子代。中生代哺乳類的四肢多呈O形腿狀，只有少數物種像今日哺乳類一樣四肢直立。

全球各地都有發現中生代哺乳類的化石，日本也有發現各類群的牙齒與顎的化石。近年在福井縣手取層群（→p.230）出土了多瘤齒獸類（於新生代古近紀滅絕的哺乳類系群）幾乎完整且以關節相連（→p.164）的上半身骨架，後續研究值得期待。

Chapter 1

碩士篇

∷ 中生代的哺乳形類

　　從19世紀開始,有很長一段時間,發現了許多中生代哺乳形類的牙齒化石。牙齒形態在為哺乳類分類時相當有用,但研究者們仍不曉得牠們全身的樣貌。不過,今日已有多個物種近乎完整的骨架陸續出土,使我們終於明白哺乳類在「恐龍時代」這個在演化史中占了大半的期間內的模樣。

狸尾獸　外貌形似吻部較長的河狸,不屬於哺乳類,而是中侏羅世的原始型哺乳形類。應擅長游泳與挖洞。

三角齒獸　美國自然史博物館於中亞探險時發現的晚白堊世哺乳類,與伶盜龍(→p.50)、偷蛋龍(→p.54)、原角龍(→p.52)於同一個地層出土。近年研究顯示,這是已知最古老的有袋類。

爬獸　早白堊世的哺乳類,與羽毛恐龍一起出土於著名的熱河層群(→p.173)。屬於中生代時滅絕的真三尖齒獸類,頭身長達80cm,為中生代合弓類中最大的一群。體內有發現消化中的鸚鵡嘴龍幼體,可以確定牠們是恐龍幼體的天敵。

地球史

三疊紀
Triassic

> 被認為是地球史上規模最大的大滅絕，發生於古生代最後一個「紀」——二疊紀的最後。到了約2億5190萬年前，中生代第一個「紀」——三疊紀就在荒廢的生態系中揭幕。在生態系中逐漸嶄露頭角的爬行類，取代了二疊紀殘存下來的「哺乳類型爬行類」，其中也包含了「最初的恐龍」。

∷ 三疊紀的地球

三疊紀的地球上，只有盤古大陸（→p.174）存在，除了潮濕溫暖的極區之外，內陸部分（約占了地球陸地的一半以上）皆為乾燥炎熱的氣候。不過，在晚三疊紀之初，氣候大幅改變，全球整體而言變得較為濕潤。植物以針葉樹、銀杏類、種子蕨類（於中生代滅絕的類群）、蕨類為主，被子植物尚未出現。

進入三疊紀後，爬行類爆炸性地多樣化。其中，主龍形類成為了陸地生態系最顯眼的生物。特別是擬鱷類（包含鱷類在內的主龍類大類群）大為興盛，還出現了直立二足步行的物種。另外，爬行類也進入海中，於特提斯海（→p.180）演化出了各種類群的海生爬行類。

鳥蹠類是另一個與擬鱷類同樣在三疊紀時爆發性輻射演化的類群。其中包括了在中三疊世出現的翼龍（→p.80），以及恐龍類。

年代區分（時代）			絕對年代
紀	世	期	
三疊紀	晚三疊世	瑞替期	約2億136萬年前
		諾利期	約2億574萬年前
		卡尼期	約2億2730萬年前
	中三疊世	拉丁期	約2億3700萬年前
		安尼期	約2億4146萬年前
	早三疊世	奧倫尼剋期	約2億4670萬年前
		印度期	約2億4988萬年前
			約2億5190萬年前

三疊紀的年代區分 三疊紀前後僅約5000萬年，是中生代中最短的「紀」。三疊紀可分成早、中、晚3個世，再細分成7個「期」。晚三疊世比早三疊世、中三疊世還長了許多，占了整個三疊紀的七成。可斷定為「最古老恐龍」的化石紀錄，僅能追溯至晚三疊世的卡尼期。若依此回推，可估算出「最初的恐龍」可能於中三疊世時出現。

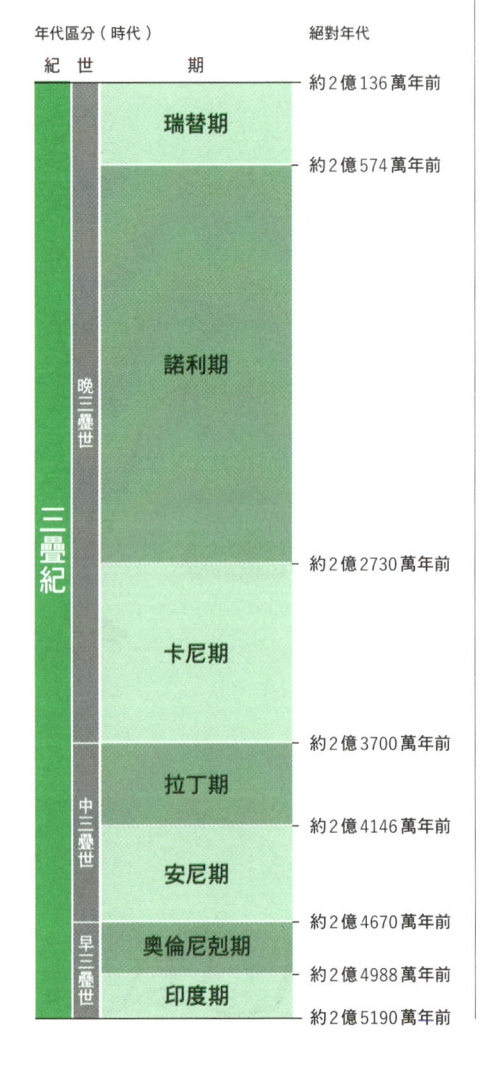

:: 晚三疊世的陸地動物們

因為主要的大陸全都連在一起,所以三疊紀每個地區的陸地動物組成都很相像。生態系中位居高位的是巨大的二齒獸類與植食性的大型擬鱷類,以及捕食牠們的四足步行或二足步行的大型擬鱷類。另外,大型兩生類也相當興盛。

三疊紀的恐龍仍保留了原始鳥頸類的特徵。與後來的恐龍相比,三疊紀恐龍的下半身骨架較貧弱。因為此時恐龍仍處於進化初期,不少恐龍常擁有多個類群的特徵,分類上較難以認定。另外,三疊紀的地層並未發現可斷定為鳥臀類的恐龍化石。

三疊紀的恐龍全長多在2m左右。從卡尼期開始,才有全長超過4m的肉食性艾雷拉龍出現。在三疊紀結束以前,曾經出現過全長10m左右的蜥腳類、「哥吉拉龍」(→p.269)般全長超過5m的獸腳類。這些中型~大型恐龍,取代了擬鱷類,君臨生態系的頂點。

波斯特鱷 二足步行的大型擬鱷類,與鱷魚的祖先為近親。顱骨形態與獸腳類多處相似,有研究者認為可能是暴龍(→p.28)的祖先。對於早期恐龍類而言,應為可怕的天敵。

艾雷拉龍 最早期的恐龍之一,有多個保存狀態良好的化石,但分類還不確定。大型個體的全長超過4m,為當時生態系中相當大的動物。艾雷拉龍類曾興盛於許多地區,可能在三疊紀時大量滅絕。

板龍 原始的蜥腳形類,也是典型的「古蜥腳類」。研究者們很早就發現了牠的骨層(→p.170),是三疊紀恐龍中被研究得最詳細的一種。不少復原(→p.134)骨架為四足步行,但基本上被認為是二足步行動物。

| 地球史

侏羅紀
Jurassic

從大滅絕後的荒涼環境中揭開序幕的三疊紀,也在大滅絕中拉下帷幕。在三疊紀中大量繁衍的多個海洋、陸地爬行類類群,都在此時滅絕,不過恐龍類群整體而言損傷相對較不嚴重。因大滅絕而空出來的生態棲位,紛紛被各種恐龍占據,「恐龍時代」正式開始。

:: 侏羅紀的地球

超大陸盤古大陸(→p.174)逐漸分裂,到了中侏羅世時,分成了勞亞古陸(→p.176)與岡瓦納古陸(→p.182)2塊。當時的氣候整體而言比今日溫暖,不過全球規模的暖化與寒冷化交替進行著。大氣中的二氧化碳濃度也會隨著時間改變,最多可以到今日的4倍。植物比較沒有受到二疊紀末期大滅絕的影響,與三疊紀的植物並沒有太大的差別。

三疊紀的海生爬行類當中,只有魚龍(→p.90)與蛇頸龍(→p.86)存活到侏羅紀。擬鱷類中,除了廣義的鱷魚類之外全數滅絕,陸地上的大型植食性動物、大型肉食性動物等,皆由恐龍占據。合弓類(→p.94)於三疊紀末幾乎滅絕,殘存下來的物種則在侏羅紀期間內大肆多樣化。翼龍(→p.80)與恐龍則較沒有受到大滅絕的影響。

侏羅紀的恐龍持續大型化,到了晚侏羅世,全長達30m的大型蜥腳類出現。此外,主要的恐龍類群也在晚侏羅世紛紛到齊。最古老的鳥類(廣義)近鳥龍便是在中侏羅世的地層出土。

侏羅紀的年代區分 侏羅紀可分為早、中、晚3個世,再細分為11個「期」。中侏羅世至晚侏羅世,全球各地形成了許多化石礦床(→p.172),包括德國的索爾恩霍芬石灰岩(→p.173)與美國西部的莫里遜層(→p.178)。

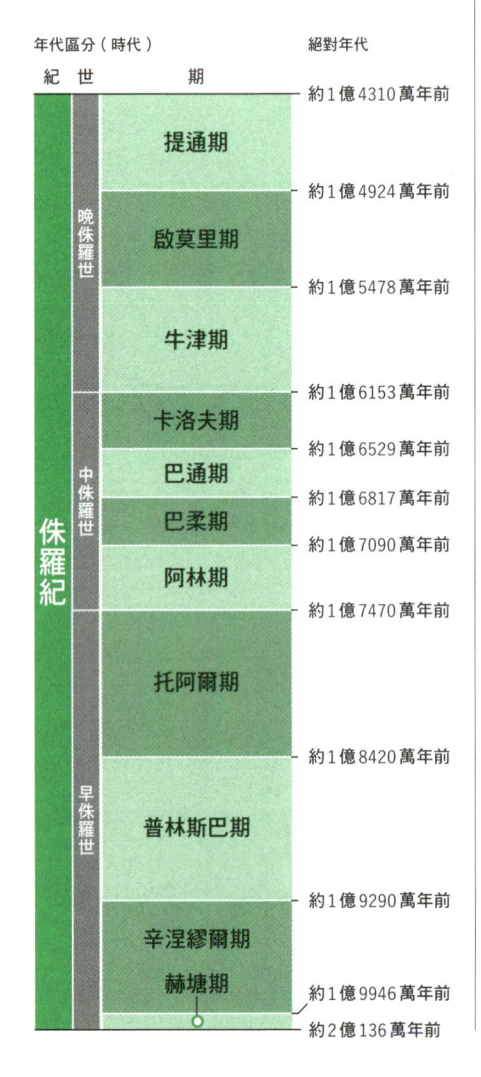

年代區分(時代)			絕對年代
紀	世	期	
侏羅紀	晚侏羅世	提通期	約1億4310萬年前
		啟莫里期	約1億4924萬年前
		牛津期	約1億5478萬年前
	中侏羅世	卡洛夫期	約1億6153萬年前
		巴通期	約1億6529萬年前
		巴柔期	約1億6817萬年前
		阿林期	約1億7090萬年前
	早侏羅世	托阿爾期	約1億7470萬年前
		普林斯巴期	約1億8420萬年前
		辛涅繆爾期	約1億9290萬年前
		赫塘期	約1億9946萬年前
			約2億136萬年前

Chapter 1

碩士篇

▓ 侏羅紀的恐龍

　　早侏羅紀世的恐龍幾乎沒什麼化石出土，而出土的化石多數與晚三疊世的化石幾乎沒有什麼差別。可斷言為鳥臀類的物種於早侏羅世出現，裝甲類於早侏羅世出現，鳥腳類與頭飾龍類則一直延續到了晚侏羅世。到了晚侏羅世，出現全長10m左右的大型獸腳類，獸腳類的主要類群在中侏羅世期間幾乎到齊。二足步行的原始蜥腳形類於中侏羅世滅絕，四足步行的蜥腳類則在晚侏羅世持續大型化。

　　中侏羅世時，由於勞亞古陸與岡瓦納古陸分裂，使2塊大陸上的恐龍們獨自演化。

冰冠龍　南極大陸在早侏羅世時為岡瓦納古陸的一部分，環境與今日完全不同。冰冠龍同時擁有三疊紀獸腳類與中侏羅世以後之獸腳類的特徵，在獸腳類的演化史上是相當重要的物種。

巨刺龍　雖然名稱容易讓人混淆，但其實是貨真價實的劍龍類。晚侏羅世時，劍龍類興盛於全球各地，特別是中國就發現了各式各樣的劍龍化石。

超龍　梁龍類在晚侏羅世大為興盛，其中又以全長超過30m的超龍為箇中翹楚。當體型大到一定程度時，就連大型獸腳類也無法隨意出手。

| 地球史

白堊紀
Cretaceous

與三疊紀及侏羅紀不同,白堊紀並非在大滅絕之後開始。各種晚侏羅世的恐龍類群繼續興盛於白堊紀,過去沒那麼顯眼的類群也在白堊紀中期左右嶄露頭角。在漫長的白堊紀之間恐龍持續興盛,卻在隕石撞擊之下,使「恐龍時代」畫下休止符。

∷ 白堊紀的地球

勞亞古陸(→p.176)的分裂活動相當活躍,另一方面,岡瓦納古陸(→p.182)的分裂活動則緩慢許多。氣候整體而言比今日溫暖,不過正逐漸從溫暖乾燥氣候至溫暖濕潤氣候,轉變成涼爽或寒冷的乾燥氣候。被子植物出現於白堊紀,進入晚白堊世後,演化成了與今日相似的植物物種。

到了白堊紀中期,在地球暖化的影響下,出現多次海洋缺氧事件,使海洋生態系大受打擊。這造成魚龍(→p.90)滅絕,並使蜥蜴類再次進入海洋,催生出滄龍類(→p.92)。中侏羅世到晚侏羅世出現的鳥類,在白堊紀多樣化,不過現生鳥類的系群直到白堊紀末才出現。

早白堊世的恐龍相與晚侏羅世十分接近,不過在白堊紀中期,恐龍的組成曾大幅變動,是近年的熱門研究主題。勞亞古陸有暴龍類(→p.28)以頂點捕食者之姿出現,隨著被子植物的抬頭,新興類群鴨嘴龍類(→p.36)與角龍也大量繁衍,迎來「恐龍時代」的黃金期。然而隨著隕石的撞擊與希克蘇魯伯隕石坑(→p.194)的形成,恐龍時代也迎來了終焉。

年代區分(時代)			絕對年代
紀	世	期	
白堊紀	晚白堊世	馬斯垂克期	約6604萬年前
		坎帕期	約7217萬年前
		桑托期	約8365萬年前
		科尼亞克期	約8570萬年前
		土侖期	約8939萬年前
		森諾曼期	約9390萬年前
	早白堊世	阿爾布期	約1億50萬年前
		阿普第期	約1億1320萬年前
		巴列姆期	約1億2140萬年前
		豪特里維期	約1億2650萬年前
		凡藍今期	約1億3260萬年前
		貝里亞期	約1億3770萬年前
			約1億4310萬年前

白堊紀的年代區分 白堊紀前後近8000萬年,占了「恐龍時代」的一半。可二分為早白堊世、晚白堊世,也有人將巴列姆期~土侖期稱作白堊紀「中期」。

Chapter 1

碩士篇

:: 早白堊世的恐龍

早白堊世的恐龍組成與晚侏羅世差異不大，因為此時盤古大陸（→p.174）剛分裂沒多久，所以勞亞古陸與岡瓦納古陸上的棘龍類（→p.66）與鯊齒龍類2類群的物種仍相當興盛。另一方面，暴龍類與角龍類則往體型漸小的方向進化。

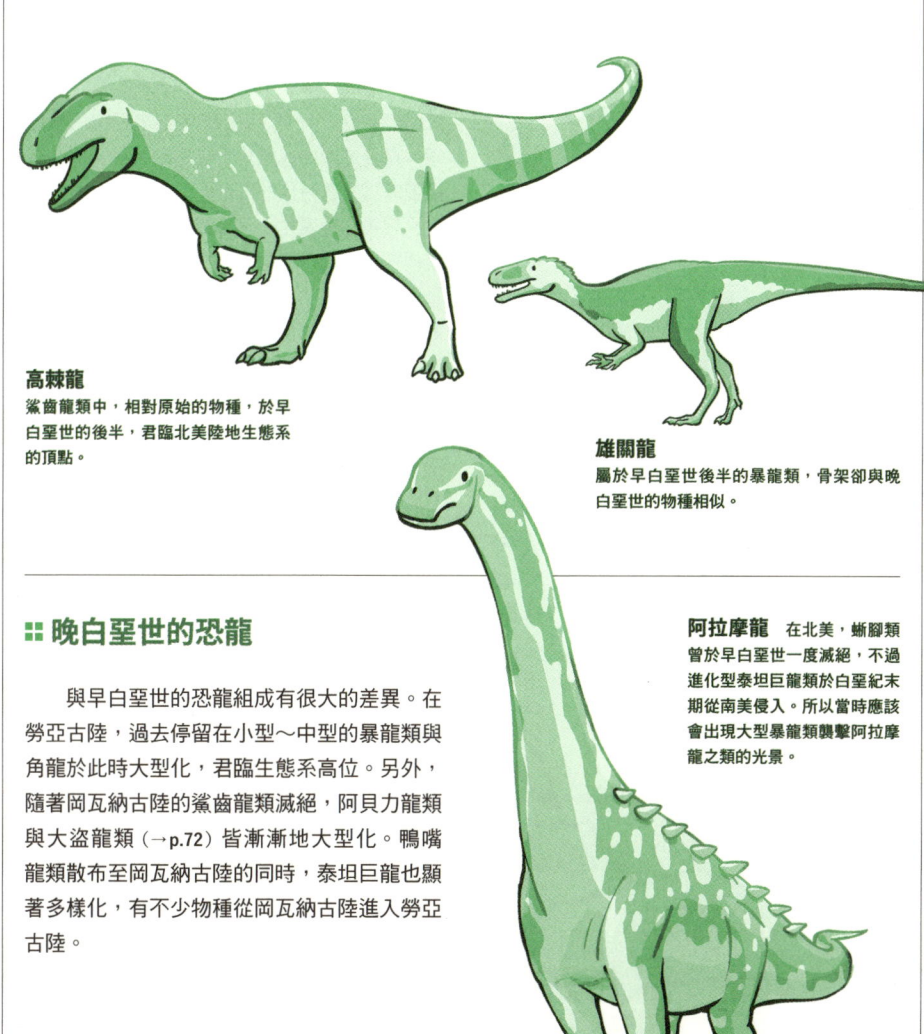

高棘龍
鯊齒龍類中，相對原始的物種，於早白堊世的後半，君臨北美陸地生態系的頂點。

雄關龍
屬於早白堊世後半的暴龍類，骨架卻與晚白堊世的物種相似。

:: 晚白堊世的恐龍

與早白堊世的恐龍組成有很大的差異。在勞亞古陸，過去停留在小型～中型的暴龍類與角龍於此時大型化，君臨生態系高位。另外，隨著岡瓦納古陸的鯊齒龍類滅絕，阿貝力龍類與大盜龍類（→p.72）皆漸漸地大型化。鴨嘴龍類散布至岡瓦納古陸的同時，泰坦巨龍也顯著多樣化，有不少物種從岡瓦納古陸進入勞亞古陸。

阿拉摩龍 在北美，蜥腳類曾於早白堊世一度滅絕，不過進化型泰坦巨龍類於白堊紀末期從南美侵入。所以當時應該會出現大型暴龍類襲擊阿拉摩龍之類的光景。

| 地球史

地層
stratum, strata

水往低處流。流經有起伏的地方時,高起的部分會被風雨擊打、風化、侵蝕,產生的碎屑則會被搬運到低處,沉積在凹陷處或地面斜度突然減緩的地方。上述風化、侵蝕、搬運、沉積的過程反覆進行,便會形成地層,而沉積下來的碎屑物中,則可能會埋藏化石。

∷ 地層形成過程

碎屑物可依顆粒尺寸從大到小分成礫、砂、泥。這些顆粒的大小不同,所以在水中的運動方式也不一樣。水流強度不同時,也會產生不同的現象。一般來說,河口處或靠近海岸的地方,會依照礫→砂→泥的順序,由顆粒較大者開始沉積,而近海海底的沉積物則幾乎都是泥。另外,風可搬運火山灰之類的顆粒。如果是由水流搬運碎屑物,那麼離碎屑物的供給來源愈遠,顆粒的稜角就會被磨得愈鈍,沉積於斜坡時,在下側形成愈厚的沉積層。

綜上所述,構成地層的沉積物,會受到沉積當下的周圍地形、水流強度等沉積環境的大幅影響。反過來說,只要仔細觀察構成地層的沉積物,便能復原(→p.134)出當時的沉積環境。綜合地層中包括化石在內的各種資訊,便能描繪出上古時代的風景。

沉積出地層後,沉積物便會因為自身重量使內部蘊含的水分被擠出。地下水溶出礦物質後,可讓碎屑物之間微小的縫隙密合,固結形成沉積岩。地層接著會在地下承受高熱高壓,逐漸變得堅硬。經過這些成岩作用後,地層可能會隆起,再度回到地表,並被侵蝕露出露頭,人們才能接觸到這些地層。地層並非單純的石塊,而是地球動態運動的紀錄。

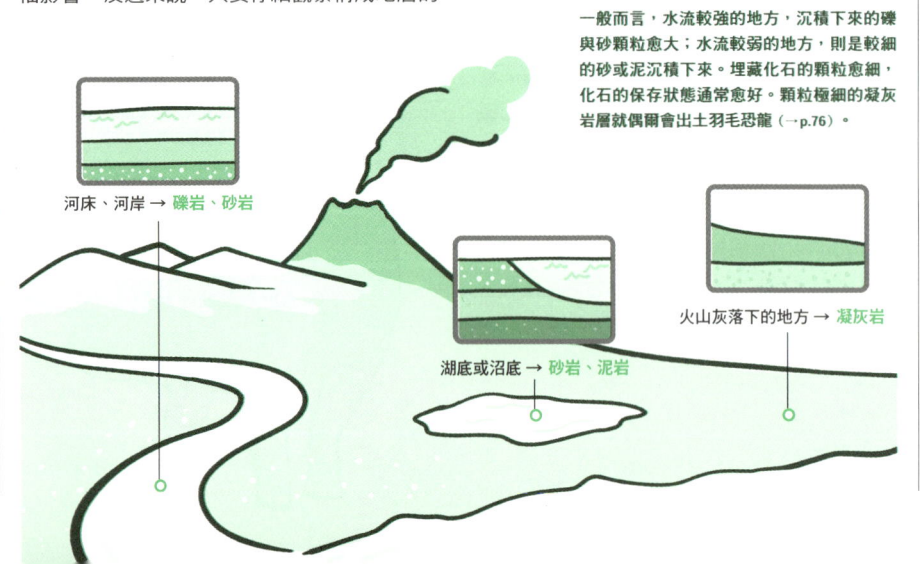

一般而言,水流較強的地方,沉積下來的礫與砂顆粒愈大;水流較弱的地方,則是較細的砂或泥沉積下來。埋藏化石的顆粒愈細,化石的保存狀態通常愈好。顆粒極細的凝灰岩層就偶爾會出土羽毛恐龍(→p.76)。

河床、河岸 → 礫岩、砂岩

湖底或沼底 → 砂岩、泥岩

火山灰落下的地方 → 凝灰岩

∷ 地層的研究

地層通常看起來呈條紋狀，每條稱作1個「單層」，層與層的交界處稱為層理面。地層中特定位置的橫向（相同時間）平面，稱作「層準」。外觀相同（岩相）的單層，上下連續的範圍（≒相同沉積環境的持續時間）統稱為「層（累層）」。由多個相似的層構成的連續範圍，稱作「層群」。層中更細的結構，可稱為「段」。

即使是相同年代的鄰近區域沉積而成的地層，若岩相不同，便會被歸類為不同的層。另外，不同沉積環境下，地層堆積速度也不同。有時候要花1萬年才能沉積出厚1cm的地層，有時候只要數分鐘便能沉積厚1m的地層。新的地層沉積時，還可能破壞到原本的地層。

當2個地層間有時間間隙（由於某些原因使地層沉積停止，或者2個地層間沉積的地層因侵蝕而消失等）時，稱作「非整合面」。譬如若1億年前的露頭上，沉積了近年的土砂，就屬於非整合面。

在愈古老的時代沉積的地層，通常成岩作用的程度愈高，埋藏的化石之礦化程度也愈高，進而失去原本的骨頭性質。不過，也存在某些數千萬年前的地層，鬆軟到用手就可以剝開（未固結）。

有很多種方法可以調查地層沉積的時代、年代。分析相對年代（較老、較新）時，通常會使用指標化石（→p.112）。另一方面，要知道絕對年代（具體數值）（→p.110）時，則一般會使用地層內含有的放射性同位素。欲了解沉積環境，線索除了地層本身的沉積結構之外，指相化石（→p.112）也相當重要。

露出地表的露頭通常會斷斷續續地分布，若想知道地層的橫向分布（同一個時間面），須找到並認定「指標層」（具有可比較或特定地層之特徵的地層），譬如火山灰在大範圍內同時落下、沉積而成的火山灰層。將斷斷續續分布的露頭，沿著同一時間面接起來，便可從四維時空的角度，復原出該地點的上古樣貌。

海外露頭的例子（惡地）

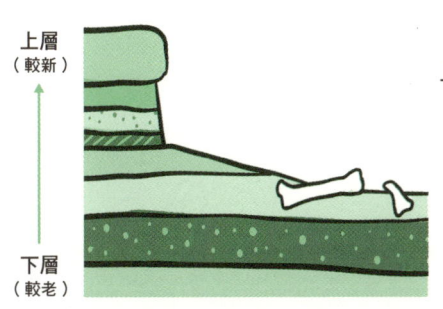

上層（較新）
下層（較老）

海外著名的恐龍產地多是名為「惡地」的荒野，有一個面為廣闊的露頭。這些地方的地層幾乎呈水平狀，調查同一層準時相對較容易，要調查上下層關係時則較困難。

日本露頭的例子（濕地）

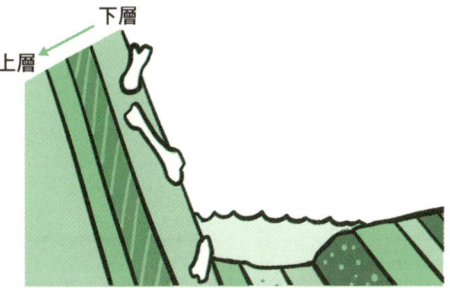

下層
上層

雨量多的日本沒有「惡地」，自然的露頭常沿著濕地點狀分布。地層常因扭曲（褶皺）而產生大角度傾斜，或者因斷層而被切斷。另外，地層上下顛倒的情況也不少見。

地球史

海相沉積層
marine strata

許多地方都有沉積地層，其中，在海中沉積的地層叫做海相沉積層。海相沉積層為海洋生物化石的寶庫，偶爾也會發現陸地生物的化石。在恐龍研究史中，引領早期研究方向的就是海相沉積層發現的化石。日本中生代地層散見於全國各地，且多為海相沉積層。因為神威龍的出土，使研究者們對各地海相沉積層寄予熱烈的期待。

▓ 海相沉積層的特徵

在靠近陸地的海域，沉積物從陸地被搬運到海洋，形成海相沉積層。來自陸地的沉積物無法被搬運到距離陸地遙遠的海域，不過浮游生物的屍體沉澱後，也會形成地層。另外，在大陸棚暫時沉積下來的沉積物，可能會因為地震而崩裂，沿著海底斜坡落下，於與陸地有些距離的近海再次沉積下來。

菊石（→p.114）與疊瓦蛤（→p.115）等海洋生物的化石常被當成指標化石（→p.112），用於鑑定地層年代。另一方面，陸地生物的化石通常難以作為指標化石，所以在陸相沉積層發現化石時，也很難直接推測它們的年代。若在海相沉積層發現陸地生物的化石，便可透過同地層找到的菊石或疊瓦蛤化石，簡單且精準地推測其年代。

淺海性地層的例子 一般來說，大陸棚的水深在200m以內，稱作淺海，比這更深的海洋則稱作深海。海相沉積層的恐龍化石，幾乎都在沿岸地區到大陸棚（內陸棚、外陸棚）的淺海性沉積地層中出土。

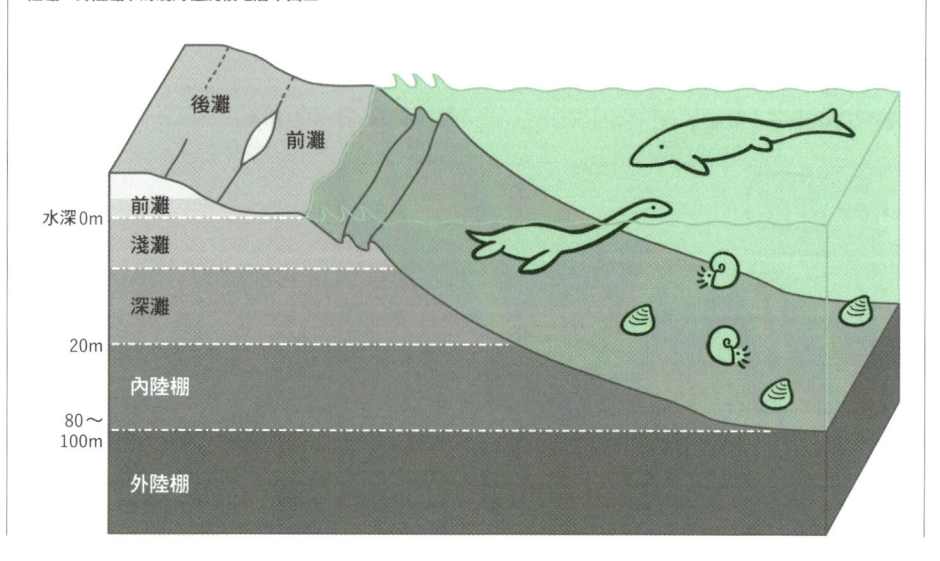

水深	區域
	後灘
	前灘
水深0m	前灘
	淺灘
	深灘
20m	內陸棚
80～100m	外陸棚

Chapter 1
碩士篇

:: 在海相沉積層發現的恐龍們

人們常為了礦物資源而挖掘海相沉積層，也就是把它當成採石場或礦場。早期發現的恐龍化石中，就有不少是來自海相沉積層開闢出來的採石場或礦場。海相沉積層出土的恐龍化石骨架多散亂各處，不過偶爾也會發現幾乎完整的骨架或木乃伊化石（→p.162）。

巴氏斑龍（→p.32）
發現年：1790年代？
出土層：坦頓石灰岩層（英國）
時代：中侏羅世巴通前期

斑龍是「最早發現的恐龍」，於石灰岩採石場出土。雖然發現了不少化石，但每個都只是散亂骨架的一部分。

福氏鴨嘴龍（→p.36）
發現年：1838年左右　出土層：伍德柏里層（美國）
時代：晚白堊世坎帕前期

雖然是最早發現的鴨嘴龍類，但至今也只有發現1副局部骨架。

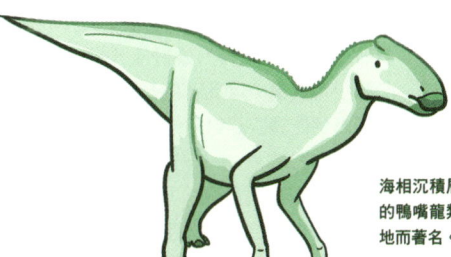

日本神威龍（→p.38）
發現年：2003年　出土層：函淵層（北海道）
時代：晚白堊世馬斯垂克期初

海相沉積層偶爾會發現包括日本龍、原櫛龍、特提斯鴨龍在內的鴨嘴龍類。發現日本神威龍的函淵層，一直以來都以菊石產地而著名。

馬克米歇爾北方盾龍
發現年：2011年　出土層：克利爾沃特層（加拿大）
時代：早白堊世阿爾布期初

採掘油砂時，化石曾被重型機械撞碎。不過因為上半身有一定程度的木乃伊化而能保持完整，故也被稱作「奇蹟的恐龍」。可能被沖到了距離海岸線約200m處化石化。

絕對年代
absolute age

> 研究過去的古生物、事件時,將時間序列整理清楚是相當重要的事。測定、推估年代的方式大致上有2種,一種是釐清各事件前後關係的「相對年代」。另一種則是「絕對年代」,會用數字表示「絕對性的」(而非相對數值)的年代與誤差值。

:: 古生物學與相對年代

以考古學(→p.274)而言,需解讀古文書,由書中所寫內容,估計「某事件」發生的絕對年代。不過,古生物學與地質學所研究的年代,幾乎都是史前時代,完全沒有任何前人留下的文字記錄。此時就會用到所謂的相對年代。指標化石(→p.112)是研究相對年代時極為重要的工具,將各種指標化石的資訊組合在一起後,便可確立生物地層序列(運用指標化石的變化來標示年代)(如果是考古學,則可運用石器、土器的變化來標示相對年代)。另外,特定火山噴發的火山灰、隕石撞擊所釋放出來的物質等,能在大範圍內同時沉積的特徵性地層,可做為「指標層」以確認相對年代。不僅如此,因為地球磁場方向會隨著時代改變,所以近年也有不少研究者分析地層內保留的古磁場,以得知地層的相對年代。

由這些資訊分析出來的相對年代,可能是「晚白堊世」等「年代」(地質年代)。若研究對象為古生物,可將指標化石、指標層、古地磁等資訊組合在一起,提升估計年代時的精準度。但另一方面,能利用這些工具精確估計出年代的地層並不多,所以不少恐龍的相對年代仍相當不精確。

:: 絕對年代與放射年代

自然界中的各種元素,都存在多種中子數不同的同位素。有些同位素會釋放出放射線,然後轉變成其他元素(放射衰變),稱作放射性同位素;有些同位素則屬於不會釋放出放射線的穩定同位素。每種同位素都有特定的放射衰變速度。

放射性同位素在誕生的瞬間,就會開始放射衰變。在宇宙射線的影響下,地球上會不斷生成新的放射性同位素,所以自然界中,穩定同位素與放射性同位素會維持固定比例。另一方面,若阻斷某物體與外界的物質交流,該物體便無法補充新的放射性同位素,放射衰變便會持續減少。

運用放射性同位素的性質,可測定物體的絕對年代,稱作「放射年代」。因為古生物學、地質學(以及研究史前時代的考古學)沒有其他能調查絕對年代的手段,所以這是極為重要的方法。

不同的同位素,放射衰變的速度也不一樣。所以測定對象所經歷的時間不同時,用來進行放射年代測定的同位素也不一樣。考古學研究是以人類存在的時代為對象,所以會使用人骨、木材、紙張等有機物都包含的成分——碳14,作為測定放射年代時所使用的放射性元素。由於碳14的半衰期(放射衰變過程中,母核種的量減為一半所需要的時間)太短,所以研究年代更古老之生物的古生物學,比較不會用到碳14。

⁚⁚ 恐龍的生存年代

研究恐龍的絕對年代時，如何解讀放射年代會是一個問題。放射年代為「物體與外界阻隔之時間點的絕對年代」，所以我們必須依測定的對象，謹慎判斷測定結果的意義。在砂層採集到的砂，放射年代為「砂粒原本所屬之岩石形成的年代」，與砂層的形成年代不一定相同。

測定恐龍化石本身的放射年代（＝恐龍死亡時的絕對年代）是件極為困難的任務。研究恐龍生存年代時，一般會使用地層中礦物的放射年代。通常我們很難測定出化石出土層準的放射年代，若能測定到上下層準的放射年代，便能推估出化石的埋藏年代（≒原本的恐龍生存的年代），以「○○萬～○○萬年前」（之間的某個時間點）的相對年代方式來表示。如果是火山灰或熔岩，形成、噴出、沉積可視為同時發生，測定地層沉積的絕對年代時相當好用。

基本上，評估古生物的生存時代與生存年代時，需同時考慮絕對年代與相對年代的組合。運用各種工具的組合，便可陸續分析出數十年前無法確定生存年代之恐龍們的生存時期與期間。

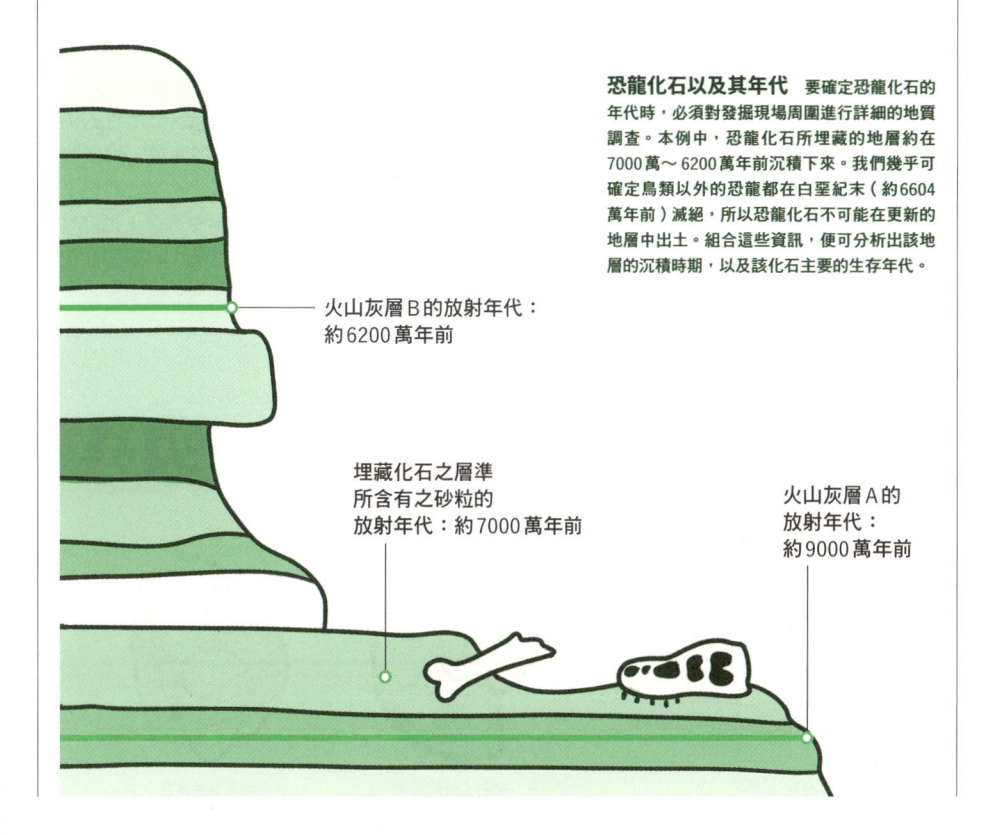

恐龍化石以及其年代 要確定恐龍化石的年代時，必須對發掘現場周圍進行詳細的地質調查。本例中，恐龍化石所埋藏的地層約在7000萬～6200萬年前沉積下來。我們幾乎可確定鳥類以外的恐龍都在白堊紀末（約6604萬年前）滅絕，所以恐龍化石不可能在更新的地層中出土。組合這些資訊，便可分析出該地層的沉積時期，以及該化石主要的生存年代。

火山灰層 B 的放射年代：約 6200 萬年前

埋藏化石之層準所含有之砂粒的放射年代：約 7000 萬年前

火山灰層 A 的放射年代：約 9000 萬年前

化石

指標化石、指相化石
index fossil ／ facies fossil

> **古**生物學與地質學是難以切割的2門學問，地質學可為恐龍研究提供重要的環境資訊。古生物學也常被地質學當成「工具」使用，在確定相對年代、推測地層沉積之環境（古環境）時，化石為不可或缺的工具。

∷ 指標化石

　　地層中，特定生物物種的化石所在層準的範圍，大致上等於該物種在地球上從出現到滅絕的時間。運用這種性質比較、決定地層相對年代（→p.110）的化石，稱作指標化石。

　　原則上，所有生物物種的化石都可以當作指標化石，不過若要作為工具使用，實用性便顯得相當重要。因此，指標化石必須滿足3個條件，包括①生存期間短，可明確指出地層在哪個年代；②分布區域（出土範圍）廣，可用來比對不同地區的地層；③易形成化石，並被大量發現。

　　能同時滿足這3個條件的生物類群出乎意料得少。以恐龍為首的脊椎動物化石，不論在陸地或海洋都相當罕見，較難作為實際研究工作中使用的指標化石。實用的指標化石通常是海生軟體動物，譬如各種菊石（→p.114）、疊瓦蛤（→p.115），就是中生代地層較常見的工具。另外，各種浮游生物的微化石，也是鑑定年代時的重要角色。

　　海相沉積層（→p.108）的指標化石相當充足。另一方面，陸相沉積層則相當缺乏指標化石。哺乳類的牙齒化石、住在湖中的浮游生物化石、花粉（→p.202）等雖可當作指標化石，但與海相沉積層的指標化石相比，只能當成大略的指標。

　　因此，若難以推測陸相沉積層的絕對年代，便很難確定化石的詳細年代。代表性的例子如蒙古戈壁沙漠的晚白堊世地層，伶盜龍（→p.50）、原角龍（→p.52）等，至今我們仍不確定這些恐龍的生存年代。另一方面，也有原本被認為是新生代的地層，卻因為發現恐龍化石，而被重新判定為中生代地層的例子。

各種指標化石的例子

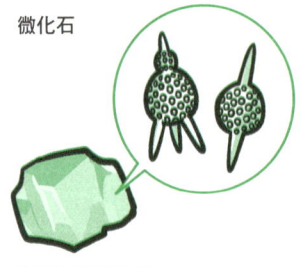

微化石

放射蟲（原生動物）

大型化石

菊石（頭足類）

哺乳類的牙齒

指相化石

僅存在於特定環境，可用於分析該地點從遠古時期至今日之環境變化的化石，稱作指相化石，是分析遠古時期環境時不可或缺的線索。舉個簡單的例子，若山上露出的地層中，出土了海洋生物的化石，就表示該地層在海底沉積，後來海底隆起成山脈，才會露出化石。雖然古希臘時代便已存在這種想法，但直到近代才將這種概念納入「地質學」體系。

指相化石是相當單純且方便的工具，不過生物不一定會在原本棲息的地方轉變成化石，所以也要注意化石的產狀（→p.160）。另外，若想藉由比較化石物種與類似的現生種，推測遠古時期的環境，還必須深入調查並確認化石物種與現生種的生態是否相同才行。

近年發展出推估遠古環境的新方法，可透過化石中各種元素的穩定同位素比例，以定量方式推測化石生物存活當時的環境狀況。

復原畫以及其背景　恐龍復原畫（→p.134）的「背景」，也是遠古環境的出色復原畫。在「恐龍文藝復興」（→p.150）之後，以指相化石得知的遠古環境資訊，也陸續被加至恐龍復原畫內。另外，復原畫也會在考慮年代、地區的情況下，嚴格選用畫中的配角生物。在恐龍文藝復興之後的復原畫中，畫家會由推測的大氣狀態描繪出特定形狀的雲；描繪夜空中的月亮時，也會刻意描繪出中生代可看到的隕石坑。這讓復原畫有更多值得一提的地方。

恐龍的「想像圖」

恐龍的「生態復原圖」

反映出各種地質學證據之後

| 化石

菊石
ammonite

菊石是常與恐龍並列的代表性古生物。在學術界,當我們稱呼菊石為「ammonite」時,通常是指菊石的化石;要描述菊石這種生物時,常用「ammonoid」這個字。不過一般情況下,「ammonite」(阿蒙的角)可用來泛稱各種情形下的菊石。

菊石為海生軟體動物,如果不是在海相沉積層的話,不會與恐龍化石一起出土。不過,菊石可以說是古生物學的梁柱,在恐龍研究中,菊石默默扮演著關鍵角色。

∷ 與菊石的相遇

人類很早就知道化石的存在。鯊魚牙齒的化石常被認為是妖怪身上的東西,貝類化石則會被看成是惡魔的爪子(→p.272)。人類自古以來就相當熟悉菊石,在中世紀的歐洲,菊石被當成了被神切掉頭的小蛇所變成的石頭(蛇石),為相當有人氣的護身符。日本北海道的貝塚(→p.275)有找到加工後的菊石,愛努人稱為「南瓜石」。菊石之所以有「ammonite」這個名字,是因為外殼看起來像捲起來的牡羊角,而古埃及的阿蒙神頭上也長了牡羊般的角。

菊石外殼的結構與鸚鵡螺十分相似,但菊石比較接近烏賊的類群。從古生代晚泥盆世起歷經多次盛衰的菊石,在白堊紀末成為興盛於全球的一大勢力。但除了吻突(cephalopod beak)以外,軟體部分的化石極為罕見。

菊石的外殼形態非常多樣,有類似鸚鵡螺的捲曲方式,還有各種奇怪的捲曲方式,有些甚至被稱作「異常捲曲」。

∷ 菊石與恐龍

全球各地都有菊石出土,且每個物種的生存期間大多數相當短暫,所以是極為重要的指標化石(→p.112)。在「決定時代」這個古生物學的基本過程中,菊石一直扮演著重要角色。特定菊石物種的出現、滅絕,常被當成區分時代的基準。

在海相沉積層(→p.108)發現恐龍化石時,周圍通常也會發現菊石。如果這些菊石剛好是可作為指標化石的物種,便可鑑定出恐龍化石的年代,且年代相當精確,陸相沉積層中發現的恐龍化石完全無法比擬。發掘神威龍(→p.38)的同時,也發現了多種菊石,在鑑定其年代時幫了很大的忙。

與神威龍一起發現的菊石

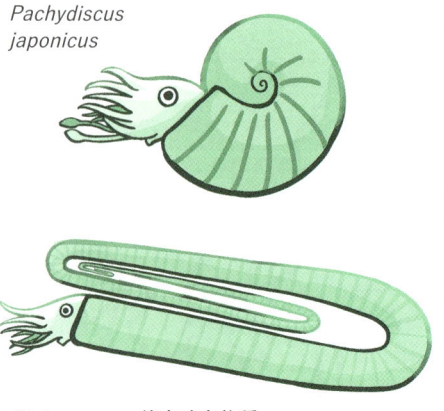

Pachydiscus japonicus

Diplomoceras 的未確定物種

疊瓦蛤
inoceramus

中生代有多種海生軟體動物大量繁衍，並被研究人員當成了指標化石。鶯蛤目底下的雙殼貝類——疊瓦蛤，便以其化石的豐富度著稱。雖然有個疊瓦蛤屬，不過一般提到「疊瓦蛤」時，通常是指從侏羅紀一直興盛到白堊紀的疊瓦蛤類總稱。

∷ 疊瓦蛤是什麼

疊瓦蛤（類）為鶯蛤目底下的雙殼貝類。作為珍珠母貝使用的凹珠母蛤、高級食材中的牛角江珧蛤，皆為疊瓦蛤的近親。疊瓦蛤於古生代二疊紀便已出現，不過一般常提到的疊瓦蛤，指的是生存於中生代侏羅紀到白堊紀的類群，在比白堊紀末早一點的時間點滅絕。

疊瓦蛤曾興盛於全球各大海洋，光是晚白堊世就多達1300個已知物種。不同物種的外殼形態各不相同，殼的外表有發達的同心圓肋結構。外殼大小也相當多樣，較小的也有8cm左右，大型物種則超過1m，甚至有近2m的化石。

疊瓦蛤的每個物種分布都很廣，物種存續期間卻相對短了許多，是全球各地的重要指標化石（→p.112）。若在同一個層準內發現多種疊瓦蛤，便可由這些物種的生存期間重疊範圍，推測該地層的年代。

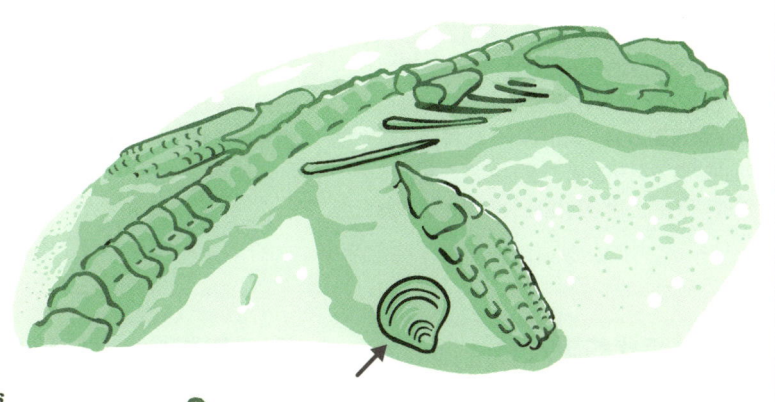

Inoceramus amakusensis
日本產疊瓦蛤中相對大型的物種。種小名源自熊本縣的天草市，不過日本全國各地的晚白堊世桑托期海相沉積層，都有產出這種疊瓦蛤。已知有與雙葉鈴木龍一起出土（上圖）的例子，應該是與雙葉鈴木龍（→p.88）的屍體分別被打到泥灘後，轉變成化石的結果。

∷ 疊瓦蛤與脊椎動物化石

海相沉積層（→p.108）出土的脊椎動物化石，偶爾會與疊瓦蛤一起出土。疊瓦蛤不僅是指標化石，從化石埋葬學（→p.158）的觀點來看，也是相當重要的化石。

研究、發掘

活化石
living fossil

「**演**化」即便於現在這個瞬間,也在進行當中。只要生物存在,演化現象就會持續發生。生物在演化的過程中轉變成與祖先完全不同的樣貌,並不是什麼罕見的事。然而,在現生生物中,也有某些與地質時代生物(僅從化石所得知)的樣貌十分相似的物種。這些以祖先的樣貌生活在現代的生物,被稱為是「活化石」。那麼,有哪些生物是活化石呢?

∷ 活化石是什麼

之所以有「活化石」這個概念,是因為生物在地球的歷史中,會不斷改變樣貌。最初使用「活化石」這個詞的人,就是確立演化論的達爾文。

達爾文的著作《物種起源》中,提到鴨嘴獸與肺魚時,曾用活化石這個名詞來形容牠們,並定義活化石是「曾在地質時代興盛過之生物的子孫,因為生存在競爭比較少的地方,偶然之下免於滅絕的系群」。到了今日,除了鴨嘴獸、肺魚之外,我們也稱呼許多種生物為「活化石」。譬如腔棘魚(→p.117)、海百合、鸚鵡螺等深海的「活化石」,皆符合達爾文當初的定義。另一方面,鱟、舌形貝等在淺海、泥灘與多種生物一起生活的物種也被稱為「活化石」。

綜上所述,不同研究者對「活化石」的定義也不一樣,不過大多圍繞在①在遠古的時代便已出現的系群、②與祖先十分相像、③留下許多原始特徵等3點上。另外,「活化石」所屬的系群,在今日已缺乏多樣性。如同達爾文提到的,牠們通常以特殊環境作為避難所,這點也十分重要。

先不論定義,在研究「活化石」祖先所屬系群之化石時,該活化石生物是極為重要的線索。唯有「活化石」,才能告訴我們這些化石「活著時的樣貌」。另一方面,在化石上看不到的軟組織形態、生理、生態等方面,已滅絕的祖先與現生物種有多大差異,研究人員可能需要謹慎判斷。

∷ 恐龍時代的證人們

現生生物中,有不少物種的樣貌與中生代的近親物種沒有差太多。舉例來說,銀杏是日本隨處可見的路樹,也是自古生代二疊紀、中生代以來一直延續至今的系群中,最後殘存下來的物種,是「活化石」的典型例子。銀杏類的現生屬(銀杏屬)於白堊紀時便已存在,可說是連恐龍都相當熟悉的植物。另一方面,同樣與白堊紀物種十分相似之現生屬,如木蘭、懸鈴木、葡萄等植物,屬於被子植物這個(在植物史中的)新系群,所以不會被稱作「活化石」。腔棘魚之類,姿態與中生代時的祖先幾乎相同,生態卻已經是完全不同的生物,也是著名的「活化石」。

| 恐龍時代的非恐龍生物

Chapter 1
碩士篇

腔棘魚
coelacanth

群從泥盆紀延續至今的腔棘魚,是「活化石」中相當著名的例子。已確認的現生腔棘魚僅1屬2種,瀕臨滅絕危機。曾與恐龍活在同一時代的腔棘魚,究竟是什麼樣的魚呢?

::「活化石」與化石

腔棘魚的現生屬——矛尾魚屬中的2個物種皆為相對大型的魚,其中較大者全長達2m。2種腔棘魚都生活於水深數百m的深海,而已滅絕的腔棘魚則生存於淡水區域,白堊紀的大型腔棘魚全長可達4m。

目前尚未確認到矛尾魚的化石種,不過由基因研究的結果,可以知道現生2種腔棘魚約在距今3000萬～4000萬年前左右分支演化。然而,與矛尾魚親緣關係最近的已滅絕屬——斯溫茲魚屬為晚侏羅世的生物,中間有1億年以上的空白期間。可見「活化石」與化石間關係的研究,還有很長的路要走。

:: 恐龍時代的腔棘魚

古生代的腔棘魚中,有些物種的外貌長得十分奇特。不過到了中生代後,外形就變得相對正常。雖說如此,牠們與現生矛尾魚以及其近親在體型、大小上,都有很大的差異,生存環境也相當多樣,從淺海到淡水區都有牠們的蹤影。某些著名的例子中,超過1m的相對大型腔棘魚類與棘龍類(→p.66)自同一個地層出土,可以推論出牠們可能是恐龍的食物。

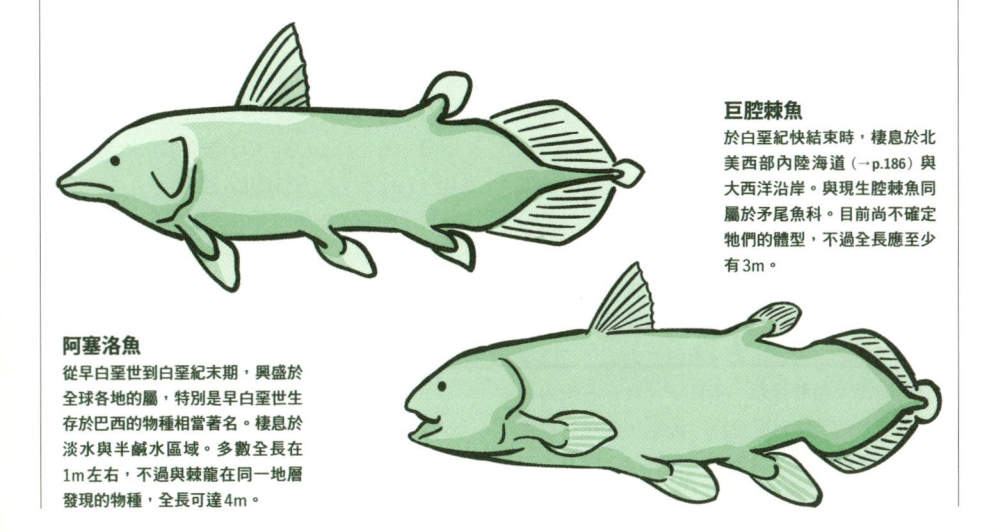

巨腔棘魚
於白堊紀快結束時,棲息於北美西部內陸海道(→p.186)與大西洋沿岸。與現生腔棘魚同屬於矛尾魚科。目前尚不確定牠們的體型,不過全長應至少有3m。

阿塞洛魚
從早白堊世到白堊紀末期,興盛於全球各地的屬,特別是早白堊世生存於巴西的物種相當著名。棲息於淡水與半鹹水區域。多數全長在1m左右,不過與棘龍在同一地層發現的物種,全長可達4m。

| 化石

生痕化石
trace fossil, ichnofossil

> **說** 到恐龍化石，一般人最先想到的是骨頭，也就是遺體本身化石化的產物（實體化石）。不過，足跡、蛋殼等非屬於生物本身的生活痕跡，因為來自生物，所以也會被歸為化石。這些化石稱作生痕化石，是生物的行動方式、生活區域等，與已滅絕生物生態有關之貴重資訊的來源。

▓ 各種生痕化石與它們的分類

　　生痕化石的種類繁多，包括巢穴、爬痕、足跡（→p.120）、蛋（→p.122）、糞（→p.124）、食繭（吐出的未消化食物）、啃咬痕跡、植物根的痕跡等。巢穴或足跡會打亂過去沉積下來的地層中未固結的部分，稱作生物擾動。特別是恐龍足跡打亂地層的動作，稱作恐龍擾動。生痕化石中，有些原本被當作本體不詳的化石結構（未定化石），有些則曾被認為是實體化石。

　　要確定生痕化石的「主人」是哪個物種，常是極為困難的任務。為求方便，生痕化石有自己的分類系統。生痕化石可基於它們的形態、內部結構等來分類，設有自己的科（生痕科）、屬（生痕屬）、種（生痕種）。即使是來自同一物種的足跡化石，也可能因為產生足跡時的條件不同，使足跡形狀有很大的差異，而被分類到不同的生痕屬（足跡屬）。另外，就像蛋化石一樣，即使是親緣關係不算近的物種，產下的蛋也可能有相似形態，而被分配到相同的生痕科（蛋科）。

▓ 鑑定生痕的「主人」

　　顧名思義，生痕化石是生物生活過的證據化石化的產物，隱藏著實體化石所無法保存的各種資訊。

　　動物的巢穴顯示出該動物喜歡什麼樣的環境、該地區曾存在過什麼樣的環境等等。有時候，巢穴主人還會以休息的樣子被活埋。

　　爬跡與足跡（行跡）為該生物移動方式的直接證據。實體化石中難以看出的動物走路的方式，連續足跡的步幅、手腳方向等，可由生痕化石提供重要提示。另外，足跡化石也保存了該生物的群體行動資訊。因為足跡化石直接反映了手腳形態，故能夠一定程度上縮小「主人」的範圍。

　　蛋化石隱含著該動物在繁殖生態上的重要資訊。如果內部還留有胚胎，不僅能確定蛋的「主人」，還能得知該動物在蛋中的發育過程。

　　糞化石（coprolite）可能保存了未消化的食物，為化石主人食性的直接證據。

　　綜上所述，生痕化石為古生物在「生物學上」的研究中，不可或缺的一環。研究生痕化石時，掌握其三維結構是相當重要的事，近年還會將電腦斷層掃描（→p.227）與3D列印等技術應用到研究上。

Chapter 1 碩士篇

118
▼
119

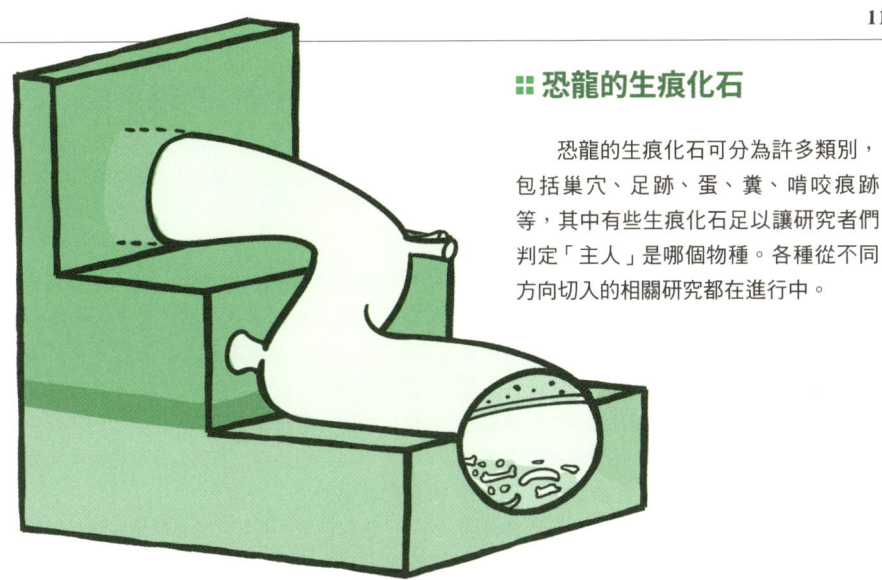

■ 恐龍的生痕化石

　　恐龍的生痕化石可分為許多類別，包括巢穴、足跡、蛋、糞、啃咬痕跡等，其中有些生痕化石足以讓研究者們判定「主人」是哪個物種。各種從不同方向切入的相關研究都在進行中。

掘奔龍與牠們的巢穴　研究人員在某個長2m、寬70cm的管狀結構中，發現了白堊紀「中期」的小型鳥臀類——掘奔龍，共有1個成體、2個大型幼體（上圖）。這是巢穴被掩埋後形成的結構，也就是生痕化石。掘奔龍應是在巢中死去後，整個巢穴才被掩埋。不過目前仍不曉得牠們是自己挖掘出這個巢穴，還是使用其他動物挖掘的巢穴。

化石

足跡
footprint

> **殘** 留在地面的足跡被沉積物掩埋，可做為生痕化石保存下來。這些足跡化石，保留了足跡主人的實體化石無法保留的多種資訊。若有3個以上的連續足跡，稱作「行跡（trackway）」，隱含著行跡主人的各種重要資訊，包括動物大小、體型、生態等。

∷ 恐龍的足跡

　　許多動物都有出土足跡化石，包含各種無脊椎動物、脊椎動物。足跡、行跡化石的形態、樣式，讓我們得以分析出留下這些痕跡的動物（印痕動物）的樣貌，即使是完全沒有實體化石出土的地層，也可透過足跡化石的分析，得知當地的動物相組成。足跡化石會出現在地層的層理面（＝過去的地表），有些足跡化石在地層傾斜後，出現在垂直懸崖的壁面；有些則留在水平面上，讓人們能「和恐龍一起步行」。

　　恐龍足跡化石的研究史相當悠久，在「恐龍」這個詞剛出現的19世紀中期，美國康乃狄克溪谷的早侏羅世地層中，就有發現許多行跡。這些行跡為多種大型二足步行動物的產物，進行研究的地質學家愛德華‧希區考克認為它們是「巨大的鳥的足跡」，並設立了各種足跡屬、足跡種。到了今日，我們已確定希區考克研究的足跡化石群為早侏羅世中各種恐龍的產物。

　　全球各地、各年代的多個地層都有發現恐龍的足跡化石，日本各地的早白堊世地層也有發現各種行跡化石，相關研究也在進行中。不少足跡化石的大型產地闢成了地質公園，並歡迎遊客參觀，成為了著名的觀光景點。足跡化石直接保存了恐龍的步伐，持續吸引著人們的目光。

∷ 足跡化石的分類

　　足跡反映了動物的腳的大小、形態；若有行跡的話，更能看出動物的走路方式（移動腳的方式）。因此，由足跡化石解讀出來的資訊，對照骨架形態，更能描繪出印痕動物本體的樣貌。腳底的皮膚印痕（→p.224）甚至還能確認肉墊的形狀。

　　另一方面，足跡的形態也會受到地面軟硬度的影響，有時候還會在即將消失前變成化石。另外，動物也會因時間與狀況的不同，採取不同的步行方式。即使是同樣鬆軟的地面，也可能留下截然不同的足跡。如果是四足步行動物，前肢（手）留下的足跡還可能被後肢（腳）的足跡蓋過。

　　足跡化石的分類與其他生痕化石（→p.118）相同，會依照各自的形態、結構，賦予獨特的學名。因此，一種印痕動物所留下的多個足跡，可能會被歸類於多個足跡種、足跡屬。相對的，如果腳的形態、大小、走路方式相似，即使是親緣關係沒那麼近的動物，也可能留下形態相同的足跡。小型獸腳類的足跡化石 *Grallator* 足跡屬，出現於三疊紀到白堊紀期間。換言之，來自各個年代的各種小型獸腳類，都印下了相同的足跡。

Chapter 1

碩士篇

:: 追著恐龍的足跡

全球各地發現的恐龍足跡化石中,包含了與蜥腳類一起走動(追蹤?)的獸腳類足跡、50頭禽龍類(→p.34)沿著海岸線群體移動的足跡、小型鳥臀類集體「奔馳」的足跡。還有個例子是地層慘遭恐龍踐踏的「恐龍擾動」。

足跡化石的用語

不只足跡本身(真足印)可成為化石,同時形成的底印與自然鑄型,也可形成化石。若由底印估計印跡動物的大小,會把動物估計得過大。偽足印(蓋住真足印的沉積物,沿著真足印凹陷而成的坑洞)有時候會被誤認為是底印。

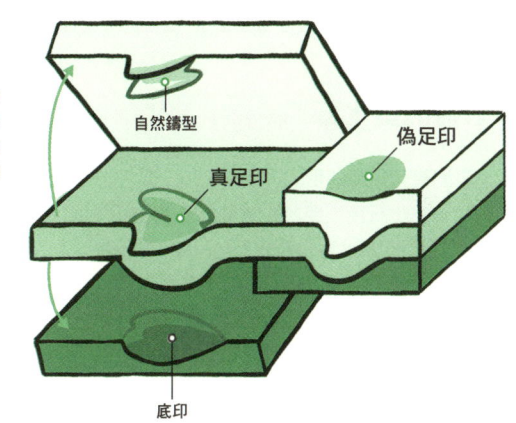

自然鑄型　真足印　偽足印　底印

各種恐龍的足跡

獸腳類與鳥腳的後肢基本上會交叉移動,就像模特兒走台步一樣。四足步行的角龍,下半身也會邁出模特兒般的步伐。

蛋
egg

蛋是天然的孵育器，依照該動物的繁殖策略的不同，而有不同的特徵。如果蛋在蛋白質的膜外，還有碳酸鈣構成的硬殼（硬質蛋），較容易形成化石。不少例子是恐龍的巢或整個營巢地點都變成了化石保存下來。另外，近年研究指出，部分恐龍類群會產下蛋殼較軟的蛋（軟質蛋）。

∷ 恐龍的蛋化石

不同親代物種的蛋的形狀、大小、顏色也不同。變成化石後，蛋殼的剖面結構也可用來分類。蛋化石可視為生痕化石（→p.118），有獨自的分類體系，將蛋化石分類至各種蛋科、蛋屬、蛋種。若蛋中有胚胎（≒胎兒）的化石，或是親代於營巢中形成化石的情況，便可對照蛋化石的分類與親代的分類。另一方面，也有像是偷蛋龍（→p.54）這樣的例子，將蛋化石的親代錯認為其他物種，造成長年的誤解。

蛋能化石化的部分主要為碳酸鈣的殼，但如果是酸性土壤，便會溶解碳酸鈣，使蛋難以化石化。相對的，在特定條件下，有機會保存整個巢或營巢地中的大量蛋化石與胚胎化石，甚至還有像韓國這樣的國家或地區，發現的恐龍化石幾乎都是蛋化石（與足跡化石）。

近年來，研究者也發現幾種恐龍的蛋化石類群，外表僅由蛋白質的膜構成。鱷魚與鳥類會產下硬質蛋；而翼龍（→p.80）的某些物種會產下軟質蛋，有些則會產下硬質蛋。恐龍基本上產下的都是軟質蛋，不過數個類群會產下硬質蛋，鳥類便是繼承了這個特徵。

日本也發現了幾個恐龍的蛋化石與巢的殘骸，並描述（→p.138）了新的蛋屬、蛋種。或許不久的將來，還有可能發現營巢中的親代化石、胚胎化石。

稜柱形蛋科與鋸齒龍類
細長橢圓形的蛋，長徑略小於15cm，蛋殼略薄，厚度約1mm左右。鋸齒龍類的蛋便屬於這種蛋科。對比恐龍體型，屬於較大的蛋。研究者有發現營巢地與胚胎的化石，不過發現時以為是小型鳥臀類山奔龍的營巢地與胚。牠們會往下挖掘地面，並將土堆在邊緣，築成淺淺的巢穴。蛋會兩兩排列，某些例子中，1個巢可產下20個以上的蛋。牠們很可能不是用植物覆蓋巢穴，而是抱卵孵育。

Chapter **1** 碩士篇

大圓蛋科與泰坦巨龍類

圓形～橢圓形的蛋，直徑約 15～20cm 左右，蛋殼偏厚，可達 2mm 以上。中型～大型的蜥腳類——泰坦巨龍類的蛋便屬於這種蛋科。對比恐龍體型，屬於較小的蛋。歐洲、印度、南美都有牠們的巢與營巢地化石，特別是南美還有找到密集分布的巢穴，在數 km² 內有數千個巢穴。另外，也有找到胚胎的皮膚印痕（→p.224）。巢呈細長凹陷狀，可能是用後肢挖掘而成。巢內約有 20～40 個的蛋，數量並不固定，會用植物覆蓋住蛋。

圓形蛋科與鴨嘴龍類（→p.36）

圓形～橢圓形的蛋，長徑最大約 20cm 左右，蛋殼厚度約為 1～3mm。多為鴨嘴龍類的蛋，有些蛋化石內有找到發現慈母龍（→p.40）或亞冠龍的胚胎。巢呈碗缽狀，一般會產下 20～30 顆蛋，最多可產下 40 個左右的蛋，排成數列。會用植物覆蓋住蛋，藉由發酵熱保溫。

糞化石
coprolite

不僅生物遺體本身會形成化石（實體化石），與生物的行動有關的各種事物，都有可能以化石的形式（生痕化石）保存下來。生痕化石中，同時擁有逼真視覺感與堅硬石頭觸感的「糞化石」，因為其衝突感而備受歡迎（？）。

∷ 糞化石以及其發現

糞化石（coprolite）顧名思義就是糞便的化石，形狀與顏色都逼真到會讓人忍不住發笑而備受歡迎。1cm以下的顆粒狀糞化石，特稱作「糞粒（fecal pellet）」。

若糞便留在由含水量多的沉積物形成的地層，會因為重量而被擠壓成「逼真的形狀」。以「糞化石」之名展示、販售的石頭，多為這種樣貌。糞化石已無化石化前的顏色與臭味，但來自排泄物的磷及鈣濃度相當高，且可能含有被吃下的動植物殘骸。

人類在很久以前就發現了糞化石，不過當時人們以為那是化石化的杉樹毬果，或是消化道內的結石（bezoar）。當時後者被認為是萬用解毒劑，1575年時曾用死刑犯做實驗（結果當然是失敗了）。第一個看穿「消化道結石的化石」真面目的，是宛如傳奇般的化石獵人（→p.250）瑪麗・安寧。她偶爾會在魚龍（→p.90）化石的腹部找到「消化道結石的化石」，卻發現這些化石內有魚的骨頭、鱗片，甚至還含有小型魚龍的骨頭。

安寧斷定「消化道結石的化石」應為糞化石，然而當時女性不被允許參加學會，於是她將這個發現告訴了同領域的朋友威廉・布克蘭（為「最初的恐龍」斑龍（→p.32）命名的人）。布克蘭支持安寧的見解，並提議將「消化道結石的化石」改稱為糞化石。

∷ 恐龍的糞化石

由糞化石的形狀，可一定程度地推測原主人的排泄口形態；由糞化石內的未消化物，可一定程度地推測原主人的食性。然而，從生痕化石（→p.118）通常難以嚴格斷定原主人的身分。

全球各地都有發現可能是恐龍糞便的糞化石。其中，加拿大的白堊紀末地層就有發現暴龍（→p.28）的糞化石。這個化石不只含有鳥臀類恐龍的骨頭碎片，還有著長44cm、高13cm、寬16cm的驚人大小。除了暴龍以外，當時的加拿大不存在能排出那麼大的糞便的肉食動物，所以研究者們才斷定這是暴龍的糞便。

暴龍的糞化石

胃石

gastrolith, stomach stone, gizzard stone

Chapter 1 碩士篇

有些現生動物會故意吞下石頭，將它們貯存在消化器官。不論貯存在哪個消化器官、不論吞食石頭的大小，這些石頭都叫做「胃石」，其中又以鳥類與鱷魚的胃石較為眾人所知。蛇頸龍與恐龍的化石出土時，偶爾會同時發現許多小石頭堆，這些小石頭常被認為是胃石。

:: 現生動物的胃石

現生動物中，與恐龍親緣關係接近的鱷魚、可算是恐龍的鳥類，以及鰭足類、鯨類中，都有體內存在胃石的物種。

胃石的功能在不同動物中有不同功能，有人認為水生動物的胃石可作為調節浮力用的重物（ballast）。動物園飼養的鱷魚中，有些物種會大量吞下遊客丟的錢幣代替石頭。另一方面，鳥類的砂囊含有胃石，食物經消化液軟化後，再利用這些胃石磨碎。

:: 恐龍的胃石

以關節相連（→p.164）的恐龍化石中，有時會在腹部附近發現石頭堆，此時通常會判斷這些石頭為恐龍的胃石。不過，遺體在搬運、埋藏過程中，可能會混入一些石頭。在一些例子中，研究者在化石出土時會把這些石頭誤認成胃石。所以在評估小石堆是否為胃石時，需仔細觀察化石產狀（→p.160）並慎重判斷。如果骨架大致上皆以關節相連，且軀幹內的適當位置有許多小石頭聚集，便能判斷這些小石頭是胃石。

介紹恐龍的胃石時，常會用蜥腳類當作例子。就全身比例而言，蜥腳類的頭部比身體小得多，牙齒特徵顯示牠們基本上不太會咀嚼，所以應該會用胃石幫助消化。然而，研究者很少在蜥腳類化石中找到胃石。即使找到胃石，就牠們的體型而言，找到的胃石數量顯得過少。所以近年開始有人認為，蜥腳類的胃石其實沒有幫助消化的功用。蜥腳類很可能只是偶然吞下這些胃石，或者把這些胃石當成補充鈣的方法，讓它們在胃中緩慢溶解。

在其他恐龍類群中，小型原始角龍類的鸚鵡嘴龍、獸腳類的西北阿根廷龍類、似鳥龍類（→p.58）、偷蛋龍類（→p.54）等，常可發現密集的胃石。研究者認為這些恐龍可能會用胃石輔助消化。這也是西北阿根廷龍類、似鳥龍類、偷蛋龍類為植食性恐龍的證據之一。

另一方面，近年的研究顯示，在某些案例中，即使是明顯為強肉食性（以肉為主食）的恐龍，體內也有類似胃石的東西。另外，已知現生鳥類的胃石形狀，與胃的肌肉量、食性有關。由胃石形狀重建恐龍的消化器官，復原（→p.134）其食性的研究，目前仍然在進行當中。

| 研究、發掘

夾克
jacket

夾克通常是恐龍的發掘現場不可或缺的工具。當然,這裡指的不是發掘隊員身上穿的夾克,而是保護發掘化石,將化石安全運回研究室的覆蓋物——石膏夾克。這在恐龍研究過程中,是不可或缺的工具。另一方面,一直未開封的夾克壓迫著倉儲空間,也是理所當然的光景。

▪▪ 恐龍發掘與夾克

包覆恐龍化石的母岩(埋藏化石的沉積物)質地十分多樣,不過通常距離地表愈近,風化程度就愈高。基本上來說,一般會在保留部分母岩的情況下採集化石,不過在挖起化石、運送的過程中,母岩與化石都有粉碎的風險。為了防止化石粉碎,需在發掘現場製作夾克。所謂的夾克,其實就是覆蓋化石的石膏。日本的恐龍發掘中,常會採集整塊堅硬母岩,骨頭化石則埋藏在母岩內。此時,堅硬的母岩可保護化石,就不須製作夾克。

製作夾克需要的材料包括報紙、衛生紙、麻布、繃帶,還有水與石膏。若沒有石膏,可將米泡軟製成澱粉糊以取代石膏,以前也有人用黏土質的紅土取代石膏。材料雖然比較便宜,但需要更多時間與人手。如果是相對較小的骨架,可以利用空木箱製作獨塊體(將化石與周圍的沉積物一起放入木箱,再用石膏填充空隙。因外觀看起來像一整塊石頭,所以稱為獨塊體(monolith))。獨塊體為填滿了石膏的木箱,比夾克重了不少是一大缺點。

即使以石膏固定製成夾克,如果製作過程粗糙、用蠻力硬是搬起夾克的話,可能會損壞到特別以夾克保護的內容物。另外,夾克如果過大,可能無法搬離現場,所以製作夾克時也須考慮發掘現場的各種條件。

開發現代夾克的是化石戰爭(→p.144)中的美國人。在一大片露頭的荒野(惡地)採集到的化石,需經過人力→馬車→鐵道等各種方式運送回博物館,過往只是填塞緩衝材料的程度,使得不少化石在長途旅程中粉碎。在開始使用夾克保護化石後,才得以確保恐龍化石的安全運輸。

待夾克安全抵達研究設施之後,會由化石修整人員(→p.128)開封,進行化石清理(→p.130)。不過,因為化石修整人員不足,使夾克一直未能開封的情況並不少見。美國某個大學博物館,就因為存放空間不足,只好將夾克堆在大學足球場的觀眾席下,一堆就是數十年。中國的某個研究機構也一樣,因為收藏庫來不及整理,所以就把夾克放在垃圾場的旁邊(偽裝成垃圾山)。甚至有些化石戰爭中採集到的夾克,就這樣放到現在。如果說化石是地球送給我們的時光膠囊,那麼古老未開封的夾克,也可以說是化石獵人(→p.250)送給我們的時光膠囊吧。

取出化石後,夾克就可以丟棄,但多數時候會將夾克一直保留到化石清理結束。為了防止化石在清理完成後因為自身重量而崩潰,有時候還會製作保存用的夾克。若是在殘留部分夾克或獨塊體的狀態下送去巡迴展覽,通常會追加夾克以補強結構。

∷ 製作夾克的方法

① 確定夾克的包覆範圍
在化石的周圍往下挖出溝，決定夾克的包覆範圍。以關節相連（→p.164）的大型骨架需謹慎分開，收納於多個夾克中。另外，還需記錄該化石的位置資訊。製作獨塊體時，需依照使用的木箱挖出需要的溝。

② 製作保護化石的層狀結構
為了不讓石膏直接接觸化石，會先用沾濕的報紙或衛生紙、鋁箔等，包覆石膏露出來的部分。

③ 以堅硬層狀結構覆蓋化石
將燒石膏粉末溶解於水中，製成石膏液。用浸過石膏液的麻布或繃帶包覆化石與母岩，一層層重疊上去，直到適當的厚度。如果要製成獨塊體的話，則會蓋上一個開了洞的木箱，再用石膏液填充內部。

④ 為夾克加上蓋子
石膏凝固後，須將①時挖掘的溝再挖得深入一些，然後將夾克從露頭上切離。接著將切離後的夾克上下顛倒放置，在上方用③提到的方法製作蓋子。如果是獨塊體的話，則會加上木箱的蓋子。

⑤ 帶回去
寫上化石發現日、發現者、①中記錄的位置資訊等。如果是大型夾克，便會在上方加裝補強材料。一般來說會用卡車載走化石，如果車輛難以進入現場，則會使用直升機從空中載走化石。

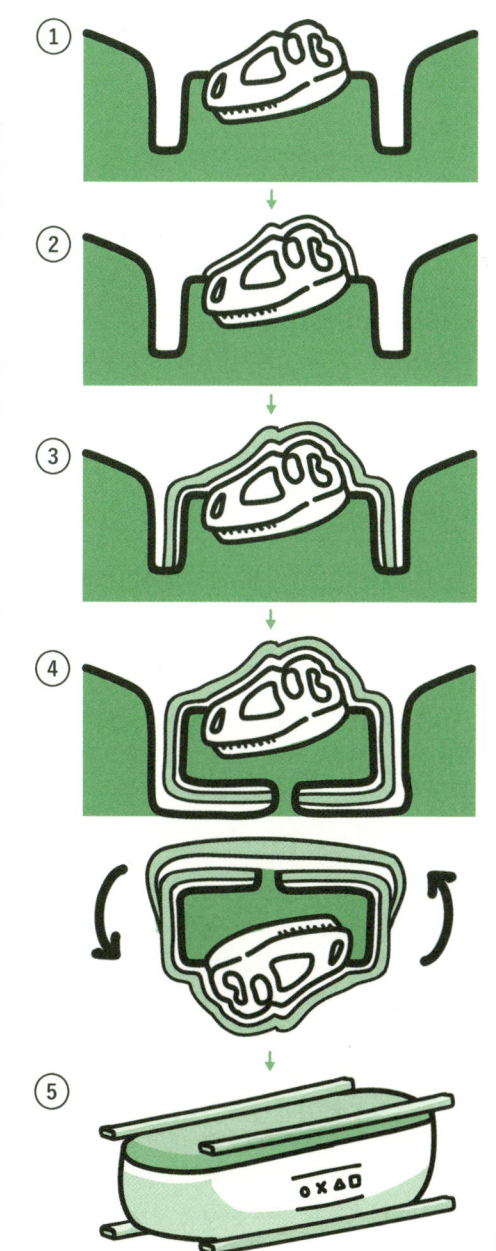

| 研究、發掘

化石修整
preparation

發掘出來的化石會被包裹成夾克,小心地運送到出資挖掘的博物館等研究設施。化石抵達研究設施後,須展開一系列的準備作業,將抵達的化石修整成可研究、可展示的狀態。

化石修整這個詞常與化石清理混用,不過化石修整除了化石清理還包含了其他工作。譬如在清理工作結束後,製作展示用化石複製品、組裝復原骨架等,都屬於化石修整工作的一部分。

化石修整工作由化石修整人員負責,不過目前有專任化石修整人員的研究設施並不多。有時研究者在研究業務之外,須兼任化石修整人員,有時會由志工負責,有時則會外包給專業廠商。化石修整工作的好壞會大幅影響標本的價值,技術好的化石修整人員會受到很多人的尊重。

∷ 清理化石

化石修整工作中,最初且最重要的作業就是化石清理(→p.130)。在開始清理工作之後便沒有退路,所以這項作業須細心謹慎地進行。

化石清理工作的難易度落差很大,有時候需要人海戰術才能應付。許多修整人員在辛苦的清理工作中,會培養出個人的特殊技術,並在學會發表、分享這些成果。厲害的修整人員可名留後世,透過博物館的展示,讓眾人了解他們的工作成果。

在複雜的清理工作中,清理人員需要優異的化石觀察能力,以及高階化石知識。因此,不少熟練的專任修整人員,最後轉作研究者。目前恐龍研究的各大權威,有不少就是化石修整人員出身的研究者。

若需要清理的化石量很大,或是距離展示開始的時間所剩不多,就會徵求志工展開人海戰術。若是廣招志工參與,有時能號招到許多研究古生物的學生作為即戰力。

化石清理結束後,化石就能作為研究標本供研究所用。如果化石過於脆弱,會在化石清理的同時,製作補強材料。這也是化石修整人員的工作。

∷ 製作複製品

　　清理化石時，不管如何補強，化石仍相當脆弱，所以通常會製作複製品（→p.132）以防萬一。製作化石複製品是化石修整過程中相當重要的作業。

　　為了製作化石複製品而製作化石的鑄模時，可能會造成化石損傷。另外，複製品的精細度取決於鑄模的技術，而這也考驗著化石修整人員的能力。這項作業常須發揮各種創意，譬如為了固定鑄模，可能會使用市面上販售的積木製作容器。

　　有些精心製作的鑄模，即使過了數十年也不會劣化。可見修整人員的技術可大幅影響未來的研究，以及展示的品質。

∷ 製作人造物、復原骨架

　　如果修整的是作為研究標本使用的化石，那麼在清理、補強、製作複製品後，修整工作就大致完成了。另一方面，如果是要製作供博物館展覽的標本，就必須依照展覽概念，製作缺少部位的人造物（→p.136），或者補上其他標本的複製品，將原本四散的骨頭逐一組裝成復原（→p.134）骨架。

　　製作復原骨架為化石修整作業的集大成。如果使用的是實物化石，就需要適當的補強；用於支撐化石的鐵架，需避免遮住化石，還要盡可能讓鐵架可以拆除。如果使用的是複製品，則需避免鐵架露出來。如果是巡迴展覽的話，還需設計成能夠輕易組裝、輕易分解的樣式。

　　除了這些技術性問題之外，人造物與復原骨架得盡可能符合正確的解剖學知識，故需與研究者協同作業。許多以前沒發現到的特徵，或是以前研究過卻沒有獲得解答的問題，都在製作復原骨架的時候獲得解答。

　　若要在實物化石上附加人造物，需顧慮到許多事項，譬如要留下詳細記錄以說明附加的人造物，或是將人造物製作成讓人們能一眼看出人造物與實物化石的區別，免得讓之後的研究者產生疑惑。

　　修整商業標本（販售用化石）時，為提升商品價值，常會刻意模糊人造物與實物化石的區別，或者明明不曉得這些骨頭分別屬於哪個部位，卻任意將各個骨頭組合在一起，「捏造」出假的骨架。

　　博物館也常會購買商業標本，用作展覽、研究，而這種捏造出來的標本，若用於研究上會產生問題。

| 研究、發掘

化石清理
cleaning

發掘到的化石會進行修整，處理成可供研究的標本。有需要的話，會進行清理（剖出）工作，用各種方法，將化石從母岩中取出。這項作業需在設備完整的空間中進行，是清理工作的鐵則。過去曾有研究者在採集翼龍化石的地方水洗化石，卻不慎把骨頭全部洗掉的例子。

∷ 一般的化石清理流程

① 開封石膏夾克（→p.126）。用電鋸等工具切開石膏時，需注意不要傷到化石。

② 保留夾克的下半部，使化石與母岩不致崩解。若母岩偏鬆軟，可使用螺絲起子或刷子去除母岩；若母岩偏堅硬，可使用鐵槌、鑿子、氣動鑿（以空氣壓力使末端的針高速振動的工具）等去除母岩。

③ 看到化石的輪廓後，需改用其他工具以進行較細膩的作業。如果要處理特別細微的部分，需一邊看著顯微鏡一邊操作。如果是很小的牙齒化石，可用雕刻刀處理。如果母岩與化石的顏色難以用肉眼區分，可在紫外燈下作業。

④ 化石接觸到空氣後會馬上變質。來自地層的壓力（地壓）消失後，化石會開始產生細微龜裂。因此，化石修整人員需隨時以瞬間接著劑補強、保護化石。不過，如果要用化學方式分析化石，為避免混入雜質（樣品汙染），就不能隨便使用接著劑。

⑤ 不同的化石，清理所需時間也不一樣。某些例子中，清理完畢後仍會保留夾克或獨塊體的下半部分。為了去除掉表面薄薄一層的母岩，有時會用噴砂機對著化石噴出麵粉。

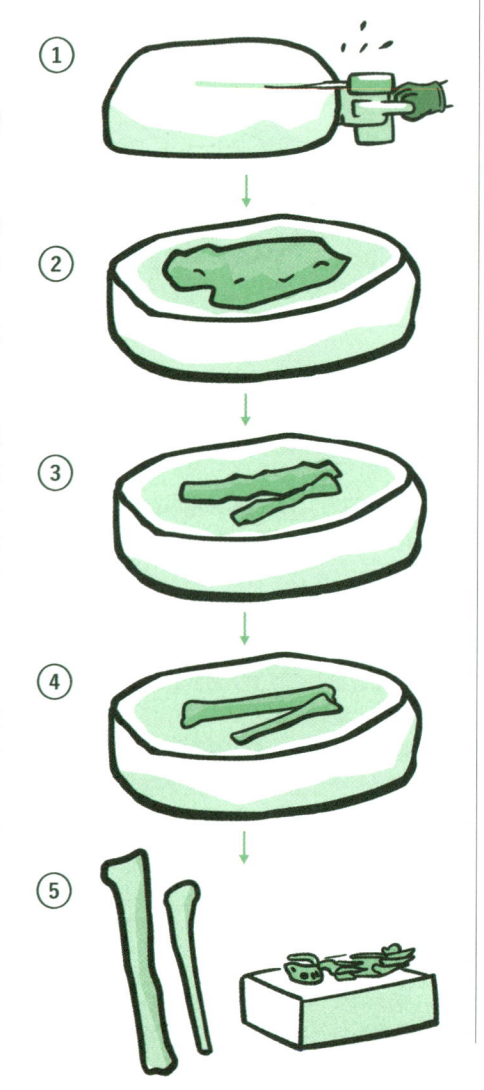

:: 特殊清理工作

　　一般清理方法會機械式地破壞母岩，從中取出化石。而在清理結構複雜的化石時，則需要相對細膩的技術。如果是重視外觀的商業標本，甚至還會故意先將化石切開，分別清理各個部分，再黏回去並修正細節。若化石相當脆弱，便很難用機械性方式清理化石。

　　如果母岩不耐酸，化石卻很耐酸，便可將母岩浸泡在酸性溶液中，以化學方式清理化石。每露出一點化石，就取出以水沖洗，塗上保護劑，然後再浸泡到酸性溶液中，重複多次以上過程，因此這種清理方式需要很長的時間。因為可能會產生有毒氣體，所以需要在通風櫥等強力換氣設備中進行。

　　近年來，因為電腦斷層掃描（→p.227）的解析度變得很高，使我們能由電腦斷層掃描的結果，計算出化石本身的3D資料，這就是所謂的數位清理。如果某個化石難以用機械性方式清理，也無法用化學方式清理，便可考慮使用數位清理這種新方法。

浸入酸性溶液以清理化石

數位清理

:: 清理時使用的工具

　　市面上有販售很多化石清理用的工具，也有某些化石修整人員（→p.128）會自己製作工具。不論使用哪種工具清理化石，都必須準備護具與安全設備，確保能在安全環境下作業。

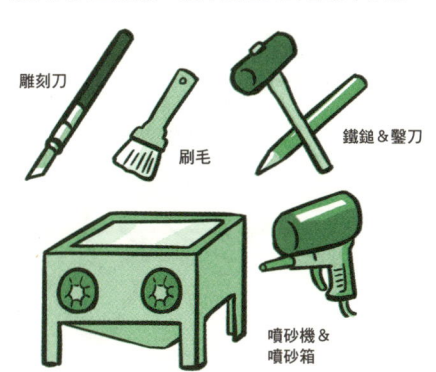

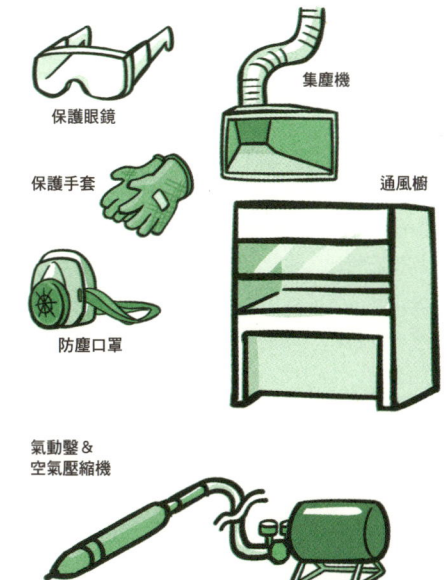

雕刻刀

刷毛

鐵鎚＆鑿刀

噴砂機＆噴砂箱

保護眼鏡

保護手套

防塵口罩

集塵機

通風櫥

氣動鑿＆空氣壓縮機

| 研究、發掘

複製品
replica

複製品有很多種，製作方式各不相同。博物館展示的複製品都是實物的「複製品」，並非「假貨」。今日的博物館可以看到多種複製品，包括實物鑄模成型、仿造、3D列印等。

:: 複製品的意義

　　化石相當脆弱又容易毀損。不管修整人員（→p.128）如何補強化石，在博物館展示了數十年後，必定會持續劣化，最後因本身重量而崩毀。另外，博物館除了是展覽設施之外，同時也是研究設施。化石一經展出，便很難再作為研究材料。使用重且脆弱的化石組合復原（→p.134）骨架，是相當高風險的行為。有時會用支撐化石的鐵架遮蓋住重要的化石。

　　因為這些理由，所以博物館在恐龍展覽中，通常會使用化石的複製品。如果是複製品，那麼在取用上相對比較簡單，購買複製品的標本也比較便宜。用化石（要與複製品做出區別時，會稱之為「實物化石」）組裝復原骨架時，若有缺少的部分，自然會用其他標本的複製品填補。即使是未缺少的部分，如果該部位的化石相當珍貴，也會用複製品取代實物化石。

　　包括博物館在內的各個研究機構，常會彼此交換貴重標本的複製品。由化石直接鑄模成型的複製品十分精巧，是研究形態時的貴重資料。即使實物化石出現損傷、遺失，作為保險的複製品仍能取代部分功能。

:: 買得到複製品嗎？

　　實物化石的販售有各式各樣的問題，包括化石產地的「盜挖」、走私等。另一方面，只要有複製品，就能將單一化石量產成多個。與實物化石相比，複製品顯然便宜許多。因此，即使主題不是恐龍化石的博物館，也會為了教育普及、振興地方而購買、展示恐龍化石的複製品。

　　某些博物館還會販賣館藏標本的複製品。有些具歷史性的重要標本，其複製品也能在市面上找得到。也就是說，我們可以在自家研究恐龍歷史，盡情發揮想像。

:: 各式各樣的複製品

恐龍化石的複製品大致上可以分成3種，①由化石直接鑄模成型、②製作與化石相似的模型、③基於化石的3D資料進行3D列印。讓我們分別來看看三者的特徵吧。今日愈來愈多博物館會使用①～③的組合製作復原骨架。

① 由化石直接鑄模成型

此為最普及的方法，於19世紀後半時應用於量產鴨嘴龍（→p.36）複製品。過去是用石膏鑄模，現在則是以質輕堅固的樹脂為主流。如果是比較大的化石，為了輕量化，會使用FRP（纖維強化塑膠）製作中空狀的複製品。但如果化石形狀複雜，便難以製作鑄模。

只要製作出鑄模，就能用鑄模量產複製品，但鑄模本身也會逐漸劣化，不一定可以大量生產。鑄模劣化時，複製品的精細度也會跟著降低。市販複製品多已塗裝完畢，然而有一定厚度的塗層，常會模糊掉複製品的細節。

注入鑄模的材料在固化時會稍微縮小一些，所以複製品成品的大小會比實物化石小一些。以樹脂製作複製品時，會利用其在完全硬化前的柔軟性，修正複製品歪斜的地方，是個很耗體力的工作。

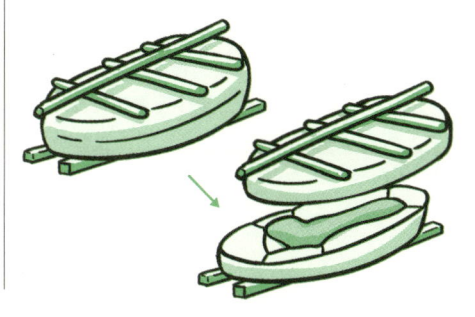

② 參考化石製作模型

在諸多原因下，有時化石清理（→p.130）只能完成一部分，有時化石則已整個被壓扁，無法製成鑄模。此時就必須仰賴觀察得到的資訊，想像化石原本的狀態製作模型。

既然是手工製作，複製品成品的精細度就一定會比①與③低。而且在不少例子中，用這種方式製作出來的模型，與後來得知的化石原本形態有很大的差異。

近年來，有人會使用實物化石的3D掃描資料製作模型，它的精細度與過往的模型相比有飛躍性的提升。

③ 用化石的3D資料輸出

1990年代末，三維掃描實物化石，再以此製作複製品的手法便已實用化。到了近年，3D掃描與3D列印門檻大幅下降，使這種方式變得更為普遍。複製品的精細度取決於3D模型的解析度與3D列印機的性能，有些肉眼可見的細節，用①的方式製作不出來，要用3D列印才做得出來。

除了輸出大小可自由調整，製作者還可直接在軟體上修正模型，不須像①一樣耗費體力修正實體模型。

某些研究機構會公開收藏標本的3D模型，只要有3D列印機，即使是個人也能製作複製品。

研究、發掘

復原
reconstruction, restoration

> 我們平常看到的恐龍形象，幾乎都是「復原」後的結果。今日除了現生鳥類的所有恐龍，都僅能以化石的形式存在於地球。而多數化石只是一小部分的恐龍遺體，為不完全狀態。我們需「復原」這些恐龍化石，才能理解恐龍生活環境的相關知識，並普及這些知識。

∷ 觀察、推測、想像

古生物學的「復原」，指的是解讀化石與化石產狀（→p.160）所保存的資訊，推測化石化過程中失去的資訊，重新建構出生物在過去年代中的所有資訊。這些資訊不只包括生物的外貌，還包括構成生物的物質組成、生物的生態、生物棲息地的地形、環境、風景等過去年代中的所有事項，都是復原的對象。復原得到的資訊常會視覺化，成為復原畫或復原模型。就算只有文字資訊，也是很厲害的復原成果。

復原常被認為是以「推測」與「想像」為主的工作，不過在推測與想像之前，研究人員需仔細觀察化石與產狀所保留的每個特徵，不能遺漏任何一絲資訊。而且，為了補足該生物在化石化過程中遺失的資訊，研究人員也必須觀察現生生物與現代環境，然後建立起一個假說，以此復原出古生物。

對象所生存的年代會大幅影響復原結果，所以復原的解析度有其極限。已經死亡的生物無法復生，所以恐龍化石與剛死亡的現生動物遺體，復原時的最大解析度顯然不同。而可復原資訊之解析度，顯然比視覺化所需之解析度低許多。為了填補這段差異（雖然這聽起來不太像科學），就不得不去「想像」視覺化後的樣子。如果復原資訊的解析度不高，那麼視覺化就只能停留在「示意圖」的等級。

日語中有「復元」與「復原」這2個詞，後者「回復成過去狀態」的意思較為強烈。雖然一般不會嚴格區分用法，不過日本的古生物學通常多使用前者（因為不可能真的回復成過去的狀態）。英語會使用「reconstruction」與「restoration」這2個詞，前者是指骨架的復原，後者則通常指想像要素較豐富的復原。

∷ 恐龍與復原

在古生物中，恐龍的人氣特別高，復原圖透過電影等大眾文化滲透到了普羅大眾。博物館所展示的經組合之恐龍骨架化石、複製品（→p.132）等，正如復原骨架之名，為名副其實的復原結果。

恐龍姿態的復原，以化石缺損部分的復原為始，然後是整體骨架、肌肉、決定腹部輪廓的內臟、外皮，然後是顏色。若缺乏該物種的資訊，便會使用近親物種的資訊補足。

當然，復原結果只是一種「假說」，每種復原結果都是對立假說。不少「最新復原」結果，可能會更新、甚至直接否定了過去的假說。

∷ 復原與古生物藝術

　　復原是貨真價實的科學，不過為了普及復原成品而視覺化時，需要「想像」。視覺化的復原（看得到的復原）包含了一定程度的藝術元素。負責視覺化的人，可能就是進行復原工作的研究者，不過通常會交給專業的藝術家，在研究者的監修下將復原成品視覺化。有時候從骨架復原等視覺化前的階段開始，研究者就會與藝術家共同作業。

　　綜上所述，古生物的視覺化復原成品，也叫做「古生物藝術」。古生物藝術中，題材不同、方向性不同的作品，「想像」占的比例也不一樣。

骨架復原　若古生物以完整骨架、並以關節相連（→p.164）的狀態出土，骨架的復原工作就不會消耗太多勞力。即使如此，因為地層壓力而變形的部分，仍有復原的必要。組裝骨架時，必須考慮到不會變成化石的軟骨、韌帶、肌肉等部位。

生物體復原、生態復原　若復原對象為生物活著時的樣貌，則稱作生物體復原；若復原對象為生物活著時的周圍環境，則稱作生態復原。要做到恐龍的生物體復原、生態復原，前提是要做好恐龍的骨架復原。如果要在生態復原畫中描繪某種恐龍，但該恐龍的骨架復原並不順利，可用各種技巧模糊帶過，譬如用植物遮住該恐龍，或者把該恐龍畫得小一點融入背景以降低解析度。

研究、發掘

人造物
artifact

Artifact即人造物的意思。古生物學的世界中，若基於某些理由，需於化石上附加某些人工物體，便稱作人造物，通常是指為填補化石缺損部分而加上的造型物。常引起各種問題的人造物，與化石之間有剪不斷理還亂的關係，讓我們來看看恐龍與人造物之間的關係吧。

:: 恐龍化石與人造物

一塊骨頭在化為化石後，可能不會保持原本的形狀，可能會缺一角，也可能會破裂成許多碎骨。若只是為了研究，那麼化石損傷並不會造成太大的問題，但這樣的化石並不適合公開展覽。

這時候就必須在化石修整（→p.128）時，以人工方式製造人造物。製作復原（→p.134）骨架時，四肢或整個頭都以人造物取代的例子並不少見。在骨架復原圖（骨架圖）中，依照推測而描繪出來的部分，也可稱作人造物。

參考同物種或近親標本，推測缺損部分形狀，可製作出相對理想的人造物。為了讓人們能一眼看出這是人造物，人造物的質感或顏色通常會與實際化石或複製品（→p.132）做出差異。另一方面，商業標本（為了販售而修整的化石）以商品價值為優先，所以不少商業標本的人造物部分，會做成與原物相同的質感。

:: 暴龍的正模式標本

暴龍（→p.28）的正模式標本發現於1902年，當時研究人員於顱骨加上了大量人造物，組裝成復原顱骨。當時還沒有發現可做為人造物直接參考的其他獸腳類化石，於是博物館的研究者與修整人員只能透過反覆嘗試，塑造出人造物的形狀。

1908年，暴龍的新骨架AMNH 5027（→p.238）出土，有了完整的顱骨化石。這個AMNH 5027的顱骨化石，與復原後的正模式標本形態完全不同，但正模式標本的復原顱骨已直接用石膏添加人造物在實物化石上，無法取下修整，令人相當扼腕。

暴龍的正模式標本於2000年代重新組裝，原本添加了石膏的實物化石，則以現代化

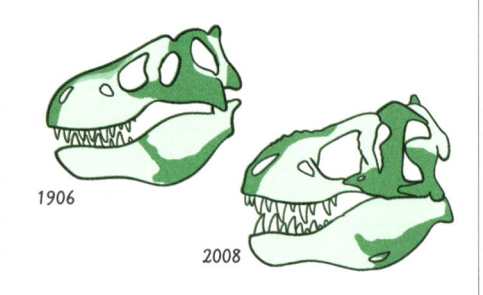

1906

2008

石清理（→p.130）技術清理掉石膏，恢復原本的化石樣貌。新的復原顱骨則是以正模式標本的複製品為基礎，加上改造了其他暴龍複製品的人造物。如果於實物化石直接加上人造物，會妨礙後續研究，所以現在的人造物通常是添加在複製品上。

∷ 精確到什麼程度呢？
   想像中的復原骨架

　　1996年，研究者為三角洲奔龍命名的同時，也公開了三角洲奔龍的復原骨架。三角洲奔龍的骨架相當不完整，而且此時還沒找到三角洲奔龍的近親物種。因此，修整人員便參考了當時還很粗糙的親緣關係圖，製作出想像成分居多的人造物。因為完全沒有發現顱骨，所以復原骨架中的顱骨完全是人造物。此時復原的頭部有棘狀嵴飾，不過不管是當時或是現在，獸腳類的化石全都沒有這個特徵。

　　近年研究結果顯示，三角洲奔龍所屬類群與當初想像的類群完全不同。有些復原骨架換成新製作的人造物，但我們目前仍不曉得這些人造物精確到什麼程度。

　　添加不同的人造物時，三角洲奔龍復原品的外觀也會有很大的不同。人造物原本就是為了展示而製造出來的東西，不一定要製作成「精確」的樣子。

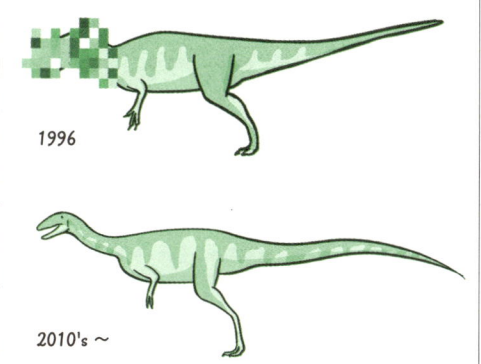

1996

2010's ～

∷「讓人生氣的東西」

　　1990年代初期，德國博物館從某個化石業者手上購入了巴西出土的「新種翼龍的顱骨」。不過，有人指出這是獸腳類的顱骨，於是他們馬上把標本拿去進行電腦斷層掃描（→p.227）。掃描結果讓所有研究者狂怒。化石業者為提高商品價值，加上了許多人造物，可以說是達到了捏造化石的等級。

　　1996年，研究者將這個顱骨定為正模式標本，並命名為 *Irritator*（激龍），這個屬名意為「讓人生氣的東西」。這顯示研究者們發現吻部是人造物時有多憤怒，卻只能用這種（不會被禁止傳播的）方式表達。

　　在這之後，激龍的清理工作正式開始。1996年的論文指出，這個化石添加的人造物比過去認定的數量還要多。連頂部巨大的嵴飾也是人造物。相較於購買時的樣子，原本的顱骨還要樸素許多，卻是目前棘龍類（→p.66）顱骨的最佳標本。

販賣狀態

實際化石

| 研究、發掘

描述
description

說到恐龍研究的「描述」，指的就是將「觀察結果」發表成論文。在描述的論文中，最受矚目地方就是為新種命名。可能是新種卻還沒命名的物種，稱作「未描述種」，描述、命名未描述種的論文，稱作「原描述論文」（也叫做「原描述」）。重新描述已命名物種的論文，則稱作「再描述」。

∷ 在描述之前的流程

化石清理（→p.130）結束後，才能用於描述。如果清理得不夠充分，之後可能會引發各種問題。

① 化石修整（→p.128）終於結束了！原本以為發掘到的是○○龍，但如果是○○龍的話，顱骨頂部形狀顯得有些奇怪。吻部看起來則像是△△龍。那麼就開始來描述這個標本吧。

新標本

② 重新詳細看了一遍○○龍的正模式標本，發現描述論文中對骨頭的解釋有誤。而且與新標本完全不一樣。也來查查看外國博物館的△△龍吻部資料吧。

新標本

○○龍的正模式標本

徹底調查相關標本。常會發現其他標本有再描述的必要。

Chapter 1
碩士篇

　　描述是相當樸素而踏實的作業，需將恐龍的特徵一個個寫出來，是研究恐龍時最重要的基礎，明確的描述即使過了100年，仍是重要的參考資料。

　　書寫描述論文時，需詳細觀察、測量化石與地層，並比較其他化石。只觀察發現的化石還不夠，最好要走遍全球博物館，觀察各個相關化石以作為比較對象。

　　隨著時代的改變，應描述的事項也會跟著變化。許多過去被認為沒那麼重要的特徵，今日可能會被視為研究上相當重要的特徵。因此，早期研究過的「歷史性標本」也有再描述的必要。

　　撰寫描述論文時，可能有必要改變化石的分類。詳細觀察、比較化石，明確指出該化石與過去描述過的物種有哪些差異，才能將其命名為「新種」。

　　整理觀察、比較的結果後撰寫而成的論文，需經過審查（投稿至學術期刊的論文，經該領域專家詳讀、確認內容）、出版，才能視為「描述過」的物種。有些標本會在發現後數年內被描述，也有些標本已經在博物館展示多年、具有一定知名度，卻一直沒有被描述。

　　在備受矚目的「發現新種」背後，隱藏著日夜盯著化石的古生物學家們。

③

○○龍的正模式標本

△△龍的正模式標本

新標本

> △△龍的吻部與新標本沒有當初想像中的那麼相像耶。既然不是○○龍，也不是△△龍，那麼新標本就一定是未描述種。開始來寫描述論文，把新標本當成新屬新種的正模式標本吧！

- ○○龍與△△龍的再描述
- 新標本的描述，以及與○○龍、△△龍的比較、親緣關係分析
  整理這些內容，在描述論文中把新標本定為××*saurus*◆◆的正模式標本吧！

同物異名
synonym

不論古生物、現生生物，有時研究者會為已知（已命名）物種的標本賦予其他學名，或者將過去被認為相異的物種重新判定為同一物種。這種「同一物種有不同名稱」的情況，稱作同物異名。在常基於零碎的化石描述、命名新物種的古生物領域中，常討論某物種是否有同物異名的情況。

同物異名與異物同名

以論文詳加描述（→p.138）新物種後，可為該物種命名；但這也只是新物種的一個意見或假說，即使命了名，也不代表其他研究者會認同這個新物種。歷史上就曾發生過有命名者發表了某個新物種，並被大肆報導，但除了命名者之外，完全沒有人認同這個新物種。

當人發現同一物種卻被賦予了不同學名時，這個學名就稱作同物異名（synonym）。較老的描述論文（先命名者）賦予的學名稱作首同物異名（senior synonym），較新的描述論文（後命名者）所賦予的學名則稱作次同物異名（junior synonym）。此時，首同物異名有優先權，為有效名，次同物異名則會被視為無效名。若因手續上的問題（譬如以同一標本為正模式標本，卻賦予了不同學名）造成了次同物異名，稱作客觀同物異名；若因研究者的意見、假說，使某學名變成了次同物異名，則稱作主觀同物異名。

同物異名中，主觀同物異名的情況比較常見。不同的研究者，對於有效名（獨立種）的意見常各有差異。在某些例子中，主觀同物異名在後來的研究中，轉變成了有效名（復活成了學名）。

種小名必定與屬名同時出現，所以不同生物使用相同種小名並不會造成混淆。不過，在極少數例子中，不同的生物被賦予了相同屬名（異物同名）。此時，次異物同名會被賦予新的屬名。植物與動物的命名規則不同，所以即使植物與動物使用相同屬名，也不會造成問題。

疑名

在描述某個生物為新物種時，找出該生物易被觀察到的獨有特徵（標準特徵），使我們能清楚分辨出牠們與近親物種的差異，是相當重要的事項。不同的研究者，對於該將哪個特徵列為標準特徵，常有不同意見。對於靠幾塊骨頭構成的標本，就能為新物種命名的古生物學來說，標準特徵可能只是單純的化石破損、成長階段的變化，或者只是個體差異造成的特徵。

在許多例子中，曾被命名過的古生物，於再描述的時候卻找不到標準特徵。此外，若正模式標本過於零碎，或者正模式標本為幼體，但成長後身體形態會大幅改變的話，我們便無法確定這些物種是否為已知物種的同物異名。此時，這些學名就稱作「疑名」，為無效名。如果之後的研究中找到了標準特徵，使疑名變回有效名的話，就會成為已知物種的同物異名。

Chapter 1
碩士篇

勇士特暴龍
Tarbosaurus bataar
最初的描述中被命名為 *Tyrannosaurus bataar*（勇士暴龍），後來則成為 *Tarbosaurus efremovi*（埃夫雷莫夫特暴龍）的首同物異名。有研究者認為牠們與暴龍（→p.28）為不同屬，故以 *Tarbosaurus* 為屬名。但也有研究者認為牠們應歸為暴龍屬之下，所以一直到最近，仍有論文以學名 *Tyrannosaurus bataar* 稱呼牠們。

:: 恐龍與同物異名、疑名

　　整個生物遺體轉變成化石保留下來的情況，本來就相當罕見。脊椎動物通常只會有一小部分的骨架保留下來。所以要從化石標本中，找到識別用的標準特徵，通常是非常困難的任務。古生物分類中可以看到一大堆同物異名、疑名，自然就沒什麼奇怪的了。

　　恐龍的分類在古生物學中算是特別活躍的研究領域。因此「一般書籍中登場的常見恐龍，不知何時卻變成了從未聽過的屬的同物異名」在恐龍領域中並不是什麼罕見的事。

豪氏地震龍 *Seismosaurus hallorum*（→p.246）
曾以「世界最大的恐龍」之姿華麗登場。經一番波折後，*Seismosaurus*（地震龍）屬成為了 *Diplodocus*（梁龍）屬的同物異名。另一方面，該物種仍為有效名。

厚獨角龍
Monoclonius crassus
最早被命名的角龍之一。早期就常在一般書籍中登場。曾被視為 *Centrosaurus*（尖角龍）的首同物異名。1990 年代時，研究者們認為無法區別獨角龍、尖角龍、戟龍的亞成體差異，故將獨角龍列為疑名。

| 研究、發掘

全長
total length

恐龍圖鑑中不可或缺的資訊就是「全長」。但有時圖鑑列出的是寬度數值，有時同一種恐龍在不同的圖鑑上會有不同數值，有時還會和「體長」混淆。許多恐龍只有一部分骨架出土，那麼此時該如何測量恐龍的全長呢？

▪ 恐龍的全長測定

所謂的「全長」，指的是「將吻部末端到尾巴末端拉成一直線時的長度」；「體長」則是指頭身長，也就是「將吻部末端到肛門拉成一直線時的長度」，即「全長－尾長」。

如果是現生動物，只要讓牠們躺下，拉直背部關節，使背部縱向延伸再測量；或者拿膠帶沿著背部黏貼，撕下後再測量膠帶即可。這些方法得到的全長、體長為粗略的測量值。

恐龍則基本上會直接測量復原（→p.134）骨架，或是測量顱骨基部長度（吻部到與頸椎以關節相連（→p.164）之顱部的長度），以及所有脊椎骨的長度後，加總得到全長。如果其中有些部分的骨架尚未發現，可從相同物種或近親物種中相對較完整的骨架，推測尚未發現部分的長度。不過，椎間盤的厚度只能粗略估算，也不一定有可作為缺損部分參考的近親物種化石。因此，所謂的恐龍全長，比現生動物的全長更為粗略。如果是全長30m左右的大型蜥腳類，估計出來的全長常有數m左右的誤差。實際研究中，如果是親緣關係相對較近的物種，通常會比較股骨等特定骨頭（相對較常發現的化石部位）的長度。

翼龍的話，會使用「翼展長」（展開翅膀狀態下，兩端連線所得線段的長度）來比較大小。其中，有時只靠骨架仍難以得知雙翅展開的樣子，所以會用單側翅膀主要骨頭長度的2倍，作為翼展長。

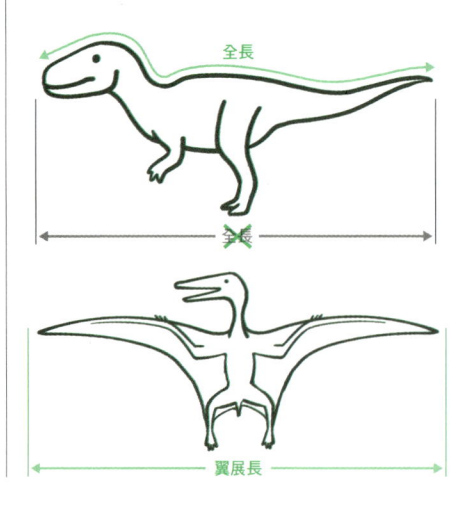

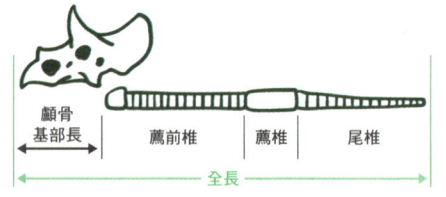

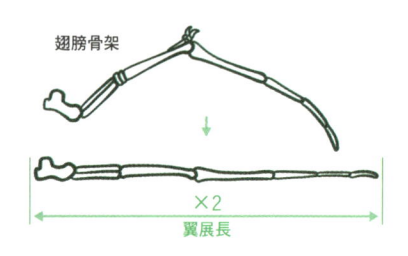

| 研究、發掘

體重
body mass

Chapter 1
碩士篇

142
▼
143

相對於「全長」，列出「體重」的恐龍圖鑑相對較少。不過，動物體重是研究其生理特性時的重要資訊。若要研究恐龍在生物學上的一面，比起全長，體重會是更重要的指標。不過，恐龍的化石全都是骨頭，該如何由化石推估出恐龍的體重呢？

:: 恐龍的體重測定

現生動物的話，可以用體重計直接測量體重；但如果是恐龍的話，連骨架的重量都無法直接測量。因此，需要透過某些特殊方法推估恐龍的體重。

推估恐龍體重的方法大致上可分為2種，「體積密度法」為較傳統的方法。研究人員會測量復原（→p.134）模型的體積，再乘上「恐龍的密度」（由現生動物的密度推估），便可估計恐龍的體重。雖然這種方法可以得到精確的估計值（誤差較少），但復原模型完整度不同時，會得到完全不同的數值，是這種方法的缺點。

以前會製作恐龍的縮小模型，沉入水槽後測量體積，現代則通常會製作3D復原模型，然後直接測量體積。另外，有時會製作加上肌肉的三視圖，再依此計算大致的體積。

另一個估計體重的方法，稱作「現生動物比例法」。已知現生動物中，用於支撐體重的四肢骨頭粗細與體重有關。利用這點，我們可以由肱骨與股骨的粗細（周長）推算原動物的體重，是相當常用的方法。這種方法不會利用到復原模型，不是主觀方法，而是利用現生動物普遍性規則的客觀方法，故可得到較為正確的估計值。另外，即使不曉得恐龍的整體樣貌，只要發現肱骨與股骨，就能估計恐龍的體重。不過，四肢骨頭的粗細，與體重的相關性有不小的波動，所以用這種方法推導出來的估計值，可能也會產生不小的誤差（＝精確度較低）。

綜上所述，估計恐龍體重的2種方法分別有其長處與短處。雖說如此，2種方法計算出的估計值通常不會差太多。為了估計出更精確的數值，研究者們正日以繼夜的研究著相關主題。

體積密度法

現生動物比例法

歷史、文化

化石戰爭
Bone Wars

1864年，美國正處於南北戰爭中，2位年輕美國古生物學家卻在柏林相遇。意氣相投的愛德華・德林克・寇普與奧斯尼爾・查爾斯・馬許，回國後曾一起到美國東部的化石產地探訪，但當時沒有人知道，這會成為古生物學史上最大發掘競爭的起點。

∷ 突然發生

海綠石可製成肥料，當時美國東部有許多海綠石的採掘場。鴨嘴龍（→p.36）的化石也是在這種地方發現的。

寇普遷居到採掘場附近後，打點好周圍人士，使化石被發現時，消息能馬上傳到他耳裡。在他鍥而不捨的努力下，在採掘場發現的北美第一個獸腳類，由寇普命名為 *Laelaps*（暴風龍）。

看到這個狀況的馬許，瞞著寇普接近採掘場的現場指揮者並賄賂他，希望他以後發現化石時告訴自己就好，不要告訴寇普。

∷ 薄片龍事件

後來，寇普與馬許不只在美國東部競爭，也把目光放到了美國西部，還與美國原住民發生衝突。

1869年，寇普為自己命名的薄片龍製作全身骨架圖，並發表論文。馬許看到這張圖後，指出寇普的復原圖（→p.134）誤把頭裝到了尾端。於是寇普拚命回收已印刷的論文，換上修正版。

馬許在1890年代時提起了這件事。有人說首先指出寇普錯誤的是寇普的老師約瑟夫・萊迪，也有人說馬許曾向萊迪提出他的意見。先不論這件事的真偽，至少這個故事表現出了寇普與馬許的性格差異。

進入1870年代後，寇普與馬許更是變得水火不容，兩人在化石發掘、研究上的競爭愈來愈劇烈，化石戰爭正式開打。

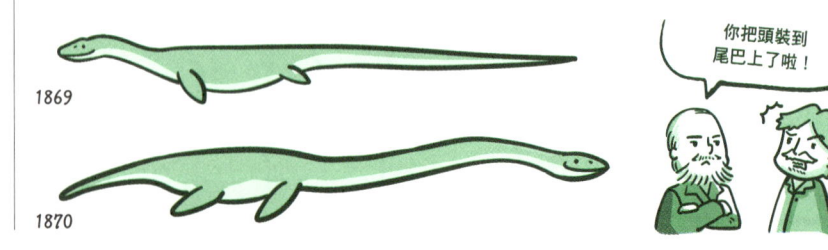

1869

1870

你把頭裝到尾巴上了啦！

∷ 死鬥！美國西部

　　寇普與馬許兩人分別和許多化石獵人（→p.250）簽下契約，在美國西部多個侏羅紀、白堊紀地層發掘化石。化石獵人們陸續開拓出新的化石產地，並將大量化石送到寇普所在的美國自然科學學會，以及馬許所在的耶魯大學皮博迪博物館。

　　化石獵人們可以說是不擇手段地在發掘化石，競爭十分激烈。間諜活動、工作人員的挖角在當時並不罕見。為了防止敵對陣營搶走化石，若在1個季度的發掘活動中採集不完所有化石，他們不會把挖掘現場埋回去，而是直接破壞掉剩下的化石後離開。化石獵人之間甚至有投石打鬥的紀錄。不只化石獵人之間在激烈戰鬥，寇普與馬許也在學界直接對決，持續互相批評謾罵。擅長社交的馬許在學界歷任要職，卻在寇普向聯邦政府告發浪費調查預算之前，不得不辭職。

∷ 贏家到底是誰？

　　寇普與馬許皆以豐富的個人資金作為後盾，展開劇烈的化石戰爭，然而最後兩人都破產。寇普不得不將大量化石與個人收藏賣給美國自然史博物館。馬許也落魄到不得不向耶魯大學尋求生活費資助。

　　寇普在1897年因病而亡，遺言中提到要將自己的顱骨製成標本寄贈給大學，想與馬許比比看誰的腦比較大。不過馬許沒有接受挑戰，在寇普死亡後的2年去世。

　　寇普與馬許在化石戰爭中，為許多恐龍與其他古生物命名，但也常在無意間為相同物種賦予了不同學名，使許多學名被列為疑名。寇普曾命名64種恐龍，然而到了2010年，確認為獨立種而保留的恐龍只剩9種。馬許曾命名98種恐龍，之後保留下來的恐龍只剩35種。若只看物種數，化石戰爭的贏家是馬許。

　　在化石戰爭之後，留給博物館的是堆積成山、保持未開封狀態的石膏夾克（→p.126）。寇普與馬許的繼任者，都為化石戰爭的戰後處理而忙得不可開交，在收藏庫的深處，至今仍保留著未開封的夾克。

第二次化石戰爭

從命名競爭的角度來看，化石戰爭（→p.144）以馬許的勝利告終。然而馬許與寇普最後都破產，兩人作為古生物學家也名聲掃地。化石戰爭實際上是兩敗俱傷，還引起了各種分類學界的混亂，以及後續地獄般的化石修整（→p.128）工作，對博物館相關人士而言，可以說是一場惡夢。化石戰爭可說是沒有贏家。

雖說如此，古生物學家、研究機構等在化石發掘、研究上的競爭並沒有結束。在化石戰爭仍餘波盪漾的1910年代，寇普與馬許的弟子以及下個年代的研究者們，仍在化石發掘領域中彼此競爭。戰場從美國東部、西部，轉移到了加拿大的亞伯達省，不用馬車而改用船來載運化石，開始了下個階段的競爭。

從19世紀後半起，亞伯達省便陸續發現了許多恐龍化石，寇普於晚年也對此產生興趣。在寇普死後，寇普的弟子──美國自然史博物館的亨利・費爾費爾德・奧斯本也看上了這個地方。奧斯本前往當地時，帶上了巴納姆・布朗。布朗當時已有發現暴龍（→p.28）這個輝煌的成果，且布朗曾向馬許原本的助手──約翰・貝爾・海徹學習過。布朗的團隊建造了巨大的平底船「瑪莉・珍」，沿著橫切過亞伯達省的紅鹿河順流而下，在河岸紮營，發掘化石。

看到布朗團隊的活躍，加拿大當地紛紛傳出「怎麼能讓外國化石獵人在這裡恣意妄為呢？」的聲音，使加拿大的地質調查所不得不出來做點事情。調查所並沒有禁止布朗隊的活動，而是引進了更厲害的化石獵人團隊與他們競爭。調查所雇用的化石獵人是曾受雇於寇普與馬許兩邊，當時仍為現役化石獵人的查爾斯・哈澤柳斯・斯騰伯格以及他的兒子。

為了與布朗團隊對抗，斯騰伯格一家使用更大的平底船，順流而下調查化石。另外，加拿大的皇家安大略博物館在看到他們的成果後，也派遣了自己的團隊到紅鹿河流域。英國大英自然史博物館也派遣了厲害的化石獵人前往當地。就這樣，第二次化石戰爭開打了。

就和第一次化石戰爭一樣，各團隊之間保有一定的競爭意識，不過在前後持續約10年左右的第二次化石戰爭中，發掘競爭相對和緩許多。化石獵人們會到其他團隊的發掘現場見習，會交換彼此挖掘到的化石以滿足對方客戶的要求，留下許多彼此合作的故事。就這樣，第二次化石戰爭讓加拿大成為了「恐龍王國」。

Dinopedia

2

Chapter

博士篇

談論恐龍的時候,
不可避免地會用到古生物學的專業用語。
讓我們來看看恐龍研究中
會用到哪些奇特的專業用語吧。

歷史、文化

水晶宮
The Crystal Palace

1851年，倫敦舉辦了史上第一次世界博覽會，並在會場建造了巨大的玻璃建築物。因為外觀而被命名為水晶宮（The Crystal Palace）的這棟建築物，在建好沒多久就全面蓋上巨大的堅固玻璃板，有著組合屋般的結構。在世博結束後，遷建到南倫敦的錫德納姆。遷建到錫德納姆後，水晶宮周圍蓋起了許多大型綜合公園，並在這些地方展示各種滅絕動物實物大小的立像。

∷ 古代的庭園

雕刻家，同時也是自然學家的班傑明・瓦特豪斯・郝金斯，被選為立像的製作者。他與貴族間有深厚交情，也是世博的相關人士，相當適合這項工作。

郝金斯一開始想在庭園內設置滅絕哺乳類的實物大小立像。後來在提出「恐龍」這個分類群的理查・歐文爵士的建議下，郝金斯也設置了恐龍、魚龍（→p.90）、蛇頸龍（→p.86）等滅絕爬行類的立像。監修這些立像的人不是只有歐文，還包括禽龍（→p.34）的命名者，同時也是歐文競爭對手的吉迪恩・曼特爾。不過曼特爾因為長年受疾病所苦而辭去了這個工作，這些立像改以歐文為主進行監修。

郝金斯在建設中的綜合公園內設置工作室，並在此製作立像。他用黏土製作原型後，用其製作鑄模，再用水泥與磚頭建造立像。計畫規模因預算問題而縮小了一些，數個製作到一半的立像不得不廢棄，即使如此，他也成功完成了從古生代到新生代，多樣性豐富的33尊立像。

1853年的最後一天，為紀念立像完成，研究者們在禽龍的鑄模內部舉辦了派對，他們舉杯向前一年過世的曼特爾致敬。媒體大幅報導了這場派對，作為水晶宮公園正式對外開放的宣傳。1854年，這些立像依照年代，排列在大型水池的浮島上，開放給一般民眾參觀。

派對的想像圖
「禽龍派對」的邀請函與菜單保留至今，但我們並不確定這些研究者們是否真的有在製作禽龍立像用的鑄模內用餐。只知道派對的主賓為歐文，另外也邀請了數名在立像製作上有許多貢獻的研究者，受邀名單中也有曼特爾等已過世的研究者。

Chapter 2
博士篇

∷ 水晶宮的恐龍們

　　水晶宮的立像中，許多恐龍與各種古生物之復原（→p.134）模型都是史上首次亮相，引起了很大的迴響，也有販售教育用的縮小模型。

　　這些立像基於19世紀中期的科學知識建立，就當時而言，可以說是最先進的復原成品。另一方面，由於這些立像是由與曼特爾敵對關係鮮明的歐文監修，所以建造時忽略了曼特爾提出的最新見解（譬如禽龍的前肢比後肢纖細等）。

　　到了19世紀後半，美國盛行恐龍發掘活動，被稱作化石戰爭（→p.144）的發掘競爭，使人們對恐龍的理解程度大幅提升。後來在歐洲的貝尼薩爾煤礦（→p.252）也發現了禽龍的全身骨架。於是由歐文與郝金斯在20年前左右建成的水晶宮恐龍群，便成了「舊版復原」。

　　水晶宮在1936年時因失火而崩塌，不過所在的公園至今仍是市民休憩場所。各個恐龍立像也經過多次修復，存續至今。19世紀中期的尖端科學結晶，到了今日仍是恐龍研究史的見證人。

禽龍　公園內有2尊禽龍像。趴在地上的禽龍是曼特爾於1834年的復原，四足站立的是歐文於1850年代的復原。曼特爾本人當時曾提出另一種復原方案，卻沒有被接受。這些復原立像所參考的標本，今日已不被歸於禽龍，而是被歸於曼特爾龍。

斑龍（→p.32）　公園內的立像是基於當時歸類於斑龍屬的各個化石復原而成。肩膀背側的隆起，是參考今日稱作頂棘龍之恐龍的化石特徵。

林龍　林龍的化石至今只有發現1副零碎的骨架。當時的研究者們深知相關資訊不夠充分，只能製作出暫時性的復原立像。這個水晶宮的林龍立像便是以此為前提製作而成。

歷史、文化

恐龍文藝復興
dinoszaur renaissance

「Renaissance」為再生、復活的法語。從中世紀進入近代的過渡期間，歐洲盛行一股文化運動，希望能復興希臘、羅馬時代的文化，這個運動就被稱作Renaissance，即文藝復興。今日的西歐文化為文藝復興的產物。恐龍的研究也一樣。今日的恐龍研究結果也被稱作「恐龍文藝復興」。

∷ 恐龍研究的古典期與停滯期

19世紀中期，由歐洲開始的恐龍研究，在北美洲掀起了「化石戰爭」（→p.144）以及後續的化石發掘潮，也於20世紀初成為活躍的研究領域。新種恐龍的描述（→p.138）、分類常是研究的主題，也有許多人在討論恐龍的演化。開始有研究者以恐龍為題材，將用來研究現生動物的「生物學性」研究主題套用到恐龍上。

20世紀初，引領恐龍研究的美國博物館，有恐龍的集客力以及豐富的預算作為研究的後盾。然而，在經濟大恐慌與之後的第二次世界大戰後，可投入的資源大幅減少，使恐龍研究的熱潮大幅降溫。不過另一方面，恐龍在大眾娛樂中一直很受歡迎，使牠們一直有著「過時又遲鈍的巨大爬行類」的形象。雖然全球各地一直有新的恐龍描述、新的分類學研究，不過從1940年代到1950年代，恐龍研究進入了停滯期。

∷ 文藝復興的揭幕

1969年，美國的古生物學家約翰・歐斯壯發表了恐爪龍（→p.48）的描述。歐斯壯認為，恐爪龍的骨架有高度活動性。很難想像現生爬行類等變溫性、外溫性的「冷血動物」，會有如此高的活動性。於是歐斯壯提出，恐爪龍很可能是恆溫性、內溫性的「溫血動物」。另外，歐斯壯指出，恐爪龍與始祖鳥（→p.78）的骨架有許多相似的地方，於是他斷定鳥類起源自恐龍。

在19世紀，已有許多研究者認為恐龍為恆溫性、內溫性，是活動頻繁的動物，且鳥類與恐龍有密切的親緣關係。不過在20世紀前半以前，這些說法都不被主流意見接受。於是以歐斯壯的學生羅伯特・巴克為首，許多年輕研究者致力於宣傳歐斯壯的假說，並提議要將恐龍從爬行綱中分離出來，與鳥綱合併，設立「恐龍綱」。

發現恐爪龍這件事在學界掀起的浪潮，可以說是恐龍研究的「文藝復興」。在這個過程中，從事恐龍研究的學者們紛紛嘗試用其他科學領域的方法來研究恐龍。過去的研究者們主要使用「生物學性的」方法研究恐龍，不過在恐龍文藝復興後，數學性的方法也理所當然地應用在恐龍研究上。運用更嚴謹的地質學資訊，以化石埋葬學（→p.158）的方法復原過去事件的研究，也愈來愈盛行。

除此之外，與其他領域的合作，使這個年代的古生物整體研究有很大的進展。最重要的是，恐龍的研究再次活躍了起來。

:: 文藝復興至今

恐龍文藝復興活動正盛的1975年，巴克將某種三疊紀小型獸腳類以「羽毛恐龍」（→p.76）的樣貌發表了復原（→p.134）插畫。到了1990年代後半，在中國發現了許多羽毛恐龍化石，不只說明了鳥類的祖先是恐龍，也讓人們認知到「與鳥類親緣關係較遠的恐龍，也可能有羽毛」。另一方面，在恐龍文藝復興的同一時期，生物學家逐漸改用「支序分析」（→p.154）為生物分類，「綱」之類的分類「階級」逐漸失去意義，所以也沒有必要新設「恐龍綱」。

巴克曾大力主張「恐龍溫血說」，在使用各種先進科學方式研究後，今日主流意見認為恐龍皆為恆溫性、內溫性，不過各物種間的恆溫、內溫程度有一些差別。

在恐龍文藝復興的過程中，恐龍的「復原」方法也標準化，更能反映出各種研究結果。許多插畫家與古生物學家的緊密合作，使恐龍與中生代環境的復原想像圖大幅更新。就這樣，由許多插畫家與研究者設計概念圖、監修的電影《侏羅紀公園》大賣，洗掉了恐龍在一般人眼中「過時又遲鈍的巨大爬行類」的形象。

目前是19世紀中期以來，恐龍研究最興盛的時期。如果沒有恐龍文藝復興再度顯示出恐龍的「有趣之處」，也不會有今日的恐龍研究盛況。

恐龍的復原形象變遷

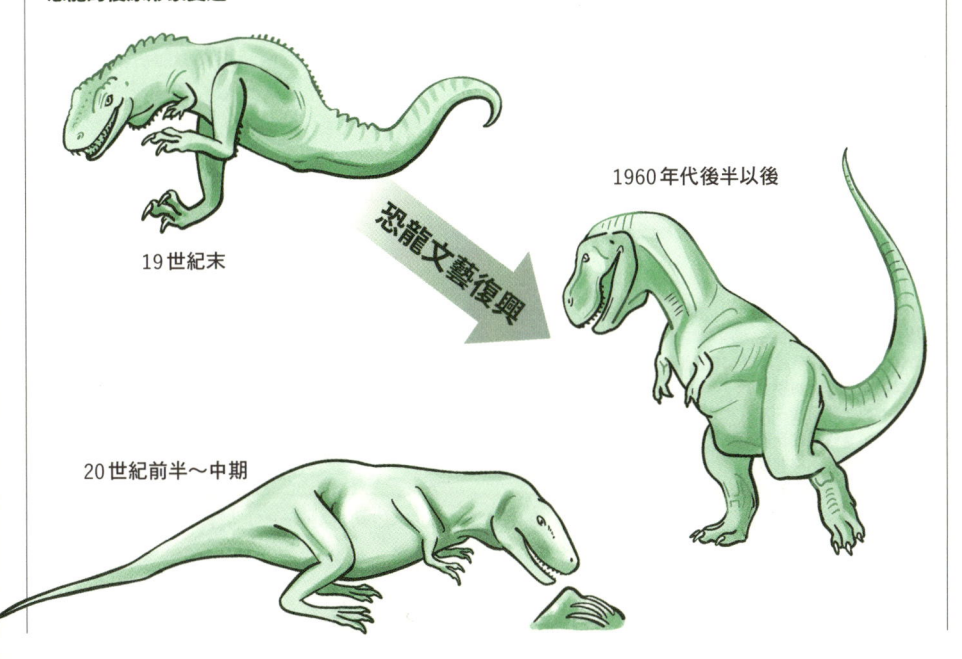

19世紀末

20世紀前半～中期

恐龍文藝復興

1960年代後半以後

鳥肢類
Ornithoscelida

在恐龍研究的黎明期，恐龍的分類有多種說法，研究者們熱中於討論恐龍類生物該分成哪些大類群。20世紀以後，將恐龍分成蜥臀類與鳥臀類2大類群的說法獲得多數學者認同，其他說法則被逐漸淡忘。不過近年來，其他分類方法突然受到矚目。

∷ 蜥臀類與鳥臀類

理查・歐文於1842年設置了「恐龍」這個大類群。在這個時間點，恐龍類只包含了斑龍（→p.32）、禽龍（→p.34）、林龍等3個屬。在此之後發現了許多恐龍化石，便與已知化石放在一起重新分類，使恐龍類的物種數大幅增加。

因為恐龍類物種大幅增加，自然就產生了須將恐龍分成數個類群的想法。1888年，英國的古生物學家哈里・西利提出了今日已被廣為接受的分類方式，那就是將恐龍分成「蜥臀類」與「鳥臀類」2大類。前者的骨盆結構類似蜥蜴、鱷魚等現生爬行類；後者的骨盆結構則與蜥臀類截然不同，乍看之下與現生鳥類的骨盆相似。當時尚未發現兩者的中間型，於是西利主張蜥臀類與鳥臀類為完全不同系統的生物（他認為恐龍類只是多個不同系統的集合名稱）。

∷ 鳥肢說

另一方面，與歐文劇烈對立的演化論支持者湯瑪斯・赫胥黎，主張恐龍與鳥類是近親，在1870年提出了與西利截然不同的分類。他將體型小、骨架極為纖細的美頜龍從恐龍類中拉出，並將恐龍類與美頜龍併為一個類群，稱作「Ornithoscelida（鳥肢類）」。赫胥黎提出鳥肢類一詞時，人們還沒有蜥腳類的概念。

1878年，美國古生物學家塞繆爾・威利斯頓變更了恐龍類與鳥肢類的定義。威利斯頓

西里龍 西里龍類過去被視為與恐龍極為相似的類群，是恐龍的近親，卻不是恐龍。不過近年來，西里龍有時會被當成極為原始的鳥臀類。與所有原始恐龍類一樣，西里龍也有修長的身體，下顎與鳥臀類一樣有喙。為植食性，不過糞化石（→p.124）的研究顯示，牠們也可能會吃昆蟲。

的提案中,將美頜龍視為恐龍,並將恐龍分成蜥腳類與鳥肢類(由今日的獸腳類與鳥臀類構成)兩大類群。

然而,赫胥黎與威利斯頓所主張的鳥肢說,卻因為找不到獸腳類與鳥臀類的中間型,難以獲得支持。西利的分類提議較受眾人歡迎,恐龍類並非單系群的概念也逐漸被人接受。

在「恐龍文藝復興」(→p.150)的潮流下,1980年代以後,支序分析的親緣關係分析(→p.154)中,將恐龍類設為單系群,並將鳥類歸屬於恐龍類。發起恐龍文藝復興的羅伯特・巴克拆開了蜥臀類,將鳥臀類與蜥腳類併為「植龍類(Phytosauria)」這個類群。然而支序分析的結果,較支持西利的傳統兩大分類。

∷ 鳥肢說復活

進入21世紀後,西利提出的分類方式仍廣為流傳。但另一方面,隨著晚三疊世恐龍研究的進展,研究者陸續發現了不知道是獸腳類還是蜥腳類,甚至連是否為恐龍都不確定的物種。另外還發現了擁有鳥臀類般的特徵,卻很難想像牠們是恐龍的西里龍類。晚三疊世地層中陸續發現了許多充滿謎團的爬行類化石。

因為發現了好幾個難以清楚歸類在既有類群的恐龍,使學界迫切需要重新省視恐龍類的大分類。基於各式各樣的資料進行親緣關係分析後,顯示出另一種可能,那就是獸腳類為鳥臀類近親、蜥腳類在上述兩者分歧演化之前,便已先分歧演化出去。這種演化方式符合威利斯頓主張的鳥肢說,所以有人提議重新使用鳥肢類這個分類。

目前學界仍熱烈討論著鳥肢說的真偽,不過將恐龍類分成蜥腳類與鳥臀類兩大類的說法依舊有許多人支持,也有某些親緣關係分析結果支持植龍說。另外,是否要將西里龍類歸於恐龍之下,至今仍意見分歧。在赫胥黎提出鳥肢說的150年後,鳥肢說仍是恐龍研究中的熱門話題。

艾雷拉龍 與始盜龍並列為最古老的恐龍。艾雷拉龍同時擁有獸腳類般的特徵,以及蜥腳形類般的特徵,還有未見於其他恐龍的原始特徵。許多人認為艾雷拉龍不是恐龍,但毫無疑問的是,艾雷拉龍在恐龍類的早期演化過程中,扮演著相當重要的角色。

▍研究、發掘

親緣關係分析
phylogenetic analyses

用線段將親緣相近的物種連接在一起,將親緣關係表示成樹枝狀的圖,稱作親緣關係樹。畫出含有古生物的親緣關係樹,可具體顯示出地球歷史與生物演化的過程。在生物分類學中,「親緣關係分類」便是以親緣關係為生物分類。那麼,該如何繪製親緣關係樹呢?

∷ 親緣關係樹與支序分析

直到近50～60年左右,我們才能透過嚴謹的(可驗證的)科學方法,繪製出親緣關係圖。在推測生物的親緣關係時,不論是過去或現在,都將「比較生物間的各種特徵(性狀)」視為重要事項。不過,以前的研究者會透過經驗與直覺,找出他們心中「重要的特徵」,然後依此建立各生物的親緣關係。

到了今日,推測古生物親緣關係時,一般會使用所謂的「支序分析」方法。這種方法中,會從「欲分支出來的分類群(內群)」與「用於與內群比較的適當分類群(外群)」中,分別選取出適當性狀,稱作「祖徵」與「共衍徵」。祖徵為內群與外群物種皆擁有的性狀(內群與外群分歧演化以前的物種,皆擁有這個性狀),共衍徵則是只有內群物種擁有的性狀(與外群分歧演化後,內群獨自演化出來的性狀)。

不難想像,擁有特定共衍徵的物種,親緣應較接近。因此,只要研究內群中共衍徵的分布情況,就能描繪出生物支序演化(分歧演化)的狀況,這就是支序分析。骨架或軟組織的形態、遺傳資訊等,都可作為分類用的性狀。

∷ 恐龍與支序分析

運用支序分析研究恐龍親緣關係時,可用來分類的性狀只限於化石骨架上的資訊。基本上,一般會在不致於造成混淆的情況下,盡可能挑選愈多性狀用於支序分析,但只有少數恐龍保有完整骨架。即使保留了完整骨架,由於化石清理(→p.130)與電腦斷層掃描(→p.227)的技術有其極限,有些性狀可能會因為化石變形而難以觀察。另外,不同的觀察者觀察同一個標本時,可能會觀察到相反的性狀。

觀察標本時獲得的各種性狀資訊的有無,可以整理成資料矩陣表。在1980年代至1990年代的恐龍支序分析黎明期,進行支序分類時,使用100個左右的性狀有無來分類已經算相當多了。今日的資料矩陣表則可使用數千個性狀的有無來分類。不過,沒有一個物種在所有性狀上都能明確判定有或無。僅存零碎化石的恐龍,只能在資料矩陣表中填上大量的「?」(無法判定)。研究者們正在努力追加、反覆修正資料矩陣表用到的性狀,希望能得到解析度較高的支序分析結果。

研究者們的假說認為,用電腦分析資料矩陣,經過各種條件的篩選後,可得到「可能性最高的」親緣關係樹(支序圖)。而在分析的時候,也需要用到數學知識。

Chapter 2 博士篇

∷ 親緣關係樹的解讀

要注意的是，支序圖中不會將各個物種描繪成「直接祖先—後代」的關係。支序圖中相鄰的物種（姊妹類群），僅表示「用於此次支序分析的類群」中，親緣關係最近的類群。如果用於支序分析的物種數增加，畫出解析度更高的支序圖，那麼原本是姊妹類群的物種，可能會被拉開。另外，即使物種A是物種B的直接祖先，在支序圖中也只會把物種A與物種B畫成姊妹類群。

運用支序圖，可推測假想中的共同祖先形態，以及化石無法確認之部位的形態。在支序圖上「包圍」特定物種，可以推測出該物種未確認的形態，這種方法稱作「親緣包圍法」，常用於古生物的復原（→p.134）。

不論是古生物還是現生生物，親緣關係分析所使用的資料與分析方式都在持續更新中。而僅能基於碎片狀化石分析親緣關係的恐龍，分析結果時常變動。親緣關係分析結果，以及基於此結果的親緣關係分類，是個時常更新資料的領域。

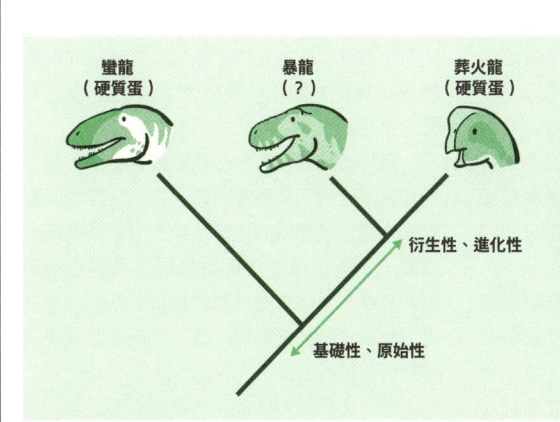

親緣包圍法的運用

目前尚未發現可斷定為暴龍（→p.28）蛋的蛋化石（→p.122），所以至今仍不確定暴龍蛋是軟殼（軟質蛋）還是硬殼（硬質蛋）。不過，已知蠻龍與葬火龍都會產下硬質蛋。利用親緣關係分析中的親緣包圍法，可推測暴龍應會產下硬質蛋（除非暴龍獨自演化出軟質蛋）。

支序圖與支序分類

親緣關係分類需依支序圖進行嚴格的支序分類。其中，只有由「共同祖先演化出來的所有子孫」構成的「單系群」，才會被視為分類群。「鳥是恐龍」就是由這個支序分類規則推導出的結果。不含鳥類的傳統「恐龍」定義（非鳥恐龍）為「側系群」（沒有包含到所有子孫）。非鳥恐龍與翼龍（→p.80）等，可以視為在演化出鳥類的過程中，分歧演化出來的各種動物。用另一種不同於親緣關係分類的概念，可以稱非鳥恐龍與翼龍類為「鳥類幹群」。

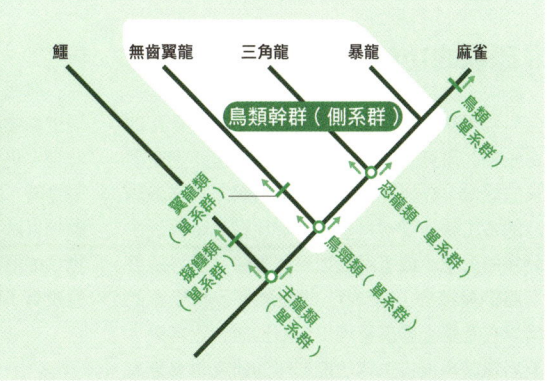

研究、發掘

功能形態學
functional morphology

生物的身體有各種形態，分別具備不同的功能。功能形態學就是在分析形態與功能間的關係，除了生物學領域外，也可應用在醫學領域的研究。古生物學的功能形態學經常會透過化石形態推論該部位的功能，再依此嘗試推論該生物的生態，以及調查演化上的意義。

:: 古生物學與功能形態學

近年來，生物學界盛行以古生物為主題的研究。科學家們不再憑空想像古生物的生態（古生態），而是試圖從古生物的功能形態著手，以科學方式推論古生物的生態。

功能形態的研究，包括直接觀察活著的生物，了解該生物的形態與功能之關係的方法；以及透過其他手段，間接推論出該生物之功能形態的方法。若研究對象是古生物，自然不可能直接觀察活著的個體，就算想透過遺體推論牠們的功能形態，也只有化石留下的部分能用於分析。

因此從以前開始，科學家們就會使用形態相似的現生生物，推論、研究古生物的功能形態。不過要使用這種方法，也要先確定古生物與現生生物「相似」這個前提條件成立才行。

所以科學家需活用化石產狀（→p.160）所留下的各種資訊，綜合檢討才行。

另外，還有一種研究方法是由化石的形態，推論該生物擁有某種特殊功能，再設想出擁有該功能之生物的理想形態（典範），然後比較這種理想形態與實際化石的形態（典範法）。然而，畢竟我們是參考實際生物的形態推導出典範，所以「典範是否真的是理想形態」也是個問題。

與一開始就設想一個典範的典範法不同，近年來還出現了另一種方法，那就是製作與實際古生物形態相似的模型，或是用電腦模擬出模型，然後透過這些模型分析生物的功能形態。其中，運用實體模型或是電腦內的假想模型，討論生物的機械性功能，是研究恐龍功能形態時的常用方法。

:: 恐龍的功能形態學研究

「恐龍文藝復興」（→p.150）中，與其他古生物的研究類似，科學家們陸續拋開憑空而來的想像，在研究工作中改用科學方式推論恐龍的古生態。當初科學家們會比較恐龍與現生動物的形態，或者用模型來作實驗，不過隨著電腦斷層掃描（→p.227）的發展等，科學家們得以在電腦上嚴謹重現出化石形態。近年來，運用電腦模擬古生物功能形態的研究也愈來愈盛行。

然而，化石上沒有的資訊只能透過產狀與現生動物的比較才能補齊，因此過往的研究手法至今仍備受重視。在研究包含恐龍等古脊椎動物時，科學家常會解剖擁有類似形態的現生動物以觀察其肌肉與軟骨等結構。在解開古生物功能形態的過程中，對於現生動物的功能形態也有了更深的了解。

∷ 三角龍前肢的功能形態

　　直到最近，科學家們仍不曉得以三角龍（→p.30）為首的各種進化型角龍類（三角龍類），是用什麼樣的姿勢步行。有人認為，牠們會伸直手肘，使手背朝向前方步行（直立說）；另一方面，也有人在研究了骨架形態後，認為牠們無法伸直手肘，無法扭曲手腕使手背朝前，並認為牠們應該會像現生爬行類一樣，將前肢橫向張開，用類似爬行的方式步行（爬步說）。

　　在兩派爭論中，到了1990年代，有人將橡皮帶當作肌肉裝在尖角龍前肢的複製品上，模擬其實際運動的樣子。研究結果雖然支持爬步說，但同時期發現的三角龍、尖角龍化石，以及其行跡（→p.120）卻與直立說的論點一致。

　　在2000年代以前的角龍類前肢功能形態相關研究，大多較為重視肩膀骨骼與肱骨的形態。角龍類前肢中，上臂到手部皆以關節相連（→p.164）的化石相當罕見，所以沒辦法進行更詳細的研究。而在這些標本中，日本上野國立科學博物館購入的三角龍（暱稱為「雷蒙特」）標本又特別完整，除了頭部與尾部之外，包含整個前肢在內的右半身都是以關節相連的狀態，為獨一無二的標本。

　　「雷蒙特」的研究結果顯示，角龍類的手肘無法完全伸直，也無法扭曲手腕，「橫向伸展前肢」對牠們來說也是相當困難的事。而在詳細觀察手部骨架後，研究者認為縮起腋下、手肘彎曲，使手背朝向左右兩側，呈「手肘彎曲的向前看齊」姿勢，從骨架看來較為合理，也能較有效率地步行，為可能性較高的姿勢。「雷蒙特」以關節相連的骨架，就是以「手肘彎曲的向前看齊」的姿勢出土。

　　「手肘彎曲的向前看齊」姿勢與牠們的行跡相當一致，且與現生動物骨架的比較結果，也相當支持這個姿勢。綜上所述，不只是骨架形態本身，就連化石產狀與生痕化石（→p.118）的資訊、與現生動物的比較結果等等，都很支持「手肘彎曲的向前看齊」的說法，所以目前其他角龍類，以及擁有相同前肢的甲龍類等，都是用這種姿勢復原（→p.134）。就這樣，恐龍古生態的一個謎團獲得了解答。

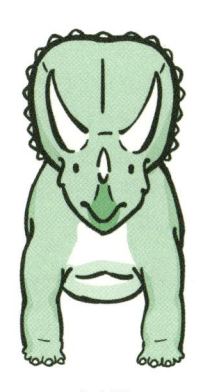

直立說　　　　爬步說　　　　手肘彎曲的向前看齊說

研究、發掘

化石埋葬學
taphonomy

生物是如何形成化石的呢?生物遺體經過哪些變化,才會形成化石呢?直到近數十年,古生物學才發展出一個子領域來討論這些問題,相關研究一直盛行到今日。化石埋葬學研究的就是「生物遺體從生物圈移動到岩石圈的過程」。

:: 化石埋葬學是什麼

　　古生物學最初研究的主題主要是古生物的分類、演化。不過在進入20世紀中期之後,古生物學積極吸取其他科學領域的創見,以古生物形態所隱藏的功能、產狀(→p.160)為焦點的研究逐漸盛行。前者就是功能形態學(→p.156),後者則演變成了化石埋葬學。以「生物學性」方式研究古生物、「恐龍文藝復興」(→p.150)等,都是在這個過程中誕生的子領域。

　　化石埋葬學的研究對象是從生物死亡到轉變成化石中間的每個過程。化石埋葬學大致上可以分成「生物埋葬學」(從生物死亡到被掩埋)、「化石成岩」(從被掩埋的遺體到成為化石)兩大領域。前者用到的知識也可應用在考古學或科學搜查領域;後者則有較多化學性元素,化石礦床(→p.172)便是個很好的研究對象。另一方面,團塊(→p.168)與矽化木(→p.203)的形成過程相關研究也在進行中。

:: 恐龍的化石埋葬學

　　近年相當盛行恐龍的化石埋葬學研究。一開始生物埋葬學的研究較豐富,最近與化石成岩有關的研究則逐漸增加。

　　與恐龍有關的化石埋葬學中,較廣為人知的應屬各種骨層(→p.170)的生物埋葬學。世界上許多地方的各年代地層,都有發現恐龍的骨層。雖然都叫做骨層,產狀與規模卻有很大的差異。

　　研究骨層的時候,化石是否以關節相連(→p.164)、遺體在死後被搬運到多遠的地方等,都是研究的重點。另外,化石的配置方式也是很重要的資訊。構成骨層的化石主要是哪些生物的哪些部位,是推論骨層形成方式的重要線索。骨層本身與周圍沉積物的種類,也是骨層是在什麼樣的地方形成的直接證據。骨層也經常會出土食腐動物的齒模或脫落的牙齒化石。

　　「羽毛恐龍」(→p.76)與「木乃伊化石」(→p.162)等在特殊沉積環境下化石化的恐龍化石,也是研究化石成岩姿勢時的研究對象。在了解到軟組織的化石化需要哪些特殊因素的組合後,科學家們也了解到許多沉積環境下,都有可能會生成木乃伊化石。

:: 在恐龍成為化石之前

恐龍的產狀並不固定。這裡就用美國史密森尼博物館「合眾國的 *T. rex*」，*Tyrannosaurus rex* USNM PAL 555000，介紹生物遺體轉變成化石的過程。

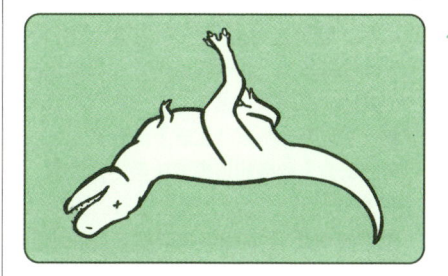

① 遺體沉到河底
由沉積物的特徵，可以知道這是流速相對較快的河流。

② 遺體擺出死亡姿勢（→p.258）
在浮力的作用下，遺體會自然而然地擺出死亡姿勢。

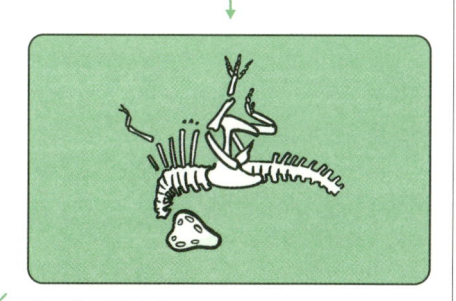

③ 骨架開始分散
軟組織腐敗、胸廓逐漸分散。顱骨與頸部分離，被沖到下游。

④ 骨架被掩埋
軟組織沒有完全分解，部分骨架保持以關節相連的樣子被砂覆蓋。至此為「生物埋葬學」的研究範圍。

⑤ 骨架在成岩作用下形成化石
水持續滲透進被砂覆蓋的遺體，溶於水中的礦物質進入骨頭內，使骨頭礦化。在這個標本中，骨頭內部的血管通道、血液細胞等，皆與周圍物質產生化學反應，使它們能以化石的形式保留下來。另一方面，骨架也因為地層的壓力而稍微被壓扁。

產狀
occurrence of fossils

發掘化石時，嚴禁隨隨便便地把發現的化石挖出來。化石所處環境的資訊，有時候比化石形態本身可獲得的資訊重要許多，而這些資訊都可能會隨著發掘而消失。因此在發掘化石時，必須記錄地層特徵、化石在地層內的位置關係、保存狀態等資訊。這些資訊統稱為「產狀」，在研究工作上是相當重要的資訊。

∷ 產狀以及其意義

化石的產狀是資訊的寶庫。觀察化石的產狀，可以獲得許多古生物姿態與外型以外的資訊。

調查化石的產狀時，首先要觀察地層，確認化石存在於什麼樣的沉積物中、位於哪個地層、層準的狀態如何等等。

另外，也要確認、記錄地層中的化石以什麼樣的方向、姿勢被埋葬。如果是恐龍等脊椎動物，最好能盡量詳細記錄骨架中每個骨頭在地層中的分布情況，繪製成產狀圖。在我們分析遺體如何被搬運至此、如何被掩埋時，產狀資訊極為重要。產狀資訊在復原（→p.134）骨架時也相當有幫助。

再來，觀察化石上是否有其他生物的痕跡，譬如附著生物、被咬的痕跡等，也是相當重要的資訊。產狀常會留下上古生物交互作用的痕跡，可成為分析當時生態系的線索。

若想研究生物遺體被埋葬後發生什麼事，也能從產狀略知一二。地層中化石的保存狀態、是否團塊化（→p.168）等資訊，可顯示出成岩作用的情況。

解讀並組合產狀透漏出來的資訊，了解生物如何死亡，又是如何被搬運到此、如何經過成岩作用轉變成化石等等，就是化石埋葬學（→p.158）研究的主題。

∷ 產狀的生物學

生物不一定會在生存過的地方化石化。生物可能會在最後被掩埋的地方化石化，某些情況下，一度被掩埋的遺體可能還會被沖洗出來，移動到其他地方再度被掩埋。若化石產狀經分析後，認為是在該生物棲息的地方化石化，則稱作原地性化石（也叫做自生性化石）；若明顯是在不同於棲息地的地方化石化，則稱作異地性化石（他生性化石）。無法移動的植物、潛藏在泥沙中生活的雙殼貝類等生物，通常可準確判定其為原地性／異地性；不過就一般生物而言，通常只能依其生活型態，粗略判定它們是原地性或異地性（舉例來說，如果在表示該地區曾為近海的海相沉積層（→p.108）發現陸生動物的化石，就是異地性化石）。

生物活著時有一定的姿勢（生活姿勢），如果化石產狀保持著生活姿勢的話，那麼該化石毫無疑問的就是原地性。如果是脊椎動物，即使是原地性的化石，通常也不會以生活姿勢保留下來，不過如果是以關節相連（→p.164）的骨架，那很有可能就是生活姿勢的化石。就算它們是「被掩埋的遺體」，骨骼間的關節連接情況也包含了一些骨骼四散的化石產狀所沒有的資訊。

∷ 恐龍的產狀

恐龍化石的產狀有很多種形態，不過相同大小的化石，產狀有一定的傾向。小型恐龍的骨架較纖細，容易分解，所以一般認為牙齒以外的骨骼較難留下來變成化石。很少看到關節完全分離的骨架可以整個留下來，不過在被水流沖得四散各地的大型恐龍骨架底下，偶爾會發現小型恐龍以關節相連的全身骨架。

大型恐龍的每塊骨頭相對較大，所以即使四肢骨頭脫離身體其他部位，看不出整體骨架的樣子，也容易被研究者們發現。另一方面，因為牠們的身體巨大，死亡後需要較長的時間才能完全掩埋，過程中還可能被食腐動物啃食，所以許多骨架的頭部或四肢會被移動到其他地方，只剩下脊椎骨仍以關節相連。即使是原本以關節相連的骨架，頭或尾巴等末端部分也可能因風化而消失。

∷ 產狀的例子

以關節相連的骨架
產狀中各骨頭仍像生前一樣以關節相連。全身完整的骨頭皆以關節相連的例子相當罕見，遺體通常會因為腐敗，使部分關節脫離原本的位置。另外，蜥腳類常會發現頸部、軀幹、尾巴、四肢彼此分離，但各自皆以關節相連的骨架。以關節相連之骨架的脊椎骨常呈反弓狀，這種狀態稱作「死亡姿勢」（→p.258）。

三角龍「雷蒙特」的產狀

由埃德蒙頓龍與厚鼻龍構成的骨層的一部分

骨層（→p.170）
我們偶爾會看到多個個體的化石混在一起出現，這個狀態稱作骨層。有些骨層內是以關節相連的骨架，有些骨層內則是散亂的骨架。分析構成骨層的物種、體型大小、化石分布等，可以得到許多資訊。不過，要分析骨層中的哪些化石屬於哪些個體，是相當困難的任務。

木乃伊化石
mummified fossils

能以化石形態保存下來的生物遺體，通常是外殼、骨頭、牙齒等，原本就含有大量礦物質、不容易被分解的組織。不過在滿足某些條件時，遺體會轉變成木乃伊般栩栩如生的樣子，連皮膚與肌肉等容易腐敗的軟組織都化石化。這種化石俗稱「木乃伊化石」。過去也曾出土過恐龍的木乃伊化石。

∷ 化石與木乃伊

提到「木乃伊」，一般人應該會聯想到埃及、安地斯等地，將遺體乾燥後保存的產物。除了乾燥之外，因其他作用（冰凍、屍蠟化）而保存下來的遺體，也屬於木乃伊的一種。

「木乃伊化石」並沒有明確的定義，只要皮膚或肌肉保持生前的樣子，就常被稱作「木乃伊化石」。如果除了骨架之外，只有幾丁質的爪子、羽毛（→p.76）、內臟化石化，便不會被稱作木乃伊化石。

有人認為，木乃伊化石只能算是二維、三維的印痕化石（→p.226），不過有些木乃伊化石除了身體的三維輪廓之外，內臟也一起化石化。此外，有些木乃伊化石還檢測出了來自生物體的成分，至少有數個「木乃伊化石」並不只是軟組織的印痕，而是組織本身化石化的結果。木乃伊的化石埋葬學（→p.158）研究正在發展中，雖然有多種化石都叫做木乃伊化石，但形成因素各不相同。

木乃伊化石可以觀察到皮膚質感的立體感、肌肉與肌腱、內臟的結構等一般化石難以觀察到的各種軟組織。因此，木乃伊化石對於古生物的復原（→p.134）極為重要。另一方面，木乃伊化石畢竟只是「木乃伊」的化石，皮膚立體感與身體輪廓等，與生前狀態常有很大的差異。

∷ 木乃伊化石的化石埋葬學

木乃伊化石的成因有很多種，但無論是哪一種木乃伊化石，軟組織都需在分解前被置換成礦物，以保存外形的印痕。

化石的「木乃伊化」原因中，最為人熟知的是「磷酸鹽化」。含有豐富磷酸鹽的環境中，生物組織的細微結構會被磷酸鹽取代，以三維形式保存下來。在這樣的沉積環境中，可出土大量以磷酸鹽化形式保存的化石，稱作化石礦床（→p.172）。古生代寒武紀小型無脊椎動物的三維化石，以及新生代蛙類、山椒魚類等保存了內臟與生前立體感的化石，都是很有名的例子。恐龍方面，雖然目前沒有找到保留了生前立體感的磷酸鹽化石，不過有些恐龍化石中，骨骼周圍殘留的皮膚、肌肉、血管等磷酸化，使我們得以看出這些軟組織的二維輪廓，甚至還能夠顯示出電子顯微鏡等級的細微結構。

另外，「木乃伊」本身也可能會化石化。例如，埋藏在琥珀（→p.198）內的恐龍尾巴；不過這個尾巴在被樹脂包埋時，就已經乾燥、木乃伊化了。

Chapter 2 博士篇

:: 恐龍的木乃伊化石

保留許多軟組織,能被稱作木乃伊化石的恐龍化石相當罕見,但即使如此,仍有些恐龍木乃伊化石出土。特別是鴨嘴龍類(→p.36)就有好幾個木乃伊化石出土,連接埃德蒙頓龍則有3具保留了全身大部分部位的木乃伊化石出土。

化石埋葬學中相當盛行恐龍木乃伊化石的相關討論,最近甚至有人指出在「普通環境」下也可能會生成木乃伊化石。如果遺體沒有馬上被掩埋,在數週到數個月內,僅有內臟與脂肪會被微生物與小動物分解,那麼乾燥的皮膚與骨頭就會轉變成「木乃伊」留下。這個過程與古埃及製作木乃伊的方法十分相似。

埃德蒙頓龍 埃德蒙頓龍屬有2個物種,兩者都有木乃伊化石出土,為化石復原提供了相當重要的資料。連接埃德蒙頓龍的3具木乃伊化石只剩下皮膚與骨頭,分解者將內臟與肌肉啃食殆盡後,剩下的部分木乃伊化並被掩埋。

北方盾龍 在海相沉積層(→p.108)發現的「奇蹟化石」。不只皮骨(→p.214)維持在與生前相同的位置關係,胃內容物、鱗片、覆蓋皮骨的角質,就連這些結構內的色素都已化石化。遺體在死後沒多久,就被沖到了缺乏氧氣的近海海底,並在該處迅速形成被碳酸鐵團塊(→p.168)包覆的木乃伊化石。

以關節相連
articulation

動物的身體為營養的集合體，因此多數狀況下，遺體會相當迅速地被分解。即使不是遭到其他動物襲擊而喪命，死亡後遺體通常也是四散各處。動物遺體被掩埋的時間點並不固定，在某些情況下，遺體骨架不會四散各處，而是會保持生前的位置關係，就這樣化石化。

:: 以關節相連的化石

即使是沒有分散各處、直接被掩埋的遺體，多數情況下，外皮與肌肉等軟組織也會在地底下分解，只有骨頭變成化石。如果是脊椎動物，這些化石的產狀（→p.160）會是骨頭彼此以關節相連的狀態。若骨頭間以關節相連（事實上，中間還有軟骨組織），稱作「鉸接式骨架」，說得白話一點，就是「以關節相連的骨架」。

即使都叫做「以關節相連的骨架」，實際上的產狀卻千奇百怪。有些骨架全身都以關節相連，就好像生物走到一半時全身被石化一樣。有些骨架同樣以關節相連，背部卻呈現出美麗的拱型，以「死亡姿勢」（→p.258）的狀態形成化石。有些骨架只有軀幹骨頭以關節相連，四肢與顱骨則散落四周。也有些骨架的頸部、軀幹、尾巴、前肢、後肢等部位各自以關節相連，然後堆疊在一起。

骨架以關節相連的情況以及沉積結構，在化石埋葬學（→p.158）的研究上是極為重要的資訊。一般來說，以關節相連程度較高的骨架，就表示生物死後沒有被搬運到遠處，而是迅速被掩埋。像是「搏鬥化石」（→p.166）這種以關節相連、很可能是被活埋後形成的化石並不少見。

學界大致同意，恐龍的骨頭之間有發達而豐厚的軟骨。將關節脫離（＝非鉸接狀態）的骨架重新組裝（→p.264）回去時，骨頭間的關節會縫隙過大，使我們不曉得原本的姿勢應該長什麼樣子。如果是以關節相連的骨架，那麼即使軟骨沒有化石化，我們也可以從骨架中各個骨頭之間的位置關係，推測原本的姿勢。

:: 以關節相連的化石與化石修整

以關節相連的化石常美得令人窒息。讓人不曉得應該要保留以關節相連的狀態，清理化石（→p.130）到一定程度就拿去展示；還是應該要善用骨架的完整度，將骨架拆散成一塊塊骨頭分別清理、仔細研究。有時候會採用折衷方案，製作產狀的複製品（→p.132），然後完整清理所有化石。另一方面，全身以關節相連的骨架，常會整個被地層重量壓扁，這時候通常會將化石清理到能讓人看清楚產狀的樣子便暫停清理。另外，若骨架中一部分以關節相連，一部分因風化而消失，便常以人造物（→p.136）補上欠缺部分，然後製成壁掛組裝（→p.265）標本用於展示。看似全身皆以關節相連的完美壁掛組裝骨架，通常含有大量人造物。

Chapter 2
博士篇

:: 以關節相連的恐龍化石

目前已發現許多以關節相連的恐龍化石。有的全身骨頭皆以關節相連,有的只有軀幹部分沒有被地層的重量壓扁,而是保留了立體形狀。全身每個角落都以關節相連的化石,主要見於全長數m的小型~中型恐龍。

在博物館之類的展示場所,通常會將這些化石擺在不顯眼的角落,顯眼的位置則讓給立體組裝的復原(→p.134)骨架。不過,從古生物學的角度看來,以關節相連的動物化石有很高的價值。

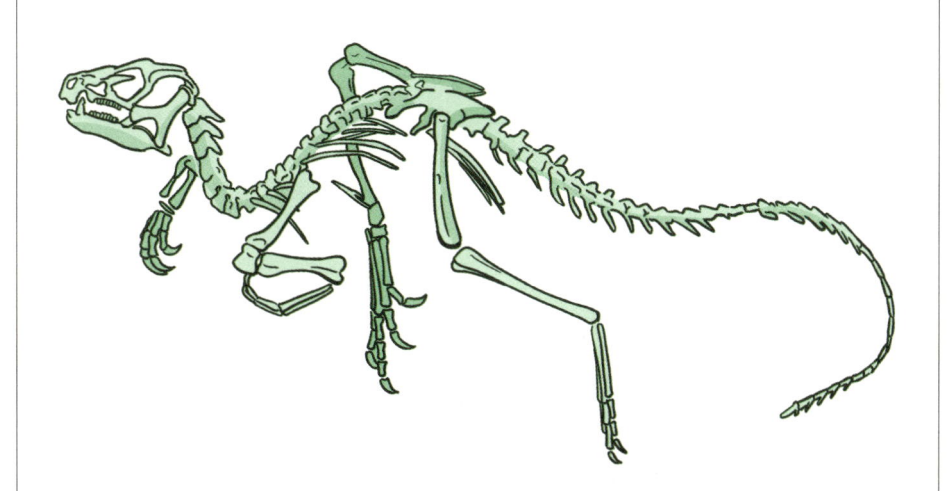

塔克畸齒龍
SAM-PK-K1332

以關節相連、栩栩如生,看起來就像是準備要跑出來的標本,是多個已知畸齒龍骨架中最完美的。骨架本身便相當完整,連手腳末端都保存得很好。為鳥臀類,在恐龍中是最古老的一類。在此標本中到處可見的蜥腳類特徵,是「鳥肢類假說」(→p.152)的關鍵證據。

| 化石

搏鬥化石
fighting dinosaurs

1971年，於戈壁沙漠進行調查工作的波蘭－蒙古古生物共同調查隊，在Tugriken Shire的地表發現了露出一小部分的原角龍顱骨。隨著發掘工作的進行，調查隊發現該原角龍不只是顱骨，骨架其他部分也都以關節相連的形式完整保存了下來。不僅如此，旁邊還有一副伶盜龍的完整骨架，這個伶盜龍的左手正抓著原角龍臉頰上的突起。

∷ 發現搏鬥化石

蘇聯調查隊發現了化石產地Tugriken Shire，此處與安德斯發現的烈火危崖（Flaming Cliffs，今日多稱作巴彥扎格）同屬於德加多克塔層。然而與烈火危崖的紅色砂岩相比，Tugriken Shire卻是偏白的黃土色。這裡出土了許多保存狀態非常良好的恐龍化石，「搏鬥化石」更是其中特別驚人的化石之一。原角龍（→p.52）的顱骨因風化只剩下上半部，伶盜龍（→p.50）則是保留了相當完整的骨架。伶盜龍屬於馳龍類，而這也是第一個出土的馳龍類完整骨架。不過這2個化石的產狀（→p.160）之所以造成騷動，還有別的原因。兩者骨架並非在化石化的過程中偶然靠在一起。

在化石清理（→p.130）工作結束後，顯現出了原角龍與伶盜龍驚人的產狀。原角龍咬住了伶盜龍右手手肘以下的部分，伶盜龍左腳的「鐮刀爪」則抵著原角龍的脖子。

這個化石在化石埋葬學（→p.158）學界中引起了很大的話題，學者們紛紛提出了多種說法。蘇聯研究者認為，德加多克塔層為淺水湖沉積而成的地層，搏鬥中的原角龍與伶盜龍緊抓著彼此跌落至湖中，然後被湖底的砂掩埋、化石化。不過，後來發現德加多克塔層主要為風成沉積層（由風搬運過來的砂塵沉積而成的地層），故完全否定了這個假說。另外，也有人說2頭恐龍的身體之所以會糾纏在一起，是因為伶盜龍正要吃原角龍的遺體，卻在不明原因下被掩埋，不過這項意見並沒有獲得多數人支持。

∷ 搏鬥的結果

後來的研究結果顯示，原角龍與伶盜龍互相造成對方致命傷，並因沙塵暴或山崩瞬間被掩埋。

伶盜龍的骨架除了因地層壓力而被壓扁之外，大致上保持著相當完整的狀態。原角龍的骨架除了因風化而有些破損之外，還有些奇特的地方。原角龍咬住伶盜龍的右手，不過肩膀、前肢、腰卻朝著奇怪的方向扭曲，這是牠們活著時不可能擺出的姿勢。所以有人認為這是以生物遺體為食的食腐恐龍，想將不完全掩埋的原角龍遺體拖出來，化石才變成了這種姿勢。

:: 其他「搏鬥化石」

研究人員偶爾會在恐龍的化石中，發現搏鬥後留下的痕跡，譬如骨折之類。但保留搏鬥模樣的化石相當稀有，所有研究者一致同意是「搏鬥化石」的化石，僅限於這個原角龍與伶盜龍的例子。中國曾出土雲南龍與中國龍交疊在一起的化石，看起來像是中國龍咬著雲南龍的尾巴，所以有人認為這是搏鬥化石，或是中國龍吃雲南龍屍體時中毒而死。不過目前學界並不接受這些意見，僅認為這2頭恐龍是偶然之下在同一個地點化石化。

美國蒙大拿州的地獄溪層（→p.190），曾發現角龍與中型暴龍類（→p.28）糾纏在一起的化石。當時研究者們宣傳這是新種角龍與「矮暴龍」（→p.242）兩敗俱傷的結果，卻因金錢糾紛而引發訴訟。最後化石雖由博物館購買，卻因為相關問題持續了10年以上，使得該化石在2020年代以後才正式開始研究。不過，這個「蒙大拿搏鬥化石」最後只被視為三角龍（→p.30）與暴龍大型幼體的化石，目前還無法確定兩者的死因是否為兩敗俱傷。

> 原角龍緊緊咬著伶盜龍的右手手肘處，伶盜龍似乎難以掙脫的樣子，於是用左手抵著原角龍的頭部，設法拔出右手。

> 伶盜龍左腳的「鐮刀爪」抵著原角龍的頸椎，可以看出這是牠們狩獵的方式。

團塊
nodule

地層形成的過程中，某些物質會自行聚集、凝結在一起，形成與周圍地層截然不同的塊狀物。這些聚集在一起的物質有接著劑（水泥）般的功能，可吸附周圍的沉積物形成硬塊。這些硬塊稱作結核，某些結核整體而言呈現出球狀，特稱作團塊（前面提到的結核有時也會稱作團塊）。化石領域中常會碰到結核／團塊，在發掘、清理化石時，不可避免地會處理到它們。

∷ 團塊的特徵與成因

觀察露頭時，偶爾會看到冒出的團塊。地層遭侵蝕後，逐漸露出的團塊可能會滾到下方。結核／團塊可以說是天然的混凝土，通常明顯比周圍的地層堅硬。因此，即使地層本身遭侵蝕，團塊通常也能夠毫髮無傷地保留下來。而且，這些團塊內偶爾會發現保存狀態良好的化石。

結核的外觀十分多樣，有些結核僅在化石周圍覆蓋一層薄薄的物質，也有些則將整個化石包覆成球狀（＝團塊）。團塊有時候僅指球狀的礦物塊，而含有化石的結核／團塊，則是由碳酸鈣、碳酸鐵（菱鐵礦）等碳酸鹽類形成的水泥狀物質，然後吸附沉積物、凝結成塊狀。這些碳酸鹽是由來自生物的碳酸根離子，與水中的鈣離子、鐵離子結合而成。

若在遺體分解的過程中發生這種現象，便會在數周至數個月內形成團塊。從地質學的角度來看，團塊可以說是在一瞬間形成，並保護著內部化石，所以團塊內部的化石幾乎不會變形，可以找到許多保存狀態良好的化石。另一方面，菊石（→p.114）等有外殼的軟體動物，開始腐敗後會以「身體」（＝殼的開口處）為中心，開始形成團塊。有時形成團塊作用結束後，還不足以納入外殼的末端。

結核成分中的碳酸根離子不只源於生物遺體的分解產物，利用海底噴出的甲烷氣進行化能合成的微生物，也會產生碳酸根離子。以這種方式形成的巨大、扭曲狀結核內，有時會將曾經存在於海底周圍的生態系（→p.255）整個以化石形式保存起來。

形成團塊的過程（例：菊石）

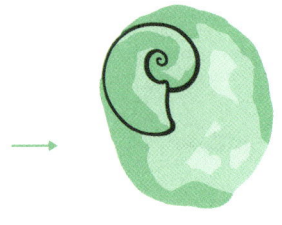

❶ 軟體部分開始分解，產生腐植酸

❷ 水中鈣離子與腐植酸反應，生成結核

❸ 結核成長，形成以軟體部位為中心的球形團塊

∷ 團塊與化石

團塊內的化石在天然結核的保護下，不受地層壓力與風化的影響，通常可維持良好的保存狀態。但另一方面，碳酸鹽類將結核／團塊內的化石與其他沉積物黏著在一起，常使化石清理工作（→p.130）變得相當困難。結核／團塊非常堅硬，要將化石分離出來，會比從一般母岩中分離出化石的工作困難許多，稍有不慎便很可能在清理時傷到化石表面。處理菊石與疊瓦蛤（→p.115）的團塊化石時，分離出來的團塊碎片中，常會夾帶它們的外殼。另外，分析團塊本身的化學成分，可得知形成團塊時的環境。

若化石很耐酸，可使用酸處理團塊，溶解掉周圍的碳酸鹽類。這類化學性的化石清理方式相當有效，但會花很多時間。

∷ 恐龍與團塊

海相沉積層（→p.108）出土的恐龍化石中，有些是以團塊形式出土。其中，某些團塊會保留部分以關節相連（→p.164）的立體骨架。陸相沉積層出土的恐龍化石中，也有不少化石有部分團塊化，或是於化石表面覆蓋一層結核。

團塊在恐龍化石的保存上雖然做出不少貢獻，但在另一方面也造成了許多研究上的問題。不只化石清理需耗費更多時間，如果有未清除乾淨的結核殘留下來，研究者可能會將其誤認為該生物的特徵，然而實際上該生物並沒有這個特徵。

日本龍的巨大團塊

因為是「日本第一個恐龍骨架」而得名的日本龍，於1934年在南庫頁島（當時為日本屬地）煤礦場附設醫院的建築工地出土。巨大的團塊內，骨架的主要部位是部分以關節相連的狀態，然而當時的化石清理技術並沒有辦法完全清除化石上的雜質。於2000年代的再描述（→p.138）工作中，研究者重新進行了一次徹底的清理工作。

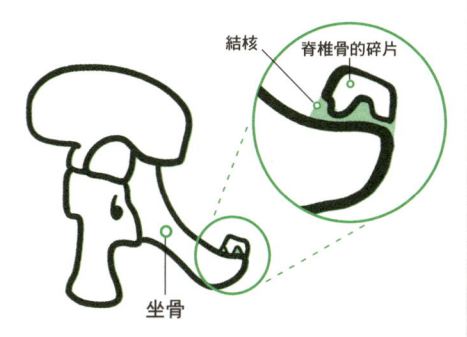

「地震龍」的骨盆

「地震龍」的悲劇

以「史上最大的恐龍」著稱的「地震龍」（→p.246），一直以來都被認為是與梁龍相似的物種。地震龍與梁龍最重要的差別在於骨盆的特徵，地震龍的坐骨呈吊鉤狀，或者說是「亅」字形。

然而化石經過再次清理後，發現地震龍的坐骨形狀其實與梁龍十分接近。被當成地震龍特徵的坐骨突起，其實是結核將脊椎骨碎片黏在坐骨上形成的形狀。於是，「地震龍」便被視為梁龍的同物異名。

化石

骨層
bone bed

不是每個地方的地層內都有化石，不過有些地層的化石分布得特別密集。雖然沒有明確定義，不過地層中密集分布化石的地方稱作「化石密集層」，常是各領域的研究對象。基於地層組成與可能成因，可將化石密集層分成數類。其中，以動物骨頭為主體的化石密集層，稱作「骨層（bone bed）」。

∷ 骨層的產狀

與化石密集層這個術語一樣，骨層這個術語也沒有明確定義。一般來說，若有多個個體的骨頭化石，聚集在相對狹小的範圍內，那麼這種產狀（→p.160）就叫做骨層。貝殼密集分布的地層，稱作「shell bed（貝殼層）」；動物牙齒等小型化石的骨層或者產地，稱作「microsite（小化石層）」；若有多個骨層散布於某一地區，則統稱作「mega-bonebed（骨層群）」。

骨層一詞僅表示該處為化石聚集的地方，化石本身的產狀則相當多樣。有些化石的全身骨架皆以關節相連（→p.164），彼此交疊在一起；有些化石則只有部分骨架以關節相連，散落各處。也有不少完全脫離關節的骨頭散落在各副骨架之間，在高密度堆疊的骨頭之間，還塞著沉積物。一個骨層可能出土多種生物的化石；有些骨層內的化石所屬物種相當多樣，有些骨層則以某一物種的化石數量特別突出。如果單一物種的化石特別多的情況，還可以再分成「多數個個體大小相近、處於同一成長階段」以及「有幼體到成體等多個不同成長階段的個體」。

骨層的產狀相當多樣，而由化石埋葬學（→p.158）可以知道，不同的骨層產狀可能源自不同的埋葬過程。若全身骨架以關節相連，骨頭彼此交疊在一起，表示該動物可能在死後迅速被掩埋。若骨架部分以關節相連，表示該生物可能是在死後不久被掩埋，接著在某些原因下被掏出後，再度被掩埋。若關節完全分離的骨架密集分布於骨層內，表示該生物的遺體可能是從其他地方被搬運到了容易沉積的地點。現代有時候會發生野生動物或家畜因自然災害而大量死亡的事件，關於這些現生動物的研究也能用在骨層的研究上。

∷ 恐龍的骨層

全球許多地方、許多年代的地層都有發現恐龍的骨層，以福井縣的手取層群（→p.230）為首，日本的陸相沉積層也發現了多個恐龍與其他動物化石混合分布的骨層。中國則有綿延數百m的高密度骨層，加拿大還有發現面積達2.3km²的骨層群。

目前研究者們正試著從各個角度研究各種恐龍骨層的相關主題。其中有些研究者會試著比較同一骨層出土、處於各個成長階段的標本，以了解恐龍的成長過程。

Chapter 2 博士篇

:: 骨層的恐龍們

如果骨層中含有許多關節分離的骨架,那麼這些骨頭通常不會屬於單一個體。因此,我們會依照物種分類,挑出較容易分辨的骨頭,計算骨層內最少可能有多少個個體(MNI)。

從骨層中挑選出成長階段相仿、大小相似的標本,並製作成組合化石(→p.262)的復原(→p.134)骨架,是商業標本中常見的處理方式。但如果骨層內有其他恐龍,有時會不小心製作出多種恐龍的嵌合體復原。

在某些骨層中,同時有暴龍(→p.28)與近親亞伯托龍、怪獵龍、鯊齒龍類等大型獸腳類的各成長階段個體出土的例子。規模雖然不像角龍與鴨嘴龍類(→p.36)的族群那麼大,不過像這樣的大型獸腳類,似乎偶爾也會集體生活。

菸斗石溪的骨層
加拿大南部的菸斗石溪,發現了拉氏厚鼻龍的骨層,骨層內至少有27具幼體至成體的個體。牠們可能是因為大規模洪水造成集體死亡,之後沉積成骨層。

幽靈墳場的骨層
美國新墨西哥州的幽靈墳場,發現了有數百具腔骨龍化石的巨大骨層。骨層內還有其他各種動物化石,就三疊紀後期的北美生態系而言,這裡是極為重要的化石產地。腔骨龍群可能是因為乾季水量不足,於是集體死亡形成骨層。

地球史

化石礦床
fossil Lagerstätte(n)

一般的沉積環境下，只有外殼、骨頭、牙齒等難以分解的硬組織能保留下來成為化石。若在被掩埋前失去軟組織，遺體通常就會散落四處，各自成為化石。只有在特殊的沉積環境，才能看到保存了肌肉與皮膚等軟組織的化石，或是保存了大量當場死亡之生物的化石。在大片特殊沉積環境下所形成的化石產地或地層，可出土許多「特殊」化石。這種化石產地、地層，在德國的礦場用語中稱作「lagerstätten」（化石礦床，單數形為lagerstätte）。

❏❏ 化石礦床的意義

若化石礦床有大量化石密集出土，且其密集的產狀（→p.160）本身有很大的研究意義，便稱作「密集性化石礦床」。這種化石礦床的化石保存狀態不一定很好（有些甚至只有碎片化的化石），不過化石的數量本身就是相當重要的資訊。

相對於此，「保存性化石礦床」則重質不重量，可找到許多保存良好或保存狀態特殊的化石，譬如軟組織保存得十分良好的化石，或是通常以被壓扁的形態出土，在這裡卻保持立體模樣出土的化石等。一般提到化石礦床時，通常是指保存性化石礦床。不過也有某些化石礦床同時具有兩者特色。

保存性化石礦床的化石，有許多在一般沉積環境中形成的化石所沒有的多種特徵。除了可以觀察到軟組織形態之外，有些化石還能進行化學性分析。不過，化石礦床的研究意義並不僅限於了解化石生物的形態。由化石的產狀，可以知道古生物的生態、生活史、當時生態系的整體狀態、化石埋葬學（→p.158）的相關資訊，甚至是成岩作用的實際情況等多種資訊。

可催生出化石礦床的特殊沉積環境、條件主要有①缺氧環境、②被迅速掩埋、③迅速礦化、④被樹脂或焦油包埋、⑤被細菌毯包覆等。如何度過遺體被分解的危機，為形成保存性化石礦床的關鍵；如何讓遺體聚集在一起，則是密集性化石礦床的關鍵。

❏❏ 各式各樣的化石礦床

可稱作化石礦床的地層遍及世界各地。譬如前寒武紀時代的古生物，幾乎僅在化石礦床出土，為探究地球史時極為重要的資訊。

有些化石礦場因採石場或商業性化石產地而廣為人知。不過這樣的地方也會產生許多問題，譬如化石盜採、走私、惡意加上人造物（→p.136）以製成商業標本販賣等等。

:: 恐龍化石與化石礦床

以化石礦床著名的化石產地中，有不少化石礦床可產出恐龍化石。

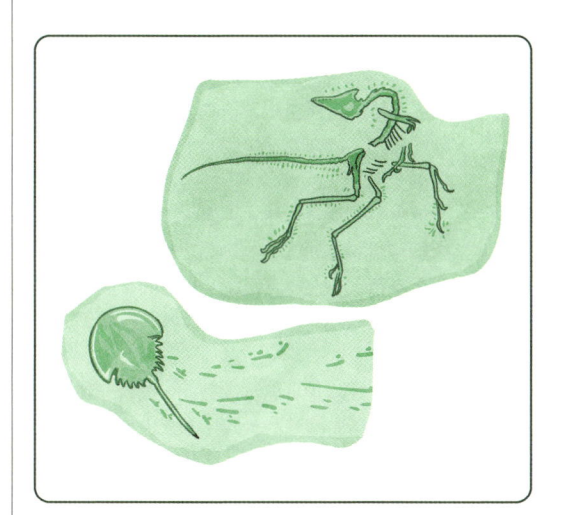

索爾恩霍芬石灰岩（德國南部）

侏羅紀後期的歐洲為一大片淺海構成的多島海，為亞熱帶的半乾燥氣候。沿岸地區有許多岩礁，使沿岸與外海隔絕，形成缺氧且高鹽分的「死水海水池」。這裡的屍體不只難以分解，還會因為石灰質的泥土沉澱而形成緻密的石灰岩，是形成化石的絕佳環境。自古以來，索爾恩霍芬石灰岩就是石版印刷所使用的石灰岩著名產地，這裡也發現了大量生活於地質年代淺海的生物化石，以及在周圍飛行的昆蟲化石。其中也包括了以美頜龍為首的數個小型恐龍化石，有些甚至還保留了鱗片或羽毛（→p.76）。索爾恩霍芬石灰岩以出土始祖鳥（→p.78）化石而著名。始祖鳥的化石多在此地出土。

熱河群（中國東北部）

中國遼寧省周圍遍布著早白堊世的熱河群，以各種動植物化石的產地而著名，特別是「羽毛恐龍」。地層主要由湖底沉積的火山灰與熔岩構成，有「白堊紀的龐貝城」之稱。全身皆以關節相連（→p.164）的脊椎動物化石在這裡並不稀奇，他們很可能是被高溫的火山碎屑流活埋而形成化石。某些化石還保有身體的輪廓、鱗片、羽毛，甚至是色素的痕跡。除了「羽毛恐龍」的出土之外，保存了「就白堊紀而言，環境相對涼爽的生態系」更是熱河群的特色。

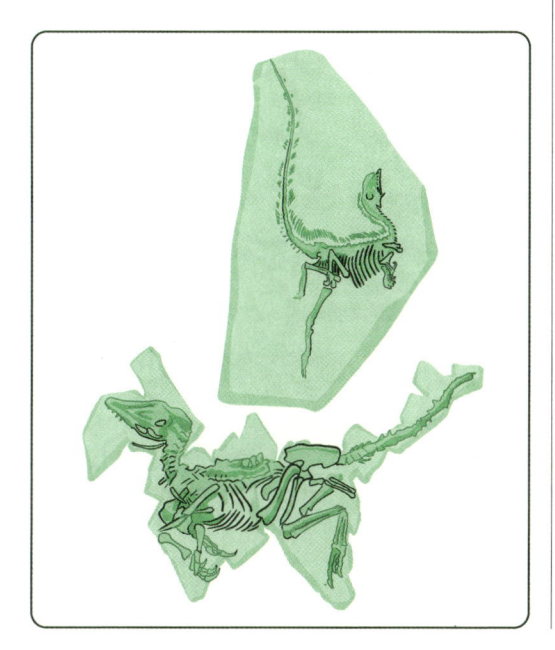

盤古大陸
Pangaea

> 目前地球上有歐亞大陸、非洲大陸、北美大陸、南美大陸、澳洲大陸、南極大陸等6個大陸。這些大陸今日也在地球上持續移動著，不過它們以前曾經是同一塊大陸。存在於古生代前期至早侏羅世的超大陸「盤古大陸」，是恐龍們首次登場的舞台。

■「發現」盤古大陸

非洲大陸與南美大陸的大西洋岸形狀剛好能拼在一起，所以從16世紀末開始，就陸續有人主張這些大陸過去曾是一塊「超大陸」。到了20世紀初，德國的阿佛列・韋格納吸納了這些意見，提出「大陸漂移說」。韋格納發現，如果以前曾有一個「盤古大陸」，便能說明為什麼全球某些地方的古生代石炭紀～中生代侏羅紀地質學記錄，會有一定程度的相似性。

韋格納雖然提出了很有力的證據，說明大陸會移動，卻無法清楚說明大陸分裂、移動的機制。因此，大陸漂移說在20世紀前半並沒有獲得主流意見支持。不過在海底地質調查技術飛躍性進步的1960年代後半，板塊構造論獲得支持，「大陸漂移說」也一同被認可。此時距離韋格納「發現」盤古大陸，已過了半世紀。

盤古大陸是目前已知最近、最新一次匯合了地球上所有陸塊的大陸。未來地球上的所有陸地還有可能會再次匯合成一塊超大陸。

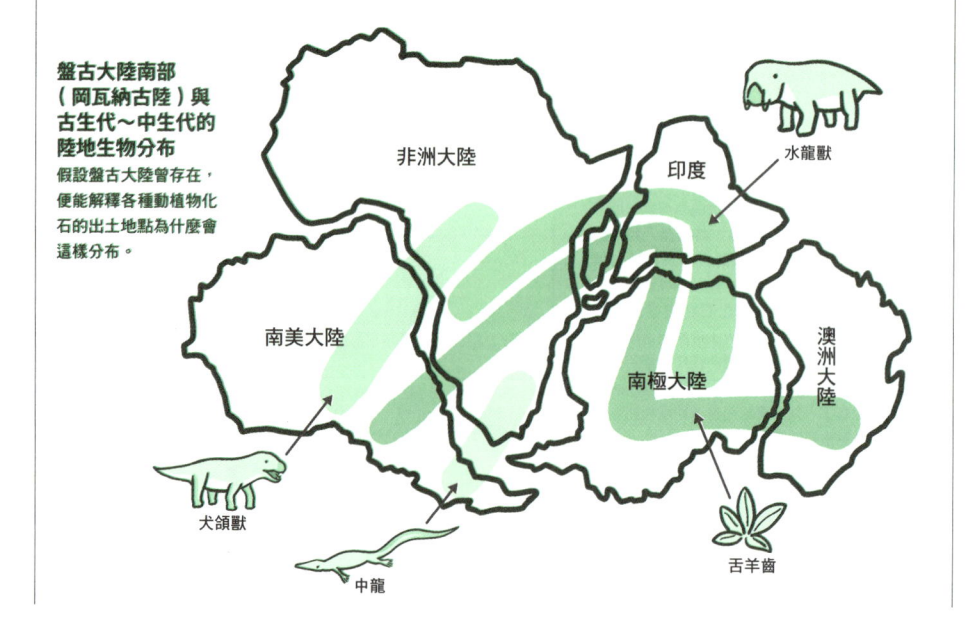

盤古大陸南部（岡瓦納古陸）與古生代～中生代的陸地生物分布
假設盤古大陸曾存在，便能解釋各種動植物化石的出土地點為什麼會這樣分布。

- 非洲大陸
- 印度
- 水龍獸
- 南美大陸
- 南極大陸
- 澳洲大陸
- 犬頜獸
- 中龍
- 舌羊齒

Chapter 2
博士篇

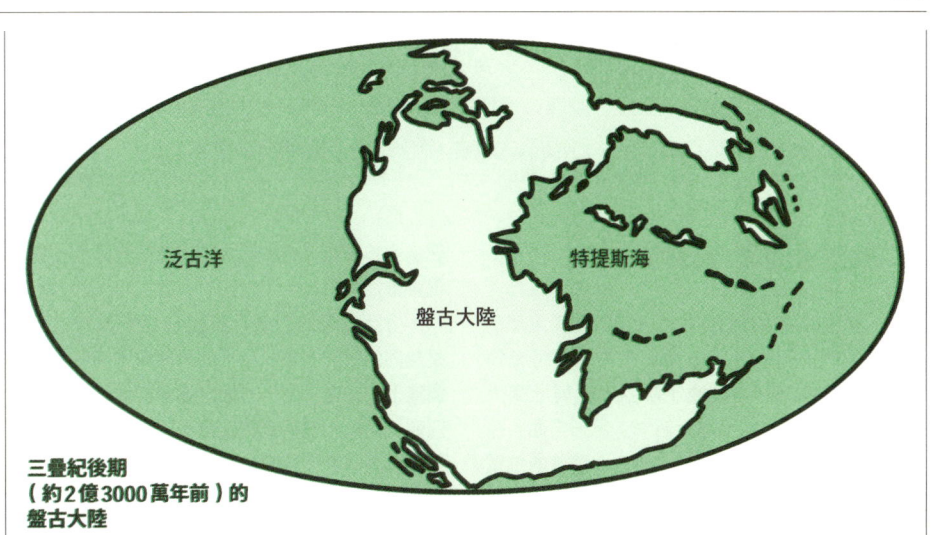

三疊紀後期（約2億3000萬年前）的盤古大陸

廣闊的內陸區域原本是乾燥氣候，但在這個時期氣候劇變，溫潤氣候擴展到世界各地。從此時期到中侏羅世之間，盤古大陸分裂成了北部的勞亞古陸（→p.176）與南部的岡瓦納古陸（→p.182）。

地圖標示：泛古洋、特提斯海、盤古大陸

盤古大陸的恐龍們

盤古大陸的存在時期，恐龍從嶄露頭角發展到稱霸生態系，是恐龍演化的重要期間。因為全球陸地都連在一起，所以恐龍的種類、形態沒有地區差異。

腔骨龍
時代：晚三疊世
產地：美國西南部

巨殘龍
時代：早侏羅世
產地：南非

地球史

勞亞古陸
Laurasia

中侏羅世（約1億7000萬年前），地球上唯一的大陸——盤古大陸，被特提斯海切開，分成了北邊的勞亞古陸與南邊的岡瓦納古陸。這讓陸地生態系的組成大致分成了勞亞古陸與岡瓦納古陸2種，這2個超大陸上，分別由不同的恐龍稱霸。

∷ 勞亞古陸與今日的北半球

勞亞古陸由今日的歐亞大陸與北美大陸構成。與岡瓦納古陸（→p.182）於中侏羅世分裂後，勞亞古陸再分裂成了歐亞大陸與北美大陸，並在中間形成了北大西洋。另一方面，在北大西洋形成後，相當於今日白令海峽的位置偶爾會陸橋化，故歐亞大陸與北美大陸的生物仍頻繁往來。

勞亞古陸的恐龍化石從19世紀以來，便是熱門的研究對象，出土的恐龍自當時起便是圖鑑上的常客。另一方面，相當於今日亞洲的區域，恐龍相關研究則比歐美還要晚起步，目前仍隱藏著許多謎團。

晚侏羅世（約1億5000萬年前）的勞亞古陸

中侏羅世的盤古大陸（→p.174）開始分裂後沒有多久，勞亞古陸的中央區域（今日的歐洲周邊）便被一部分的特提斯海（→p.180）覆蓋，成為淺海。不只是美國與歐洲，非洲也有類似恐龍的生物分布，可見勞亞古陸與岡瓦納古陸仍有往來。

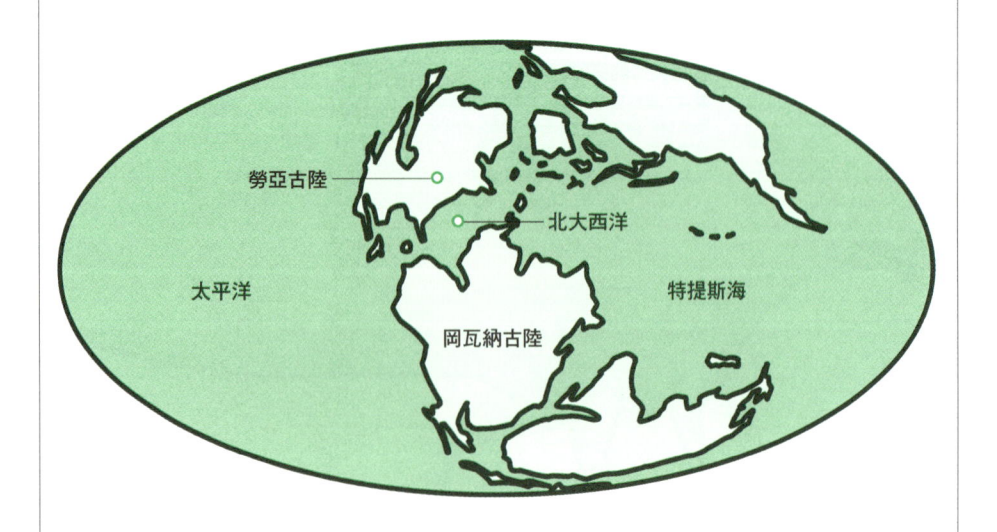

Chapter **2**
博士篇

地圖標示：
- 西部內陸海道
- 拉臘米迪亞
- 阿帕拉契古陸
- 北大西洋
- 特提斯海
- 太平洋
- 南大西洋

晚白堊世（約8000萬年前）的勞亞古陸

西部內陸海道（→p.186）將北美大陸切成了阿帕拉契古陸（→p.188）與拉臘米迪亞（→p.184）2塊。這個時期的海水水位相當高，全球各地的生態系皆彼此分離，獨自演化。另一方面，歐洲與拉臘米迪亞等地，可能和非洲、南美有生物往來。

蛇髮女怪龍
時代：晚白堊世
產地：北美西部

釘盾龍
時代：晚白堊世
產地：北美西部

勞亞古陸的恐龍們

已知盤古大陸分裂後，勞亞古陸與岡瓦納古陸的恐龍仍有往來。另一方面，也有不少類群僅留在勞亞古陸（或者說是沒有定居在岡瓦納古陸），進化型的暴龍類（→p.28）與角龍類就是其中的代表。

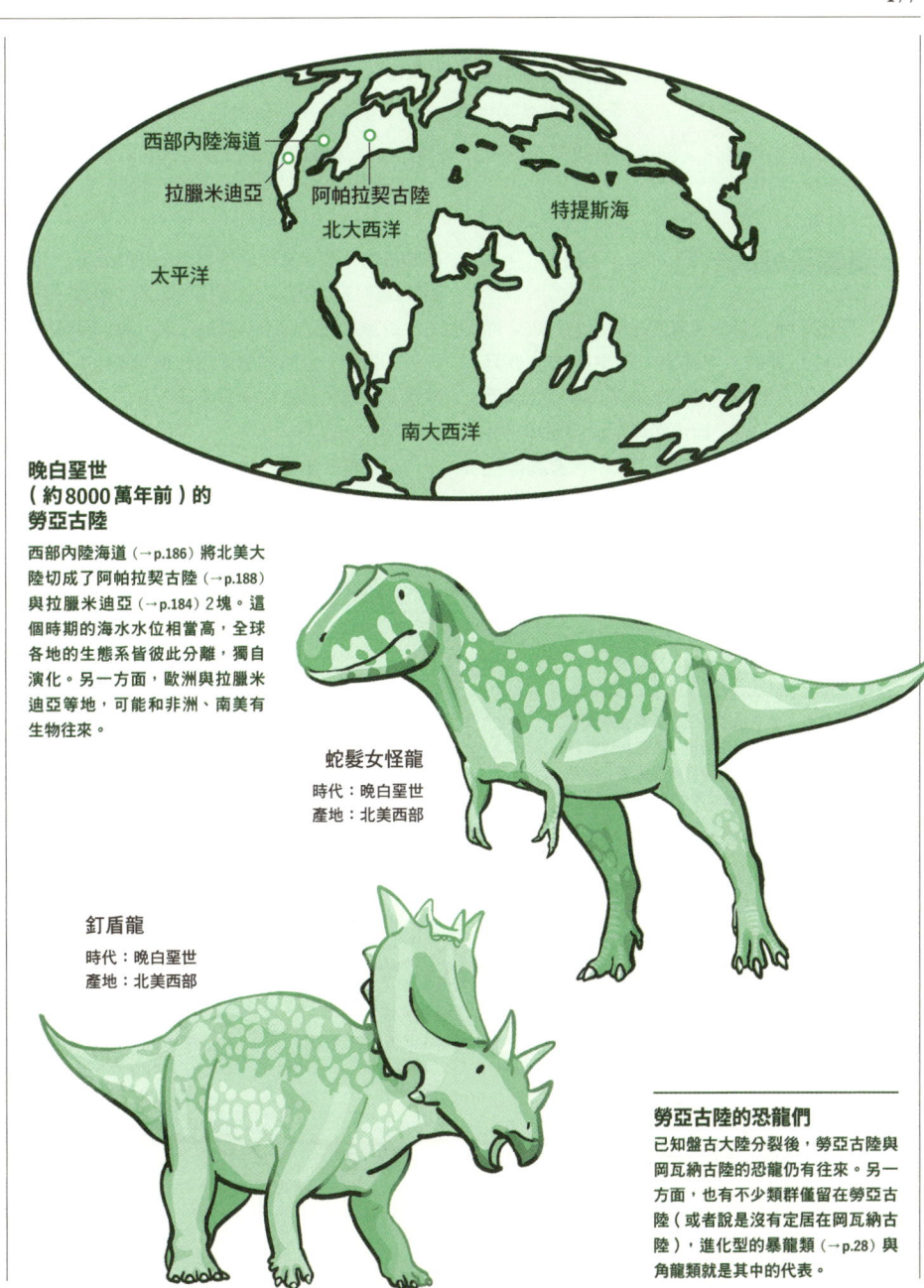

| 地球史

莫里遜層
Morrison Formation

美國西部荒野有各個時代的地層露出地表。其中,分布區域較廣的地層包括晚侏羅世的陸相沉積層、莫里遜層等。以懷俄明州、科羅拉多州、猶他州為中心,北至蒙大拿州、南至墨西哥州,縱貫美國西部的陸相沉積層,是晚侏羅世各種恐龍化石的寶庫。

∷ 莫里遜層的景色

侏羅紀時,有個名為聖丹斯海的近海,從北極海經北美的太平洋側,往東南方伸進陸地,這個聖丹斯海的南側是由廣大平原沉積而成的莫里遜層。聖丹斯海南岸附近的環境相對濕潤,內陸區域則較乾燥。除了水邊區域之外,多數地方環境與今日的莽原相仿。另外,某些區域的有些時期甚至會完全沙漠化。

即使是乾燥的內陸地區,水邊仍分布著豐富的植物,不過莫里遜層發現的植物化石,僅限於與南洋杉相似的針葉樹、銀杏、蘇鐵、木賊、蕨類、種子蕨(已滅絕)等。當時尚未出現被子植物,當時的蕨類植物也與現在有一定差異。不過,針葉樹與銀杏與今日的物種十分相似。

恐龍會聚集在水邊,某些恐龍集體死亡可能是因為周圍的泥沼乾涸。自莫里遜層出土且保存狀態良好的恐龍化石,多是從掩埋了恐龍遺體的骨層(→p.170)中發掘出來的。

除了恐龍之外,莫里遜層也出土了各種動物化石。其中,**鱷魚類**相當多樣化。某些物種外觀與現代鱷魚十分相似,但親緣關係很遠,會用細長的四肢到處奔跑,體型大小如同小型犬。

Chapter 2 博士篇

:: 莫里遜層的恐龍

晚侏羅世時，勞亞古陸（→p.176）與岡瓦納古陸（→p.182）才剛分裂沒過多久，所以棲息於世界各地的恐龍相當相似。已知莫里遜層發現的恐龍，與歐洲同時代的恐龍親緣關係很近，岡瓦納古陸的東非也出土了數種親緣關係接近的恐龍。另一方面，同年代的歐洲與東非地層出土了鯊齒龍，莫里遜層卻沒有發現近親物種。莫里遜層還發現了暴龍類（→p.28）、鋸齒龍類等，在白堊紀稱霸的恐龍類群的原始物種化石。

圓頂龍 莫里遜層出土量最多的蜥腳類，有多個物種，卻沒有在莫里遜層以外的地方發現過。不同物種的大小、體型落差很大，粗短的外觀卻相當一致。

莫里遜層出土的恐龍化石多為圓頂龍之類的蜥腳類，較少看到其他類群的物種。猶他州的莫里遜層受到天然鈾礦床的影響，某些恐龍化石可以用放射線測定器偵測出來。

史托龍 目前僅發現極少數的化石。典型的中型原始暴龍類，同年代的英國也有發現相似物種。但不是暴龍的直屬祖先。

超龍 莫里遜層是各種蜥腳類的寶庫，「最長」的物種應為超龍。全長超過39m，詳情尚待研究。

異特龍（→p.42）
莫里遜層發現的獸腳類化石幾乎都是異特龍屬。除了莫里遜層之外，僅葡萄牙有出土異特龍化石。

| 地球史

特提斯海
Tethys Ocean, Neo-Tethys

大陸漂移使各個大陸多次融合、分裂，海的形狀也跟著改變。其中，與盤古大陸同時生成的特提斯海為相當巨大的海洋。即使盤古大陸在中生代時分裂成了勞亞古陸與岡瓦納古陸，特提斯海仍持續存在。已消失的特提斯海，究竟生存著什麼樣的生物呢？

∷ 特提斯海的形成與衰退

盤古大陸（→p.174）以赤道為中心，往南北兩端延伸呈新月狀，在中間形成了巨大海灣狀的特提斯海（為了與古生代前期的特提斯海區別，也稱作新特提斯海）。

盤古大陸在赤道附近有個東西走向的大地塹帶。中侏羅世時，特提斯海穿過這個地塹帶，使盤古大陸分裂成了勞亞古陸（→p.176）與岡瓦納古陸（→p.182）。

特提斯海在中生代時以赤道周邊為中心，往南北擴張。現在的阿爾卑斯山脈周圍區域、地中海周圍、中東與喜馬拉雅山脈周圍區域等，可以看到來自特提斯海的熱帶性海洋沉積物以及豐富的化石。這些來自特提斯海的石灰岩與大理石被人們當成石材廣泛利用，百貨公司（→p.256）就可以看到含有化石的牆壁或柱子。在新生代過了一半之後，特提斯海消失。地中海、裏海、黑海、鹹海等，則留下了特提斯海的痕跡。

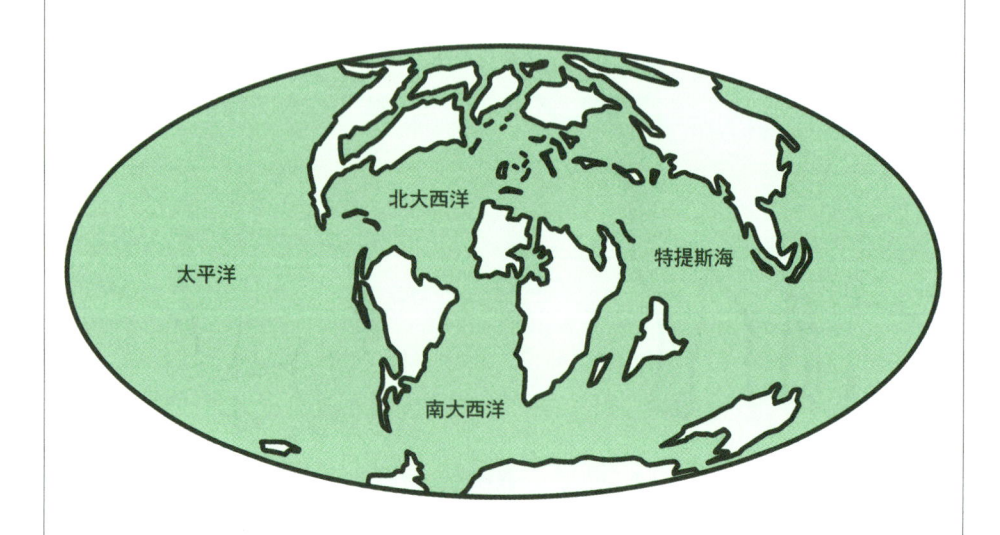

晚白堊世（約7000萬年前）的特提斯海
盤古大陸分裂後，歐洲一直泡在特提斯海的海水內。北非與中東有露出這個時代的海相沉積層（→p.108），市面上也大量販賣著此區各種魚類、滄龍類（→p.92）的化石。

太平洋　北大西洋　特提斯海　南大西洋

⁝⁝ 特提斯海的古生物

　　特提斯海是非常溫暖的海洋。其中，今日的歐洲、中東、北非等地在當時為淺海，擁有非常豐富多樣的環境。這裡除了有大量菊石（→p.114）與疊瓦蛤（→p.115）等軟體動物的化石之外，也是各種甲殼類、魚類、海生爬行類化石的寶庫。來自特提斯海的海相沉積層，常可發現恐龍化石，顯示岡瓦納古陸與勞亞古陸的生物會在島與島之間移動。

棘龍（→p.66）
今日的歐洲與北非等特提斯海沿岸區域，過去是棘龍類的樂園。這些棘龍類恐龍多在早白堊世時滅絕，不過包含棘龍在內的部分物種，持續興盛到了晚白堊世初期。與特提斯海相連的廣大半鹹水區域，是牠們主要的覓食地點。

傾齒龍
學者們認為，滄龍類誕生於白堊紀中期的特提斯海。到白堊紀末時，已有多樣化的滄龍類物種在海洋中生活。北大西洋與西部內陸海道（→p.186）可看到傾齒龍屬物種，特提斯海還可看到非常巨大，全長達12m的物種。

特提斯鴨龍
義大利的晚白堊世海相沉積層出土了多副以關節相連（→p.164）的骨架。就當時的恐龍而言，特提斯鴨龍是結構相對原始、體型相對小的鴨嘴龍類（→p.36），牠們住在特提斯海的某個大島上。體型之所以比較小，可能是為了適應食物有限的島嶼環境而「島嶼化」的結果。

地球史

岡瓦納古陸
Gondwana

> **中**侏羅世（約1億7000萬年前），超大陸盤古大陸被特提斯海切開，分成了南方的岡瓦納古陸以及北方的勞亞古陸。原本遍布盤古大陸的生態系，就此分成了南北兩方，獨立發展成各自的生態系。那麼，岡瓦納古陸上有什麼樣的恐龍呢？

∷ 岡瓦納古陸與今日的南半球

　　岡瓦納古陸是由盤古大陸（→p.174）的南半球部分構成的超大陸。今日的南美大陸、非洲大陸、南極大陸、澳洲大陸、印度次大陸等，皆為岡瓦納古陸的「碎片」。

　　盤古大陸分裂出岡瓦納古陸後，岡瓦納古陸也在不同階段中慢慢分裂成不同大陸。其中，印度次大陸以島的樣貌，經過漫長漂流後，於新生代時撞上歐亞大陸。

　　古生物學的研究一開始以歐美為中心，因此岡瓦納古陸的恐龍化石研究，比勞亞古陸（→p.176）還要晚，目前的研究還處於成長階段。學者們近數十年發現，興盛於岡瓦納古陸的恐龍類群，與勞亞古陸有不小的差異，未來很可能發現未知的恐龍類群。

中侏羅世（約1億7000萬年前）的岡瓦納古陸
盤古大陸剛分裂，岡瓦納古陸幾乎還沒開始分裂。在早白堊世以前，岡瓦納古陸仍有一些類似勞亞古陸恐龍的物種，但後來2個超大陸上的恐龍類群各自發展成了不同類群，稱霸陸地。

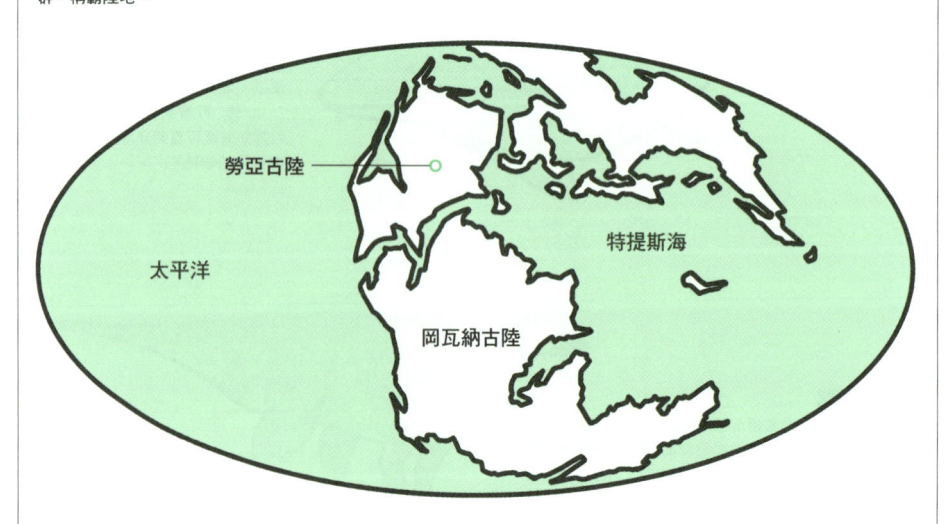

Chapter 2

博士篇

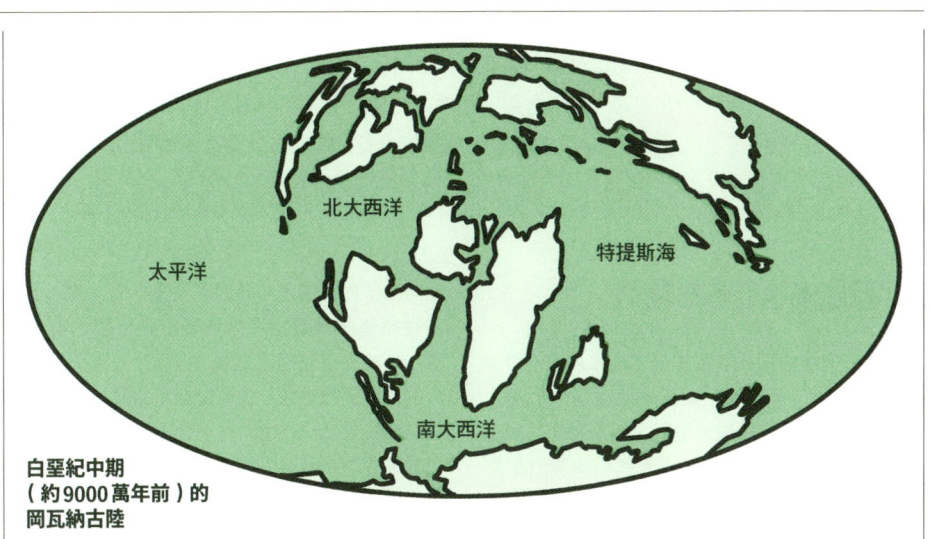

182
▼
183

地圖標示：北大西洋、太平洋、特提斯海、南大西洋

白堊紀中期
（約9000萬年前）的
岡瓦納古陸

勞亞古陸演化出了進化型的暴龍類（→p.28）與角龍類，岡瓦納古陸則有早白堊世延續下來並興盛的鯊齒龍類與棘龍類（→p.66）。不過兩者皆於不久後滅絕，由阿貝力龍類與大盜龍類（→p.72）站上岡瓦納古陸的陸地生態系頂點。

岡瓦納古陸的恐龍們

進入晚白堊世後，進化型泰坦巨龍類與阿貝力龍類從岡瓦納古陸侵入勞亞古陸，鴨嘴龍類（→p.36）與結節龍類則由勞亞古陸侵入岡瓦納古陸。岡瓦納古陸有覆尾龍等小型甲龍獨自發展，可能與來自拉臘米迪亞（→p.184）的結節龍類一起生活。

食肉牛龍
（→p.68）
時代：晚白堊世
產地：阿根廷南部

覆尾龍
時代：晚白堊世
產地：智利南部

地球史

拉臘米迪亞
Laramidia

地球表面一直在運動。地球史中，大陸會持續改變它們的樣貌，其中也包含了「消失」的大陸。今日的北美為一整塊大陸，不過在白堊紀中期至末期的3000多萬年之間，北美被淺海分隔成了東西2塊大陸。化石獵人為尋找化石，蜂擁來到北美西部晚白堊世的陸相沉積層，這裡正是消失大陸的一部分，西方的拉臘米迪亞曾存在的證據。

∷ 拉臘米迪亞的恐龍們

　　白堊紀中期，北美生成了縱貫大陸的西部內陸海道（→p.186）。西部內陸海道將北美大陸分成了西側的拉臘米迪亞，以及東側的阿帕拉契古陸（→p.188）。拉臘米迪亞與今日的歐亞大陸之間時而相連，時而被白令海峽切斷。另外，拉臘米迪亞在白堊紀快結束時，曾暫時與南北大陸相連。

　　拉臘米迪亞的西部有活躍的火山地區，為剛形成的落磯山脈。持續隆起的落磯山脈也持續被風雨侵蝕，大量砂土流向東側，使落磯山脈與西部內陸海道中間形成狹長平地，成為了多種恐龍的棲息地。大量砂土使地層迅速沉積，形成大量陸相沉積層，造就了美國與加拿大的恐龍王國地位。這些陸相沉積層形成了今日廣大的惡地（→p.107），是化石獵人（→p.250）們的夢想之地。另一方面，拉臘米迪亞的太平洋沿岸地區，幾乎沒有陸相沉積層，僅有少數恐龍化石於海相沉積層（→p.108）出土。

　　19世紀起，拉臘米迪亞的恐龍們成為熱門的研究對象，不過除了居住在大陸東部細長地區的恐龍之外，人們對其他方的恐龍幾乎一無所知。

晚白堊世前半（約9200萬年前）的拉臘米迪亞
興盛於晚白堊世後半的恐龍們的先驅物種登場，包括小型暴龍類（→p.28）的郊狼暴龍、有角與頭盾（→p.212）的最早期角龍祖尼角龍、鐮刀龍類（→p.60）的懶爪龍、原始鴨嘴龍類（→p.36）等，都棲息於此處。位居頂點捕食者的則是西雅茨龍等較原始的大型獸腳類。

棕山層
（美國新墨西哥州）

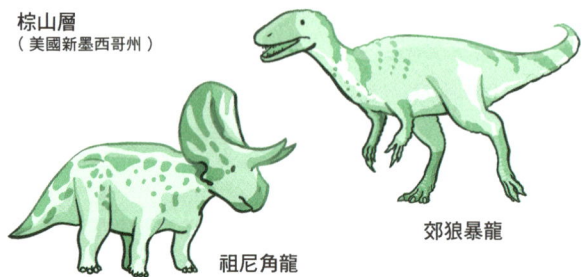

西部內陸海道

太平洋

棕山層

祖尼角龍

郊狼暴龍

Chapter 2 博士篇

晚白堊世後半（約7400萬年前）的拉臘米迪亞

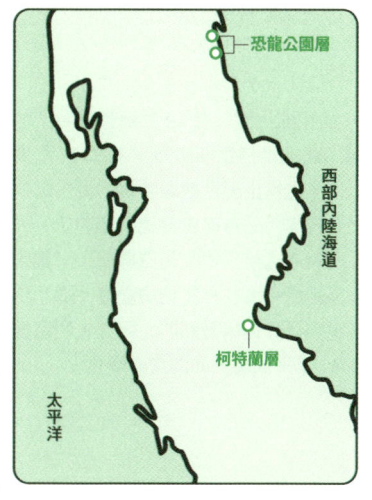

本時代的陸相沉積層露出部分從加拿大一直延伸到墨西哥，為恐龍化石的寶庫。相關討論相當熱烈，還有人認為拉臘米迪亞的南北生態系被切了開來。

地圖標示：恐龍公園層、柯特蘭層、西部內陸海道、太平洋

恐龍公園層（加拿大亞伯達省）

- 迷亂角龍
- 蛇髮女怪龍

柯特蘭層（美國新墨西哥州）

- 納瓦霍角龍
- 虐龍

白堊紀末（約6800萬年前）的拉臘米迪亞

在這個時期，拉臘米迪亞應與阿帕拉契古陸相連。已有化石證據顯示，此時的阿帕拉契古陸也開始有三角龍（→p.30）等進化型角龍進入繁衍。

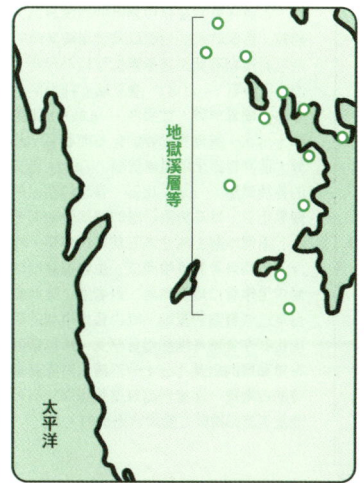

地圖標示：地獄溪層等、太平洋

地獄溪層（美國蒙大拿州等）等

- 暴龍
- 前突三角龍
- 皺褶三角龍

地球史

西部內陸海道
Western Interior Seaway

從加拿大南部到墨西哥灣的北美中央大草原，在晚白堊世時為細長的海。這裡名為西部內陸海道（也叫做奈厄布拉勒海），南北向貫穿北美大陸，與北極海及擴大中的北大西洋、特提斯海（今日的地中海與印度洋）相連，是許多生物的寶庫。

∷ 西部內陸海道的研究

白堊紀中期左右（晚白堊世的初期）誕生的西部內陸海道，將北美洲切成了拉臘米迪亞（→p.184）與阿帕拉契古陸（→p.188）。西部內陸海道最大時，南北可達約3200km，東西可達約1000km，水深最深處估計為760m，是個南北細長、相對較淺的海。

針對沉積於西部內陸海道之海相沉積層（→p.108）的相關研究，於19世紀起成為了熱門的主題，此處也是化石戰爭（→p.144）早期的舞台之一。這裡出土了各式各樣的海生動物化石，化石的年代分布從白堊紀中期開始，一直到西部內陸海道幾乎消失的白堊紀末，讓學者們得以詳細研究這些古生物的變遷。海水水位變動的相關研究也相當熱門，研究者們還復原（→p.134）了不同時代的海岸線變化。

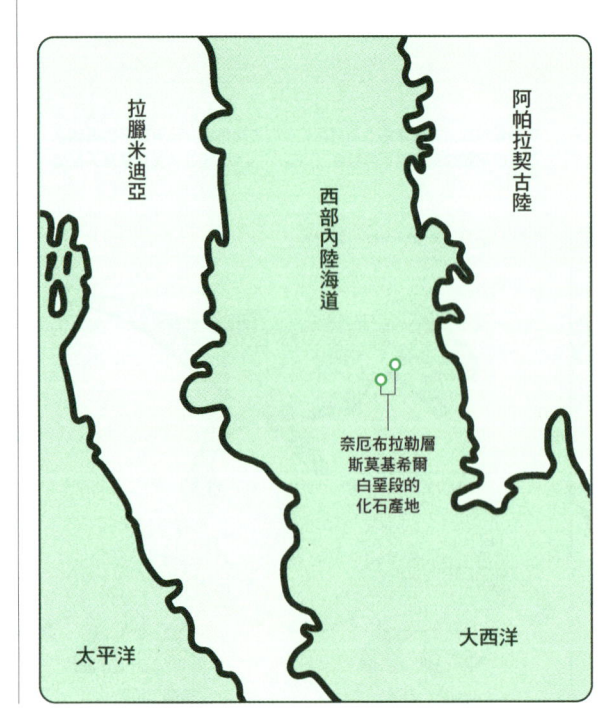

晚白堊世中期（約8400萬年前）的西部內陸海道

西部內陸海道的形狀會隨著時代而大幅改變，不過在晚白堊世中期時的樣貌最為人熟知。這個時代的地層以美國堪薩斯州的奈厄布拉勒層斯莫基希爾白堊段為代表，出土了菊石（→p.114）、疊瓦蛤（→p.115）、鯊魚、硬骨魚類、蛇頸龍（→p.86）、滄龍類（→p.92）等海生動物的化石而著名。此外，這裡也出土以無齒翼龍（→p.82）為首的各種翼龍（→p.80）化石、各種白堊紀的海鳥化石，以及數副恐龍的局部骨架而著名。這個地層主成分為石灰岩與白堊，由浮游生物外骨骼堆積而成。生物遺體經風化作用後也會形成天然氣、頁岩油，故此處也是這些資源的產地。晚白堊世中期的恐龍化石在全球各地都相當罕見，所以奈厄布拉勒層的恐龍化石十分珍貴。考慮到當時的古地理，學者們認為這些恐龍化石可能是從阿帕拉契古陸漂流過來的。

Chapter 2 博士篇

∷ 西部內陸海道的古脊椎動物們

西部內陸海道的海相沉積層，從白堊紀中期一直沉積到接近白堊紀末期，記錄了約3000萬年間的海洋生態系的變遷。

阿爾伯塔泳龍
在蛇頸龍中脖子也特別長，頸部長達7m。

長喙龍
代表性的「短脖子蛇頸龍」，全長僅3m，相當小型。

古巨龜
最大型的烏龜之一。可使用發達的喙吃下菊石與貝類。

黃昏鳥
與現生鳥類的親緣關係相近，特化成了適於游泳的形態。近親物種棲息地遍布整個北半球。

劍射魚
全長達5m，以吞下其他巨大魚種，成為「魚中魚」（→p.257）而著名。出土量多到讓化石採集業者厭煩的程度。

扁掌龍
全長達5m的滄龍類，似乎會沿著河川逆流而上。

地球史

阿帕拉契古陸
Appalachia

晚白堊世時，北美大陸被西部內陸海道分成了東西兩邊。西邊的拉臘米迪亞因出土了暴龍與三角龍等超人氣恐龍而著名，東邊的阿帕拉契古陸恐龍狀況則充滿謎團。作為恐龍王國的美國，曾出土了許多恐龍，那麼阿帕拉契古陸又曾存在過什麼樣的恐龍呢？

∷ 阿帕拉契古陸的恐龍化石

美國的第一個恐龍化石於拉臘米迪亞（→p.184）出土，不過這只是牙齒的化石而已。美國第一個發現的恐龍完整骨架為鴨嘴龍（→p.36）的骨架，這副骨架在阿帕拉契古陸的大西洋岸區域出土。1870年代初期，愛德華・德林克・寇普與奧斯尼爾・查爾斯・馬許間的化石戰爭（→p.144）最開始的時候，就是以阿帕拉契古陸作為主要戰場。

構成阿帕拉契古陸的區域中，美國東北部最早成為歐洲國家的殖民地。19世紀時，當地盛行開採土壤改良材料「泥灰岩」。阿帕拉契古陸大西洋沿岸的沉積層含有豐富泥灰岩，為晚白堊世的淺海層，在開採泥灰岩時也會出土各種海生動物或恐龍的化石。不過，泥灰岩的開採在19世紀末衰退，於是，恐龍化石的發掘活動便轉往北美西部的惡地（→p.107）。

曾屬於阿帕拉契古陸的晚白堊世陸相沉積層，僅在極少數地區露出，露出地面的幾乎都是海相沉積層（→p.108）。而且，晚白堊世的海相沉積層也只在限定範圍內露出。北美西部並非乾燥氣候，所以不存在那種一整片都是露頭的惡地。

阿帕拉契古陸並沒有拉臘米迪亞的落磯山脈那種活動頻繁、大幅隆起、可提供大量砂土的山脈。因此，阿帕拉契古陸的陸相沉積層並不厚，後來也幾乎被侵蝕掉了。阿帕拉契古陸的海相沉積層所發現的恐龍化石多較零碎，且多「感染」了嚴重的黃鐵礦病（→p.254）。

另一方面，海相沉積層的恐龍化石可由菊石（→p.114）、疊瓦蛤（→p.115）等指標化石（→p.112）判斷其精確年代。有些地層詳細記錄了白堊紀末隕石撞擊前後的樣子，讓學者們能從各種角度切入研究。

美國東部並沒有出現北美西部那種大規模的恐龍發掘活動，而是以小規模地質調查、業餘化石獵人興趣使然的調查活動為主要發現恐龍化石的途徑。另一方面，以前留下的龐大泥灰岩礦坑，後來被整理成了化石公園，未來很可能會有新的發現。

我們對於過去棲息在阿帕拉契古陸的恐龍所知有限，不過已知這些恐龍比同年代的拉臘米迪亞恐龍還要原始一些。拉臘米迪亞的恐龍與歐亞大陸有往來，然而阿帕拉契古陸在白堊紀末以前，約有3000萬年以上是個孤立的大陸，可以說是白堊紀時的「活化石」（→p.116）避難所。而在白堊紀末以後，阿帕拉契古陸與拉臘米迪亞以陸地相連，使三角龍（→p.30）等進化型的角龍從拉臘米迪亞進入阿帕拉契古陸。

1990年代以後，學界出版了許多與阿帕拉契古陸恐龍有關的論文。曾扛起北美恐龍研究黎明期的阿帕拉契古陸，再次成為了恐龍研究的舞台。

Chapter **2**
博士篇

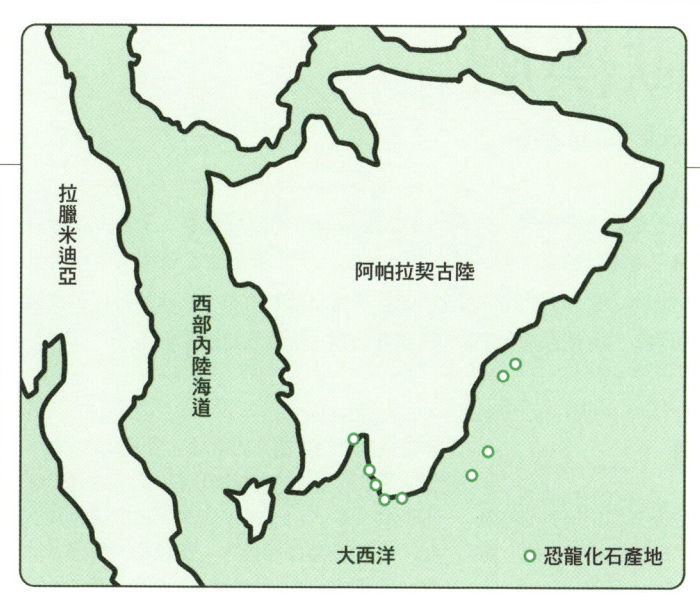

阿帕拉契古陸的恐龍化石產地

阿帕拉契古陸涵蓋今日美國以及加拿大的中部、東部,不過加拿大的情況目前尚不明瞭。阿帕拉契古陸北部在某些時期被海切開。恐龍化石幾乎都在沉積於阿帕拉契古陸南部的海相沉積層出土。

地圖標示：拉臘米迪亞、西部內陸海道、阿帕拉契古陸、大西洋、○恐龍化石產地

阿帕拉契古陸的恐龍

鷹爪傷龍

白堊紀末的暴龍類（→p.28）。但與以前生存於阿帕拉契古陸的阿帕拉契龍，以及生存於同年代拉臘米迪亞的暴龍，為不同演化系統的物種。手非常大,乍看之下與「矮暴龍」（→p.242）很像。寇普原本將其命名為 *Laelaps aquilunguis*（鷹爪暴風龍），是點燃化石戰爭的恐龍。

密蘇里帕爾龍

少數於阿帕拉契古陸相沉積層出土的恐龍,近年有發現幾近完整的骨架,修整工作（→p.128）正在進行中。雖然我們不曉得帕爾龍生存在哪個年代,不過牠們的骨架特徵與白堊紀中期的原始鴨嘴龍類（→p.36）十分相像。已知阿帕拉契古陸有原始型到進化型等各種不同的鴨嘴龍類物種,密蘇里帕爾龍為其中特別大型的鴨嘴龍。

地獄溪層

Hell Creek Formation

聊到恐龍時，如果不是古生物學家，大概也不太會提到地層相關的事。不過，地獄溪層因為是暴龍與三角龍等著名恐龍化石的出土地層，所以偶爾會在說明文字中看到這個詞。地獄溪層顧名思義就是「地獄的小河」，這個誇張名稱的背後，是恐龍時代的最後數百萬年間沉積下來的地層，顯示這個地方曾有著綠意盎然、潮濕溫暖的生態系。

∷ 地獄溪層的風景

以前的美國西部，遍布著露出地表的拉臘米迪亞（→p.184）東部平原之陸相沉積層、西部內陸海道（→p.186）的海相沉積層（→p.108）。其中，地獄溪層於白堊紀的最後約200萬年沉積而成，橫跨蒙大拿州、北達科他州、南達科他州。今日的地獄溪層因風化使化石碎片散落各地，變為惡地（→p.107），過去卻是綠意盎然的溫帶～亞熱帶濕潤低地。

地獄溪層為氾濫平原（河川氾濫時，會被水淹過的低地）或河口區域沉積下來的地層，出土了各式各樣的動植物化石。除了看不到禾本科的「草」（→p.200）之外，植被非常現代化，有許多類似懸鈴木、麵包樹、椰子、木蘭、落羽松、銀杏的植物。形似葡萄葉的化石也相當著名。

常有人說地獄溪層過去的風景，就像今日的密西西比河三角洲的低窪潮濕地區。這個地區今日是鱷魚與各種哺乳類的家，過去則是暴龍（→p.28）與三角龍（→p.30）的棲息地。

地獄溪層出土了多種被子植物的化石，不過樹木似乎只有落羽松、紅杉等針葉樹。半鹹水地區為各種鯊魚、魟魚的棲息地區，海岸附近則有滄龍類（→p.92）活動。

∷ 地獄溪層的恐龍

以北美最後的恐龍著稱的物種，幾乎都在地獄溪層出土。這裡出土了許多恐龍化石，且大半數都是大型恐龍，小型恐龍與幼體的化石相當罕見。光是三角龍，就占了所有恐龍化石的40%，若加上暴龍、埃德蒙頓龍，則可超過80%。另一方面，地獄溪層也有幾個地點，為小型動物化石密集出土的化石產地，可見這些地方當時曾是相當豐饒的生態系。

暴龍 北美西部多個白堊紀地層都有出土暴龍化石，不過蘇（→p.240）、AMNH 5027（→p.238）等保存狀態良好的骨架幾乎都是在地獄溪層出土。地獄溪層發現的暴龍類化石，曾被分類成多個屬、種，譬如「矮暴龍」（→p.242）等，不過這些物種今日全被認為是君王暴龍的同物異名（→p.140）。

前突三角龍

皺褶三角龍

三角龍 因為出土的幾乎都是顱骨而著名，很少看到保留了大部分骨架的化石。地獄溪層的下部有出土皺褶三角龍；上部有出土前突三角龍；中部則有出土兩者的中間型。同年代於落磯山脈附近沉積而成的蘭斯層也有出土大量化石，不過，保留了大部分骨架的化石同樣相當稀少。

埃德蒙頓龍 地獄溪層發現的鴨嘴龍類（→p.36）化石有許多名字，包括糙齒龍、鴨龍、大鴨龍等，但今日都被歸類為連接埃德蒙頓龍。研究者在地獄溪層找到了埃德蒙頓龍的大規模骨群（→p.170）與木乃伊化石（→p.162），有些巨大個體的化石甚至比暴龍大。

地球史

K-Pg界線
Cretaceous-Paleogene boundary

地球史可分成三疊紀、侏羅紀、白堊紀等各個年代。而相鄰年代的交界，一般會對應到出土化石種類大幅改變的時間點，或者說是地球整體生物相大幅改變的時期，也就是大滅絕時期。中生代與新生代的交界，即白堊紀與古近紀的交界（K-Pg界線）就是其中的代表。

:: K-Pg界線是什麼

地質學的世界中，相鄰時代的交界處，以及與之對應的地層交界處，分別會用年代的英語首字母表示。白堊紀為Cretaceous，古近紀為Paleogene，不過白堊紀的首字母與石炭紀Carboniferous相同，故改用德語的Kreide的首字母取代，將白堊紀與古近紀的交界寫成K-Pg界線。K-Pg界線也是白堊紀最後一個「期」馬斯垂克期，與古近紀第一個「期」達寧期的交界處。古近紀為早期年代分期所使用的第三紀Tertiary的一部分，故較早的文獻會寫成K-T界線。

若要研究K-Pg界線發生了什麼事，需先找到能夠確認K-Pg界線的地層。這樣的地層必須是在馬斯垂克期到達寧期的期間內，持續沉積的地層（→p.106）。符合這個條件的海相沉積層（→p.108）可在日本與全球各地找到，但至今我們仍未發現確實包含了K-Pg界線的陸相沉積層。

K-Pg界線時發生的大滅絕事件，為「Big Five」（地球史上五大大滅絕事件）之一。1982年的著名研究指出，整個生物圈（可透過化石確認者）共有約75%的物種滅絕。恐龍與翼龍（→p.80）、蛇頸龍（→p.86）、滄龍類（→p.92）、菊石（→p.114）等生物的滅絕較為眾人所知。除此之外，支撐著整個生態系的植物、浮游植物也全面消失，不管是海洋還是陸地的生態系，都從基礎開始崩解。造成大滅絕的原因有2個說法，分別是「隕石撞擊說」與「火山噴發說」，彼此長年對立。不過由地層中的紀錄與其他資訊看來，「隕石撞擊說」較能說明過往生物大滅絕的過程。

:: K-Pg界線的年代

若有地層在馬斯垂克期到達寧期持續沉積並保留至今，便能標定出K-Pg界線在地層中的位置。造成希克蘇魯伯隕石坑（→p.194）的隕石撞擊事件，使含銥的各種物質擴散至全球，還產生了大範圍的地震與海嘯，在全球地層的指標層中，留下了特殊痕跡。這些因隕石撞擊而沉積的地層中，最下部（隕石撞擊之地質紀錄中最開始的層準）就是K-Pg界線。

地層中K-Pg界線的具體時間，除了透過絕對年代（→p.110）方法得知之外，還能用其他方法求出。而且因為絕對年代的測定技術持續改良中，所以K-Pg界線的具體時間也會持續更新。

1961年時，K-Pg界線的年代被認為是63Ma，1993年時修正為65Ma，2004年則修正為65.5Ma。2020年的研究則再修正為66Ma（嚴格來說是66.04±0.05Ma），也就是約6604萬年前。

▪ K-Pg 界線的大滅絕事件

即使是幾乎已確定「隕石撞擊說」為正確答案的今日，K-Pg 界線發生之大滅絕的相關研究仍相當熱門。

由過去的研究結果，我們已相當了解隕石撞擊地球後，地球環境隨時間的變化情況。那麼，恐龍們最後看到的風景又是什麼樣子呢？

❶ 隕石撞擊淺海，生成隕石坑。此時產生了巨大海嘯，海底融化的岩石釋出之大量二氧化碳與硫酸氣溶膠伴隨著巨量塵埃被釋放至大氣中。噴飛到大氣層外的碎片落至全球各地，造成全球性的森林火災。

❷ 硫酸氣溶膠與塵埃所造成的霧霾飄到了平流層，阻隔了陽光，形成「撞擊冬天」。植物與浮游植物無法行光合作用，使生態系的基礎崩毀。另一方面，淡水中的生態系對光合成生物的依賴低於生物遺體，所以陸地生態系受的傷害比海洋生態系輕。

❸ 撞擊冬天持續了數個月或數年。同時，硫酸氣溶膠所產生的酸雨持續了數年左右，使陸地與淺海生態系崩潰。海洋表層與深層間的營養循環在一連串的影響下幾乎完全停止。

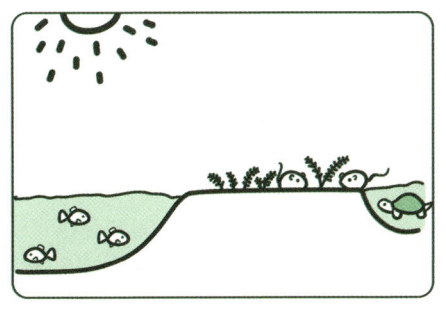

❹ 撞擊冬天結束後，能在惡劣環境下生長的蕨類植物迅速重生、興起。海洋中，存活下來的浮游植物也逐漸恢復。不過，海洋生態系與淡水以外的陸地生態系仍處於崩潰狀態，花了數百萬年才恢復。

地球史

希克蘇魯伯隕石坑
Chicxulub crater

1980年,以諾貝爾物理學獎得主路易斯・阿爾瓦雷茲,與他的兒子地質學家沃爾特為核心的研究團隊,發表了衝擊性的假說。發生於白堊紀末期的恐龍滅絕,起因是隕石撞擊地球,造成全球性的急遽環境變動。

高濃度的銥地層

阿爾瓦雷茲父子提出之「隕石撞擊說」的關鍵證據,是在義大利淺海地層中發現的一道含有高濃度銥的地層。銥是稀有金屬的一種,地殼(地球的最外層,大陸地殼厚度約30～40km,海洋地殼約6km)中僅含極微量。相較於地殼,隕石內的銥含量豐富許多。

阿爾瓦雷茲父子除了義大利之外,也在丹麥、紐西蘭的地層中確認到K-Pg界線(→p.192)含有高濃度的銥。這些銥應來自地球外的隕石,而造成這個高濃度銥地層的隕石撞擊,很可能就是導致白堊紀末恐龍等多種生物大滅絕的原因。

發現超巨大隕石坑

當時「隕石撞擊說」有不少反對的聲音。許多人認為高濃度銥地層根本就不是來自隕石撞擊。另一方面,全球各地的K-Pg界線陸續確認到高濃度銥地層,後來也陸續在高濃度銥地層中發現因星體撞擊而形成,以「撞擊石英」為首的各種特殊礦物。在北美的K-Pg界線所發現的撞擊石英,比在太平洋與歐洲發現的還要大。另外,在墨西哥灣周圍地區發現了海嘯沉積物,使學界確定北美附近曾發生過隕石撞擊事件。

在發表「隕石撞擊說」之前的1978年,墨西哥國營石油公司在探勘工作中,發現墨西哥猶加敦半島北部地下有個奇特的巨大地質結構。墨西哥灣蘊藏著豐富油田,於是石油公司以猶加敦半島為起點,積極探勘周圍地形,發現地下1km處有個看起來像是隕石撞擊坑的結構。這項探勘結果在當時並沒有引起太多的注意,但因為猶加敦半島地下的地質樣本,與世界各地K-Pg層採集到的撞擊石英成分一致,於是學者們在1991年發表假說,認為這個隕石坑是由白堊紀末的隕石撞擊而成。隕石坑的中心位於希克蘇魯伯村,故稱這個隕石坑為希克蘇魯伯隕石坑。

在那之後,人們逐漸認同白堊紀末時,由於巨大隕石撞擊地球,在全球各地的K-Pg界線形成了高濃度的銥地層。巨大隕石的撞擊所產生的突發性環境變動,可充分說明恐龍與各種生物的滅絕,於是科學家們也逐漸認定「隕石撞擊說」為白堊紀末大滅絕的原因。過去學界認為,生成了德干玄武岩(→p.196)的巨大火山噴發,才是大滅絕主因;今日則認為該次火山噴發應沒有如此大的影響力。希克蘇魯伯隕石坑的相關研究現在仍相當活躍,也有許多人試著從天文學的角度,討論撞擊地球的隕石來源。

∷ 希克蘇魯伯隕石坑的特徵

白堊紀末的猶加敦半島北部為淺海，海底存在厚度達3km，由石灰岩、白雲石、石膏組成的地層。這些岩石遭隕石撞擊後，融化並釋出至大氣，伴隨著大量塵埃之大量二氧化碳與硫酸氣溶膠，散布至各地。

希克蘇魯伯隕石坑的直徑約為180km左右，應是由直徑約10km的隕石，朝著北北西的方向，以約30度的小角度撞擊而成。隕石坑本身已完全埋藏在地底、海底下，隕石坑邊緣則分布著許多岩洞陷落井（被水淹沒的大規模鐘乳石洞，在馬雅時代曾是舉行獻祭儀式的地點）。

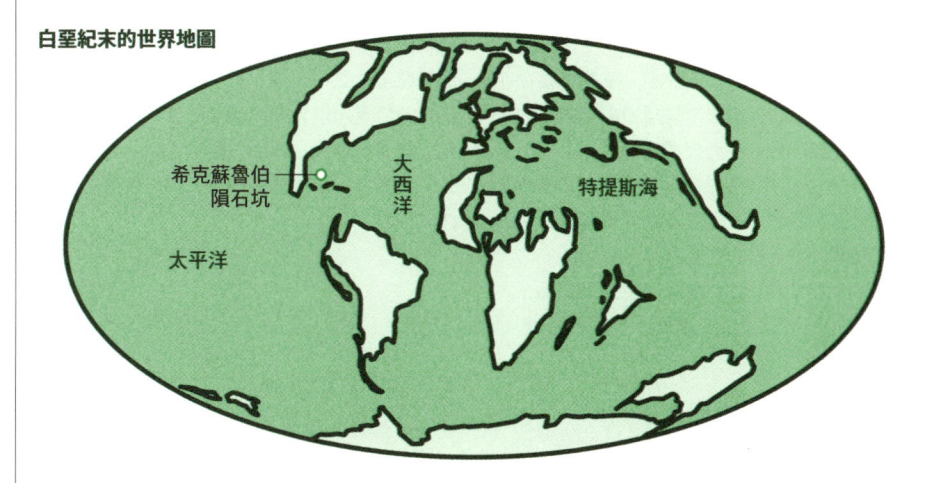

白堊紀末的世界地圖

（圖：希克蘇魯伯隕石坑、大西洋、特提斯海、太平洋）

∷ 另一個隕石坑？

有人認為，造成白堊紀末大滅絕的原因，可能不只有希克蘇魯伯的隕石。印度西北部的濕婆隕石坑，也是常被提起的白堊紀末超大隕石坑。這個隕石坑以印度教中司掌破壞與再生的神——濕婆為名，長600km，寬400km，呈水滴狀，可能是由直徑40km的巨大隕石以低角度撞擊所產生的隕石坑。不過，也有人認為這個濕婆隕石坑根本不是由隕石撞擊所形成的結構，並不是白堊紀末大滅絕的原因。

K-Pg界線前後時期的隕石坑中，烏克蘭的波泰士隕石坑也相當有名。這個隕石坑的直徑約24km，於希克蘇魯伯隕石坑形成的約65萬年後之古近紀初左右形成。與白堊紀末的大滅絕應該沒有關聯，但可能拖慢了生態系的恢復。

近年來，非洲幾內亞近海的海底下，發現了直徑超過8.5km的隕石坑——納迪爾隕石坑。我們尚不知這個隕石坑精確的形成年代，這顆隕石可能與造成希克蘇魯伯隕石坑的隕石為聯星，也可能與白堊紀末大滅絕沒有直接關係。

地球史

德干玄武岩
Deccan Traps

地球史上某些年代會噴出大量熔岩，在全球各地形成「洪水玄武岩」。這些洪水玄武岩為極大規模之火山活動的直接證據，有些人認為這可能是大滅絕的主要原因。印度的洪水玄武岩台地「德干玄武岩」在白堊紀末形成，那麼這些熔岩對大滅絕的影響有多大呢？

∷ 熔岩之海

全球各地的陸地與海底中，某些地區存在著一整片廣闊的火成岩（岩漿冷卻凝固後的岩石），稱作LIPs（巨大火成岩岩石區）。而某些LIPs是由玄武岩質的熔岩如洪水般覆蓋廣大的地表、海底，這種熔岩稱作洪水玄武岩，為大規模火山活動的直接證據。

印度西部到中部的區域存在約50萬 km^2，厚度在2000m以上的玄武岩，稱作德干玄武岩。這類洪水玄武岩在白堊紀末前後形成，當時釋放出了大量含有二氧化碳與二氧化硫的火山氣體至大氣中，嚴重破壞了環境。另外，火山噴發物質可能含有高濃度的銥。在某些學者用「隕石撞擊說」說明白堊紀末大滅絕時，作為火山噴發說之證據的德干玄武岩也成為了關注的焦點。

∷ 與「隕石撞擊說」對立

作為「隕石撞擊說」的對立假說——「火山噴發說」認為白堊紀大滅絕的原因是火山噴發，並生成了德干玄武岩。而K-Pg界線（→p.192）所看到的高濃度銥，並非瞬間沉積下來，而是花了數十萬年沉積而成。科學家在全球各地都有發現高濃度的銥地層，也發現到有些高濃度銥地層並非瞬間形成。德干玄武岩約花了100萬年形成，中間有跨過K-Pg界線。德干玄武岩的形成過程中，應造成了全球氣候變遷與大氣汙染，使得以恐龍為首的各種生物逐漸滅絕，這就是1980年代的「火山噴發說」。高濃度銥地層中的代表性礦物——撞擊石英，也可能在火山噴發時形成，故無法用來否定「火山噴發說」。

不過，在發現希克蘇魯伯隕石坑（→p.194）之後，卻沒有在德干玄武岩找到高濃度銥地層。於是學者們逐漸認為，包括高濃度銥地層在內，全球各地K-Pg界線所看到的特殊地層，都是在希克蘇魯伯隕石坑形成的瞬間（數日到數年內）沉積而成。

學界大致都認定白堊紀末曾有巨大隕石撞擊地球，然而這個事件所造成的環境變動，以及對恐龍等生物有多大的影響，則是另一個問題。1990年代以後的「火山噴發說」則認為，造成德干玄武岩的長期環境劇變，才是恐龍等生物衰退的主因，隕石撞擊只是壓垮駱駝的最後一根稻草。

∷「火山噴發說」的演變

「隕石撞擊說」有多種反對的意見,這些意見都會引用一個重要證據,那就是化石紀錄顯示,K-Pg界線以前的生物多樣性已逐漸下降。然而,已有許多研究否定了這個現象。雖然今日學界也認同拉臘米迪亞(→p.184)的恐龍多樣性較低,但這應該與造成德干玄武岩的環境變動沒有太大關聯。目前主流意見認為,白堊紀末大滅絕為突發事件,造成德干玄武岩的大規模火山活動則對K-Pg界線以前的生態系沒有造成太大的影響。

近年來,隨著放射年代測定技術的提升,開始有學者指出,大部分的德干玄武岩可能是在希克蘇魯伯隕石坑形成後才形成。也有人認為,隕石撞擊所產生的衝擊促進了火山活動的規模,不只形成了德干玄武岩,也讓突發的環境變動變得更為劇烈。雖然多數學者已不認為「火山噴發說」是白堊紀末大滅絕的主要原因,不過德干玄武岩的相關研究仍在進行中。

∷ 德干玄武岩的恐龍們

構成德干玄武岩之洪水玄武岩的裂縫間,夾有接近白堊紀末期的陸相沉積層。這些地層出土了各種恐龍的骨架與蛋化石(→p.122)。該地層發現的骨架皆呈碎片狀,卻顯示這裡曾存在多樣化的生態系。印度當時是個島大陸,恐龍種類與地理上較靠近、且獨立存在的馬達加斯加恐龍相近。

泰坦巨龍類與古裂口蛇

印度發現了許多泰坦巨龍類的巢穴化石。有個巢穴內有化石化的原始蛇類──古裂口蛇(估計全長為3.5m)盤繞在已裂開的蛋(估計全長為50cm)與胚胎旁邊。可見恐龍在誕生前,就已暴露在被捕食的危機下。

勝王龍

印度有發現以勝王龍為首的多種阿貝力龍類化石。這些恐龍與馬達加斯加的瑪君龍似乎是近親。

化石

琥珀
amber

說到植物的化石,一般會想到樹葉化石,或是矽化木等保留了植物形狀的化石。不過,能形成化石的不是只有植物本體。植物的分泌物——樹脂化石化後可形成琥珀,自古以來就被視為寶石而被人們珍藏。而且琥珀的價值也不僅止於外表的美麗,有些琥珀將接近「活著」的生物化石封在裡面保存。

∷ 琥珀與文化

裸子植物與被子植物分泌的樹液經過一段時間,揮發掉某些成分後便會凝固。這就是(天然)樹脂。樹脂在地層中經過成岩作用的化學反應,再揮發掉多種成分,會進一步凝固成琥珀。若這個過程不夠充分,便會形成柯巴脂,為琥珀的代用品與複製品的原料。

琥珀為天然的塑膠,擁有礦物等無機物所沒有的溫度感,相當受人們喜愛。全球各地的舊石器時代遺跡中,都有出土以琥珀製成的裝飾品,且自古以來便存在琥珀的交易路線。全球各地都有人將琥珀作為藥用。另外,琥珀也是亮光漆的原料。

將出土的琥珀化石研磨後,挑選出透明度高者,可製成寶石在市面上流通。琥珀的「原石」中,不透明或透明度低的部分多摻有木屑、氣泡等雜質或者有龜裂。清澈透明,可做為寶石販賣的琥珀並不多見。品質差的琥珀則會被當成複製品的材料。

琥珀為有機物,如果地層的成岩作用過於強烈,就會因為熱能而完全分解。因此,著名的琥珀產地都是白堊紀以後的地層,且全球可商用挖掘的產地相當有限。日本早白堊世海相沉積層(→p.108)的銚子層群(千葉縣)、晚白堊世地層的久慈層群(岩手縣)、雙葉層群(福島縣)都有出土品質優良的琥珀,但只有久慈層群為商用琥珀產地。

某些商用琥珀產地的例子會產生人道爭議,譬如近年來緬甸產的琥珀就被認為有此疑慮。另外,琥珀的偽造品自古以來就是相當嚴重的問題。

∷ 作為化石的琥珀

琥珀是植物分泌物轉變而成的化石,有時候樹脂會剛好包埋到各種生物的遺體。若被樹脂包埋,因為內部為接近無氧的環境,所以遺體幾乎不會分解。另外,琥珀僅能存在於成岩作用較和緩的環境,故琥珀內化石的保存狀況通常遠比沉積物內的化石好很多,而且是以立體形式保存下來。小型節肢動物、羽毛等,在一般沉積環境中只能以二維狀態保存的生物體,若能形成琥珀化石,便能像被合成樹脂包埋之現生種標本一樣,供研究者觀察。有些琥珀還保存了蜘蛛的巢、菇類等,琥珀的科學價值實在難以估計。

也因為這樣,1980年代起,科學家們開始嘗試從琥珀中的生物化石萃取、分析生物的DNA作研究。科幻電影《侏羅紀公園》中,「蚊子吸食恐龍血液後,被琥珀封住成為化石,人類再抽取這些血液中的DNA,進而復活恐龍」的創作靈感,便是來自上述研究。

琥珀的最新科學

從琥珀內的生物化石，萃取出古生物的DNA（古代DNA）的研究，至今仍沒有太大的進展。雖然包埋在琥珀內，但化石並非完全隔絕空氣與水，所以最多只能萃取出原本生物的DNA碎片，通常還會混到其他生物的DNA（樣品汙染）。就目前技術來說，有足夠可靠度的古代DNA，最早只能上溯至10萬年前左右。

另一方面，我們可以用高解析度的電腦斷層掃描（→p.227）對琥珀內的化石進行三維分析，也能用比以前更少的藥劑，對化石進行化學分析。隨著觀察技術的提升，我們可以觀察到更多琥珀的資訊。

「蟲珀」在過去被認為是有雜質的琥珀而被當成垃圾，不過在《侏羅紀公園》上映後，蟲珀的市場價值飆高，研究人員已無法像過去那樣輕易買到蟲珀。琥珀內化石的相關研究愈是豐富，內含化石的琥珀市價就愈是高昂，使研究更加難以進行，這種狀況現在仍持續著，加上琥珀產地有人道爭議的問題，使琥珀內化石的研究難以順利發展。

琥珀的形成過程

❶ 樹木的樹脂流下、凝固的過程中，包埋住各種物體。

❷ 凝固的樹脂在地層內經適當的成岩作用後，揮發掉某些成分，變為柯巴脂，再變為琥珀。

❸ 剛開採出來的琥珀，表面通常已變質成深色，經過研磨後才能觀賞或研究。

緬甸的「恐龍琥珀」

緬甸的白堊紀中期地層出土了大量品質優良的琥珀，為琥珀的一大產地。有的琥珀內有小小的羽毛恐龍（→p.76）的尾巴、有的琥珀內有一整隻原始鳥類的幼體。但另一方面，這些琥珀產地有許多人道爭議，所以也有不少人認為，即使可作為研究材料，也不應該購買這些琥珀。

日本的琥珀產地

日本著名的琥珀產地如久慈層群、雙葉層群、銚子層群等，屬於白堊紀地層。久慈層群與雙葉層群更是以恐龍化石的產地而著名。

久慈層群的蟲珀研究進展順利，許多這裡出土的晚白堊世昆蟲化石已被命名。

草
grass

「**恐**龍時代」為中生代晚三疊世至白堊紀末。晚白堊世時，與今日相似的植物已遍布各地。許多會開花的被子植物、聳立的樹木等，都與現生屬十分相似。也就是說，晚白堊世的恐龍們生存在這種有「現代感」的環境中，但這個環境缺少了某種常見於現代的決定性生物。

:: 被子植物的出現

在進入早白堊世以後，才有確實的被子植物化石紀錄。自此之後，被子植物爆發性地輻射演化，到了晚白堊世，全球各地都可以看到被子植物。此時有許多低矮灌木、草本的被子植物大量繁衍，與到處都是針葉樹、蕨類、種子蕨類植物的侏羅紀植被有很大的差別。隨著被子植物的輻射演化，鴨嘴龍類（→p.36）、角龍等擁有齒列（→p.210）的植食性恐龍也跟著輻射演化，許多學者認為，這些植食性恐龍與被子植物會互相影響，共同演化。

所以說，除了恐龍以外，白堊紀末的環境已與我們熟知的環境相差無幾。然而，此時尚未出現可稱作「草原」的植被。不僅如此，即便於極區以外的地區中，今日隨處可見的禾本科的「草」，在白堊紀時期也為相當罕見的植物。

:: 中生代的草

過去很長一段時間，學界從未發現過中生代的禾本科化石，學界甚至認為，禾本科根本是在進入新生代約1000萬年後才誕生的植物。

不過2005年之後，印度的白堊紀末地層出土了可能屬於泰坦巨龍類的糞化石（→p.124），並在其中發現了禾本科植物的植矽體（葉內的玻璃性物質，為草葉割傷人的原因）。印度曾是岡瓦納古陸（→p.182）的一部分，不過在白堊紀末時，印度為孤立狀態的島大陸。這表示禾本科可能在更早的時間點便已在岡瓦納古陸輻射演化。

此外，中國的早白堊世地層中，發現了原始鴨嘴龍類馬鬃龍的顱骨，並在牙齒附近發現了疑似禾本科植物的表皮以及其內含的植矽體。這顯示在早白堊世時，世界上已存在禾本科植物。

綜上所述，近年已確定禾本科的「草」從早白堊世起便存在，且恐龍會以這些草為食。但另一方面，雖然白堊紀的植物化石相當多，全球各地卻都沒有發現與「草」相似的化石。直到進入新生代以後，「草」在植被中的存在感才大幅提升。今日我們所知的草原，是在更晚的時代才出現。

號稱恐龍紀錄片的影像作品中，常會看到恐龍奔馳在草原上的畫面。然而這只是因為沒能拍攝到適當的環境，只好將CG與其他影像合成到草原上所得到的結果。

恐龍與植物

因為一般認為中生代的「草」並沒有那麼多，所以近年來逐漸改以「植食性恐龍」稱呼以植物為食的恐龍，而非過去的「草食性恐龍」。另一方面，「草食動物」也不一定專指吃「草」的動物。近年也有學者證明，過去曾存在吃「草」的恐龍。中生代是舊時代植物與新時代植物交錯的年代，恐龍們應該也會吃下各種不同類群的植物才對。

植物化石中，很少能同時發現莖幹、葉、根、果實等部位，所以有時候同植物的不同部分會被賦予不同的學名。復原植物化石時，常會將不同屬植物的各個部位組合在一起。如果最後證實真正的植物個體與原本預料的各部位化石組合結果有很大的差異，會使分類出現很大的變化。

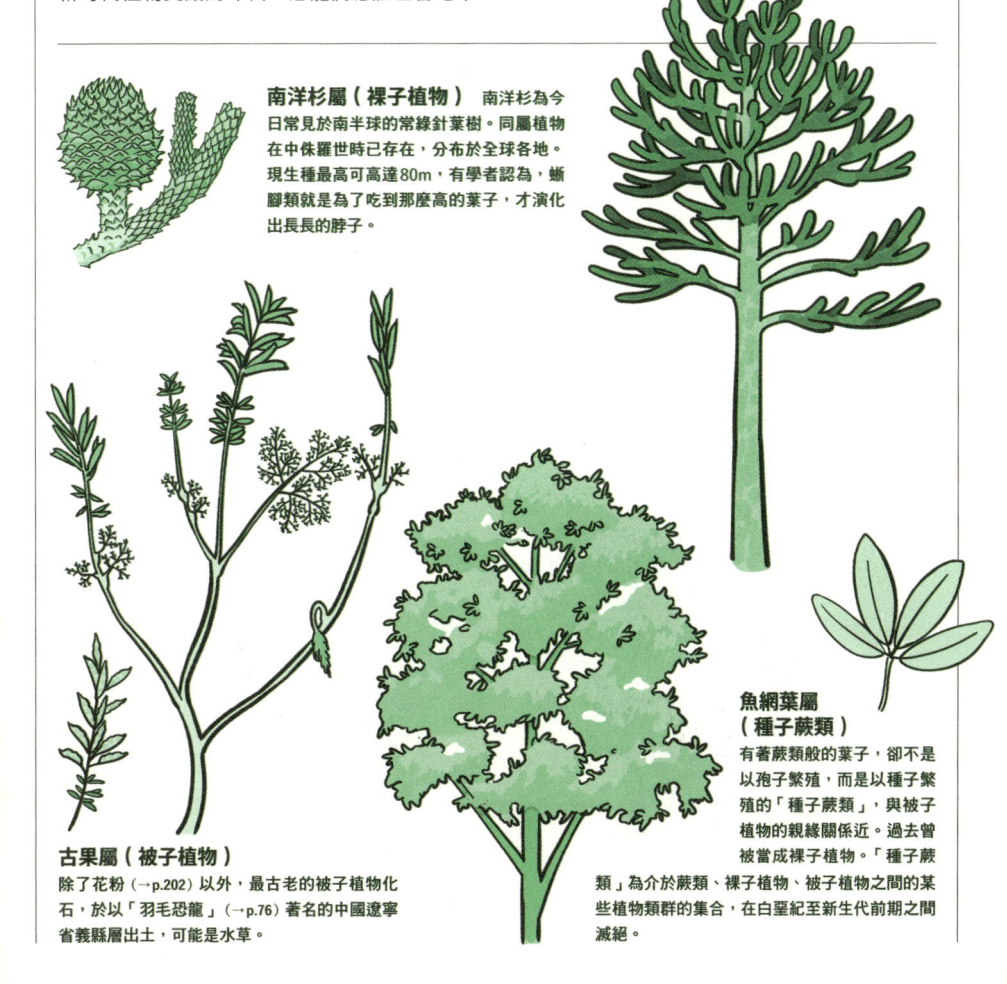

南洋杉屬（裸子植物） 南洋杉為今日常見於南半球的常綠針葉樹。同屬植物在中侏羅世時已存在，分布於全球各地。現生種最高可達80m，有學者認為，蜥腳類就是為了吃到那麼高的葉子，才演化出長長的脖子。

魚網葉屬（種子蕨類）
有著蕨類般的葉子，卻不是以孢子繁殖，而是以種子繁殖的「種子蕨類」，與被子植物的親緣關係近。過去曾被當成裸子植物。「種子蕨類」為介於蕨類、裸子植物、被子植物之間的某些植物類群的集合，在白堊紀至新生代前期之間滅絕。

古果屬（被子植物）
除了花粉（→p.202）以外，最古老的被子植物化石，於以「羽毛恐龍」（→p.76）著名的中國遼寧省義縣層出土，可能是水草。

化石

花粉
pollen

許多現代人為花粉所苦，古生物學的學者們卻很樂於見到花粉。研究地層中的花粉或孢子的化石，可以用於推估當時的植被與古環境，有助於鑑定地層的年代。

∷ 花粉與古生物學

花粉與孢子的外壁是由名為孢粉素的耐酸、耐鹼物質構成。能讓植物葉子形成化石的環境相當有限，花粉與孢子則遠比葉子容易化石化。「最古老的陸地植物化石」就是孢子。

花粉與孢子的形態皆無法直接以肉眼觀察，它們的化石被視為「微化石」。若能從沉積物中萃取出這些化石，並使用顯微鏡觀察其形態，便可一定程度地推測出它們原本屬於哪些種類的植物。花粉與孢子會隨風飛舞，故嚴格來說，在某地發現的花粉或孢子，不一定是由棲息於該地的植物所產生。不過，分析沉積物中的花粉或孢子，可以推測當時的植物狀況。若發現與現生種相似的花粉或孢子的化石，便可由現生種的生態類推當時的環境（現生類比法）。

植被會隨著時代改變，花粉與孢子的種類也當然會跟著改變。花粉或孢子常被當成指標化石（→p.112）。在無法使用菊石（→p.114）等海生動物作為指標化石、也難以測定地層的絕對年代（→p.110）的狀況下（譬如內陸的地層），花粉或孢子的化石就像貝蝦及介殼蟲一樣是重要的指標化石。

構成花粉與孢子外殼的孢粉素容易形成化石保留下來，但也有其極限，許多花粉與孢子會在地層的成岩作用中被破壞。蒙古戈壁沙漠的晚白堊世地層因為是恐龍化石的大型產地而相當著名，但很難測定出該處地層的絕對年代，又幾乎沒有找到花粉、孢子的化石，也缺乏其他能推測出精確時代的指標化石，使我們難以確認該地的基礎地質資訊，是個很難解決的問題。

矽化木
silicified wood

> 木化石並不罕見，還因為相當豐富而被視為資源。木材碳化成化石後，會生成煤炭或天然氣。水中礦物質滲透進煤炭後，會生成與木材的樣貌截然不同的化石。石化的木化石中，被二氧化矽滲透的化石稱作矽化木。

∷ 作為化石的矽化木

形成化石的過程中，有個步驟叫做礦化。埋藏遺體的沉積物在地底下被水浸泡後，溶在地下水內的各種礦物質會滲透入遺體內，沉澱在細胞內部與空隙間。原本的細胞成分會在地層的成岩作用下變質。某些情況下，細胞成分會消失，留下的空間則被礦物質沉澱完全取代。這一連串的過程稱作礦化。如果這些過程並不活躍，那麼木材就會在成岩作用下，逐漸失去碳以外的成分，出現碳化現象。

以二氧化矽為主體的礦化木化石，稱作矽化木。如果是礦化程度剛剛好的矽化木，可以看到木材原本的組織結構，故可對照化石化的植物與現生物種，從外形到細胞結構逐一詳細比較。如果礦化程度過高，損及內部組織，可能難以觀察到內部組織的狀況。某些產地可出土大量有著美麗顏色與圖樣的矽化木，故可作為觀賞用化石，在市面上流通。

木化石多為折斷的莖幹、樹枝被水沖到下游後沉積而成的化石。極少數情況下，會在當地變成化石並出土（原地性）。有些化石只剩下根（樹樁）的部分，有些則是整棵樹變成化石，有些地方同時存在許多木化石，稱作化石林。全球各地都有由矽化木組成的中生代化石林，譬如日本著名的手取層群（→p.230）。

∷ 溫泉與矽化木

溫泉水中溶有大量礦物質，所以溫泉的管路常被沉澱物塞住。浸泡在溫泉內的自然倒木礦化成矽化木的現象相當常見。在某個實驗中，將木材浸泡在矽含量豐富的溫泉中，過了7年（在地質學上可說只是一瞬間）總重量的40%便已礦化。

包括矽化木在內，生物遺體化石化的過程相當多樣，某些情況下，遺體可以說是在「一瞬間」就化石化。

研究、發掘

骨組織學
bone histology

脊椎動物的骨頭是由各種生物組織以及磷酸鈣等生物礦物組合而成,就像生物裝甲般的結構。骨頭內部的結構反映了該生物的生理學特徵,所以觀察骨頭剖面結構,可以了解該生物的生理特徵,甚至是該生物的生態。而且,保存了骨頭內部結構的化石並不罕見。

∷ 恐龍的骨組織學

化石化的恐龍骨架保存狀態有多種可能,有些骨架在化石化過程中被壓成扁平狀,有些在礦化與成岩作用下,變得難以與母岩區別。不過,礦化與成岩程度剛剛好的化石,可保持骨頭的外表,也能保存內部的硬骨組織結構。我們可以像觀察現生動物骨骼一樣,將硬骨化石切片後於顯微鏡下觀察其內部結構。

若化石的保存狀態良好,即使是硬骨的碎片,也能用於硬骨組織學的研究。一直以來,已有許多恐龍的化石成為硬骨組織學的研究對象,提供了許多重要資料,讓我們進一步了解恐龍的代謝與成長。

恐龍的硬骨組織學研究中,最顯著的成果是與恐龍成長速度有關的研究。在1年內的不同時間,動物的成長速度可能會不同。氣候嚴峻(乾季、冬季等)時,動物可能會暫時停止成長,並將這段暫停成長的時間記錄在骨骼內,就像年輪一樣。因此,恐龍的骨頭化石可以看到年輪般的條紋。我們可藉由年輪得知恐龍死亡的年齡,並由年輪間的距離,得知恐龍每年成長速度的變化。

獸腳類的牙齒結構

用鑽石刀切割硬骨化石,然後貼在載玻片上,研磨至能透光的厚度,再用顯微鏡觀察。

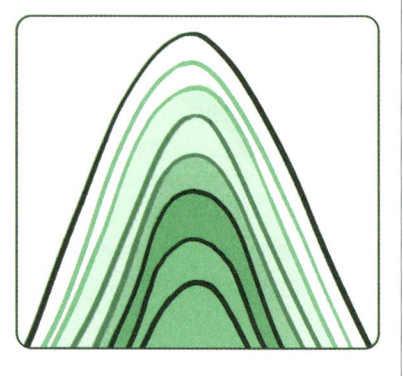

化石剖面可以看到年輪,年輪間隔的變化可以視為恐龍成長的步調。不過,硬骨中心附近的細胞在硬骨成長的同時會被分解再吸收,故出生後數年份的年輪會消失。

鈣化肌腱
ossified tendon

肌腱與韌帶是用來連接骨骼與肌肉，或骨骼與骨骼的生物組織，主要由膠原纖維組成。人類得到某些疾病時，鈣離子會沉澱在肌腱或韌帶，使肌腱或韌帶鈣化，造成運動障礙。另一方面，某些類群的恐龍即使沒有得病，沿著脊椎骨分布的肌腱與韌帶也可能會鈣化。

:: 恐龍的鈣化肌腱

　　鳥臀類恐龍身上，沿著脊椎骨分布的鈣化肌腱相當發達。鈣化肌腱會沿著脊椎骨的棘突起排列，在肩膀到尾巴的區間內特別發達。不過鳥臀類恐龍中，不同類群的鈣化肌腱發達程度也有差異。如果是尾巴特別長的物種，那麼不只是棘突起，就連人字骨的部分都有鈣化肌腱分布，這些鈣化肌腱會隨著個體成長而愈來愈發達。

　　一般而言，鈣化肌腱為細長棒狀，呈平行狀或網狀分布。厚頭龍類的尾巴有名為肌骨竿的特殊鈣化肌腱，這與生魚切片時看到的筋為同源（→p.220）結構。

　　鈣化肌腱可讓脊椎骨保持姿勢，使脊椎骨依照自身結構支撐起身體。另一方面，鈣化肌腱也有一定的柔軟度，可限制脊椎骨在適當的活動範圍內，但也不會讓脊椎骨融合成一整塊骨頭。在化石化過程中脫落的鈣化肌腱，常會散落在以關節相連（→p.164）的骨架周圍。

　　蜥臀類一般沒有鈣化肌腱，但某些蜥腳類的腰部則有鈣化的韌帶排列，並與脊椎骨癒合。馳龍類的尾巴中段至末端，沿著脊椎骨分布有許多細小的棒狀骨頭，不過這些並非鈣化肌腱，而是脊椎骨的關節突起與人字骨往前後延伸出來的細長骨頭。

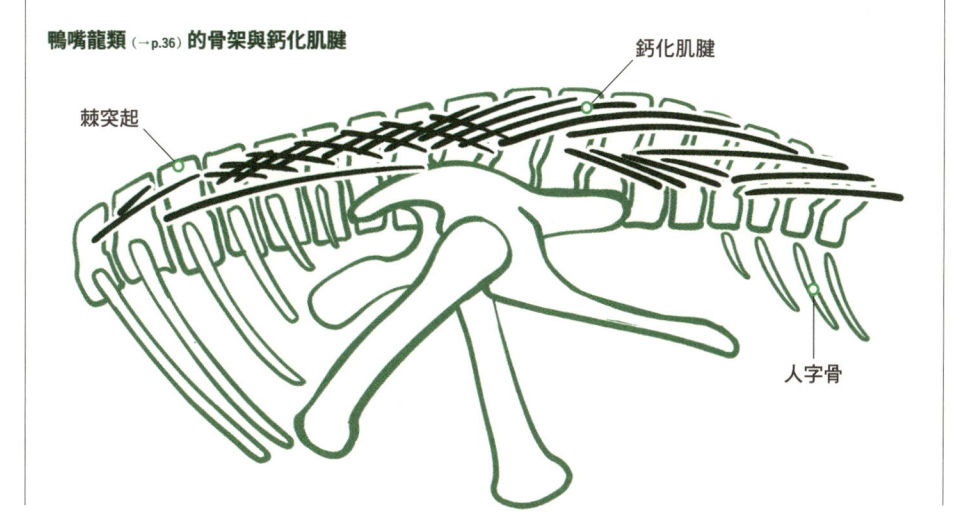

鴨嘴龍類（→p.36）**的骨架與鈣化肌腱**

棘突起　　　　　　　　　　　　鈣化肌腱

人字骨

恐龍的形態與分類

鞏膜環
sclerotic ring

某些恐龍的化石或骨架圖中，眼窩內有個甜甜圈狀的骨頭。這個骨頭稱為「鞏膜環」，屬於「眼骨」，是個體生前用於支撐眼球的骨頭。包括人類在內的哺乳類並沒有這個骨頭，不過在部分魚類、蜥蜴類、翼龍、恐龍以及鳥類體內，都可以看到鞏膜環。

∷ 鞏膜環以及相關研究

　　鞏膜環並非單一骨頭，而是由數個薄板狀的骨頭交疊成環狀結構。不同物種的板狀骨個數也不一樣，鞏膜環的整體形狀（環的粗細）在不同物種間也有差異。

　　鞏膜環位於「眼白」最外層之鞏膜的內部，個體活著的時候，從外面看不到這個骨頭。鞏膜環的內徑與眼珠的直徑大致相同，不過恐龍活著的時候，從外面基本上看不太到眼白。薄且脆弱的鞏膜環很少以完整的狀態變為化石，但如果能夠發現鞏膜環化石，便可精確復原（→p.134）出當恐龍存活時，從外部看到的眼睛（眼珠）大小。一般認為，雖然所有恐龍都擁有鞏膜環結構，但鞏膜環的化石卻相當罕見。

　　動物的眼球不一定是球狀，不少動物的眼球剖面為透鏡狀。眼球本身會因為內部壓力而趨於球狀。鞏膜環則會壓住眼球，使眼球保持平坦的形狀。

　　鞏膜環的形狀不只與眼珠大小有關，也和整個眼球的大小有密切關聯。若有鞏膜環，便有可能復原出整個眼球的形態。現生動物的相關研究結果指出，眼球的形態，以至於鞏膜環的形態，與該動物為晝行性、夜行性等晝夜節律有關。因此學者們目前正嘗試推測擁有鞏膜環的恐龍等古生物的晝夜節律。

稜齒龍的顱骨（長約13cm）以及其復原

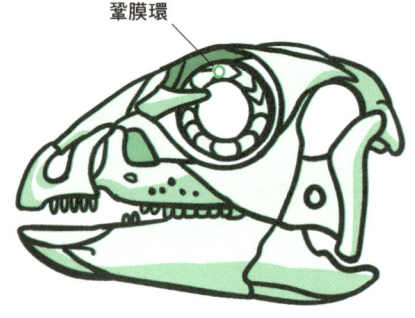

鞏膜環

| 恐龍的形態與分類　　　　　　　　　　　　　　　　　　　　　　　　　　　Chapter 2 博士篇

腹肋骨
gastralia

近年來，新製作的恐龍復原骨架中，愈來愈多副骨架會加上由細長骨頭在腹部組成的籠狀結構，這些骨頭一般稱作「腹肋骨」。不過這些可不是最近才被發現的骨頭。很久以前，我們就已經知道一部分的恐龍類群體內有腹肋骨。而腹肋骨也是常引起誤會的骨頭。

∷ 恐龍的腹肋骨

腹「肋骨」屬於皮骨（→p.214）的一種，與肋骨完全不同，且與肋骨之間並沒有關節相連。因為名稱容易引起誤會，所以常直接用英文的「gastralium」來稱呼。腹肋骨由2對細長且柔軟的骨頭組合而成（有些個體會癒合成一整塊），這些骨頭共有10多組，在腹部下方支撐著身體。

擁有腹肋骨的恐龍包括獸腳類、蜥腳類，以及較原始的鳥臀類。現生動物中，鱷魚與鱷蜥也擁有腹肋骨，不過屬於獸腳類的現生鳥類卻沒有腹肋骨。腹肋骨可從下方支撐腹部，也是腹肌的附著點，可能有輔助呼吸的功能。隨著呼吸系統的變化，進化型的鳥臀類、鳥類，以及其他爬行類的腹肋骨則退化。

腹肋骨為細長又柔軟的骨頭，且個體死後容易散落各地。因此，骨架完整到足以復原（→p.134）出原始位置的腹肋骨相當罕見，且常與鎖骨或叉骨這類肩關節骨混淆。即使發現時相當完整，也可能因為地層壓力而早已被壓至變形。由於化石相當脆弱，所以除了將產狀（→p.160）製成壁掛組裝骨架（→p.265）之外，很少看到有將腹肋骨復原的骨架。

近年來，裝上腹肋骨的復原骨架逐漸增加。有些復原骨架中，只有腹肋骨是來自體型大小不同的其他標本。有些復原骨架的腹肋骨則已變形成了與原先狀態完全不同的樣子，卻還是組裝了上去。

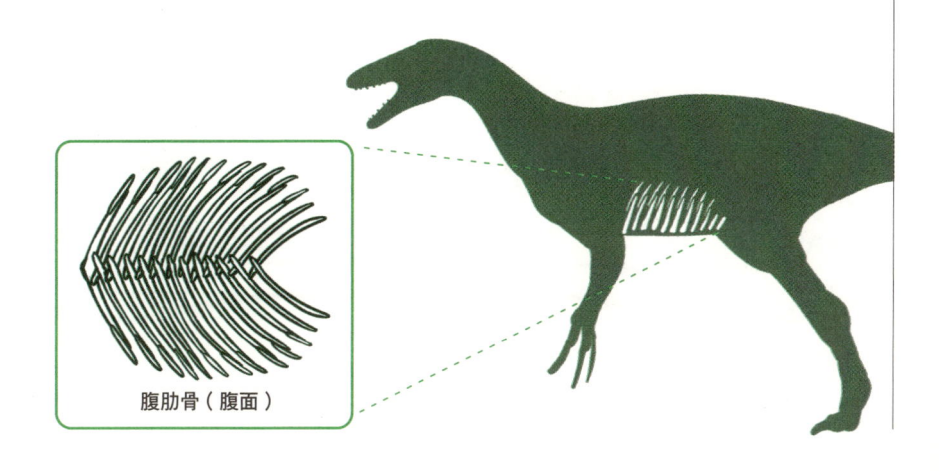

腹肋骨（腹面）

異齒性
heterodont

包括我們人類在內，多數哺乳類的牙齒會因為生長位置不同而有不同形態。這種特徵稱作異齒性。異齒性動物的不同牙齒（在口中不同的位置）會有不同功能，有些牙齒用於獵捕，有些牙齒則用於進食。異齒性有時被當成是哺乳類的特徵，但其實異齒性也能在恐龍或其他爬行類中看到。

:: 恐龍的異齒性

不論是肉食性或植食性，許多恐龍都有異齒性這個特徵。鳥臀類的異齒性十分顯著，相當原始的鳥臀類畸齒龍（*Heterodontosaurus*，異齒性蜥蜴之意）的口部末端有長長的獠牙，後方牙齒的形狀適於嚼碎植物。這種異齒性也可見於其他原始的鳥臀類類群，進化型物種卻多擁有相同形狀的牙齒（同齒性）。不論口部末端有沒有牙齒，鳥臀類的口部末端通常會變為喙，這也可以算是異齒性。

獸腳類的異齒性雖然沒有鳥臀類那麼明顯，不過，有些物種口中不同位置的獠牙狀牙齒，長度、粗細、彎曲程度也有很大的差別。有些如同暴龍類（→p.28）般，「門齒」與其他鋸齒（→p.209）排列位置不同；有些則如馳龍般，「門齒」特化成梳理羽毛用的牙齒。

異齒性
畸齒龍（原始鳥臀類）

獠牙狀牙齒
咀嚼用牙齒

同齒性
難捕龍（原始鳥腳類）

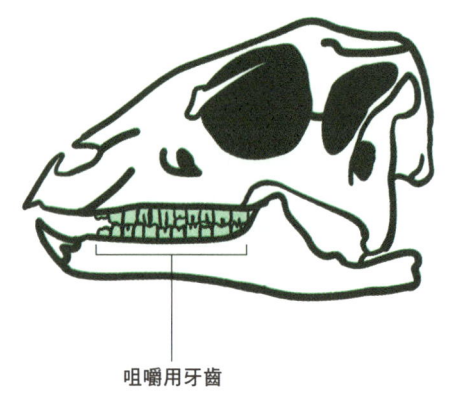

咀嚼用牙齒

鋸齒
serration

雖然哺乳類中相當少見，不過有許多爬行類、鯊魚等動物的牙齒有鋸齒狀結構，稱作「鋸齒」。這種「鋸齒狀」結構，可以有效率地撕裂食物。許多恐龍擁有鋸齒，在為恐龍分類以及分析其食性時，鋸齒是很重要的參考指標。

∷ 恐龍的牙齒與鋸齒

鋸齒的表面有數列鋸齒狀突起。恐龍中的蜥臀類、鳥臀類都有鋸齒狀牙齒。不同類群的鋸齒長得不一樣，所以僅由牙齒的化石也可以一定程度地判斷出化石主人屬於哪個物種。另外，即使是同一個個體，不同位置的牙齒，鋸齒形狀也可能不一樣，所以我們也能從鋸齒形狀，一定程度地判斷這是屬於哪一個部位的牙齒。

牙齒比骨頭堅硬牢固，多數恐龍都有很多牙齒，所以容易變成化石出土。在日本這種很少發現完整恐龍化石的地方，即使1顆牙齒，都是相當貴重的研究材料。

獸腳類的鋸齒多為許多小小的齒狀突起排成一列，鳥臀類鋸齒的齒狀突起則相對較大。這種差異與牠們的食性有關。有學者指出，獸腳類中擁有大型齒狀突起的類群（鋸齒龍類等），可能與鳥臀類同樣屬於植食性動物。

某些獸腳類物種完全失去了鋸齒結構。與擁有鋸齒的物種相比，牠們撕裂食物的能力應較差，所以有人認為這些獸腳類並非肉食性（可能為昆蟲食、雜質、植食性）。

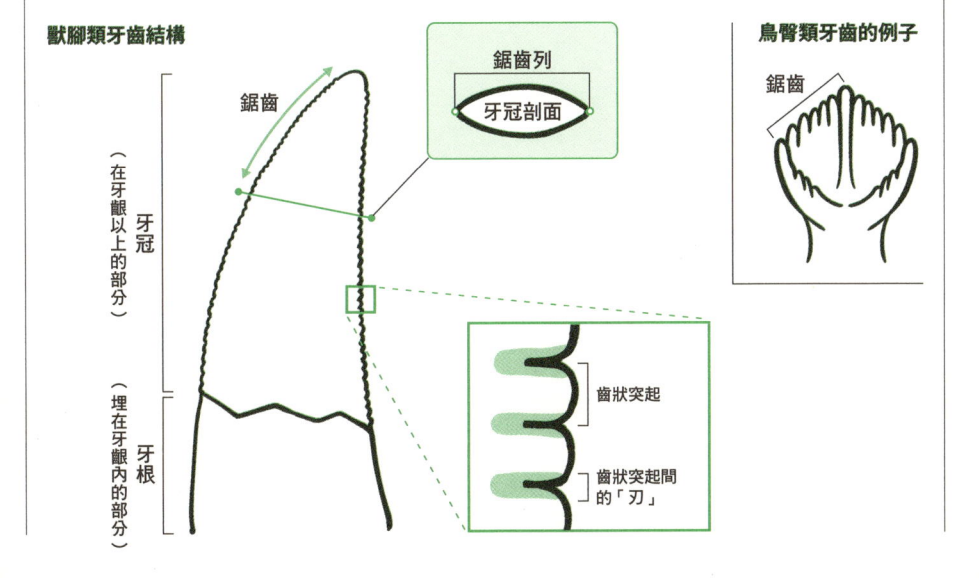

獸腳類牙齒結構

鋸齒
鋸齒列
牙冠剖面
牙冠（在牙齦以上的部分）
牙根（埋在牙齦內的部分）
齒狀突起
齒狀突起間的「刃」

鳥臀類牙齒的例子

鋸齒

恐龍的形態與分類

齒列
dental battery, tooth battery

植物比一般人想像中的還要硬許多，是相當難消化的食物。在口中消化（咀嚼）植物的動物，經常需要面對牙齒磨損的問題。多數哺乳類的牙齒終生不換，如何延長牙齒的壽命，對牠們來說是相當重要的課題。另一方面，牙齒會持續更換的恐龍，則透過不同於哺乳類的犯規般系統來解決這個問題。

∷ 恐龍與哺乳類的牙齒

恐龍的牙齒從齒槽（牙齒所在的凹洞）中長出；牙齒萌發出來時，該牙齒根部就會開始形成下次換牙時使用的新牙。新牙長大時，會將舊牙往上推；舊牙脫落後，新牙就會萌發出來。這就是恐龍換牙的基本機制。不同的物種，換牙需要的時間（形成下一顆牙齒所需要的時間）也不一樣。不論是肉食性還是植食性恐龍，一生中都會藉由這種機制持續長出新的牙齒並換牙。

包含我們人類在內的哺乳類，多在乳齒換成恆齒後，就不再換牙。因為只有換一次牙，所以如果恆齒全部掉光，哺乳類就無法進食。以植物為食的哺乳類在進食時，植物內的植矽體會磨損牙齒，所以光是進食就會減少自己的壽命。以植物中相當硬的禾本科草類（→p.200）為食的馬，牙冠（突出牙齦的部分）相當高，要經過很久的時間才會磨損完畢。而老鼠等齧齒類生物，門牙為終生會持續成長，不會磨損殆盡。

∷ 恐龍的齒列

植食性恐龍終生都在換牙，所以基本上不會因為牙齒磨損光而餓死。另一方面，與哺乳類牙齒相比，拋棄式的植食性恐龍牙齒結構較簡單，咀嚼能力也較差。

植食性恐龍中，鴨嘴龍類（→p.36）、進化型角龍類、部分蜥腳類擁有「齒列」結構，口內消化能力比其他恐龍還要高出許多。齒列內含有許多交換用的牙齒，呈石牆狀排列。整體齒列可終生成長，功能就像一顆巨大的牙齒一樣。每顆牙齒在咬合面（牙齒咬合時的接觸面）上，混合分布著相對耐磨損的堅硬琺瑯質，以及相對較軟的象牙質。這些牙齒可聚集形成單一咬合面，齒列整體則為由琺瑯質與象牙質組合成的複雜凹凸不平狀，方便咬碎植物。

擁有齒列的恐龍出現於白堊紀。因為與被子植物興盛的時期重疊，所以也有人認為齒列是為了適應植物而演化出來的結構。

構成齒列的牙齒以軟組織固定，所以在化石化的過程中每顆牙齒容易脫離分散。北美晚白堊世的陸相沉積層內有許多鴨嘴龍類與角龍類化石，不過顎骨內保留了齒列的化石相當罕見。

Chapter 2
博士篇

210
▼
211

角龍的齒列

齒列整體有著剪刀狀的刃，可在強而有力的顎部肌肉的動作下，將堅硬的植物切碎。上下顎牙齒的「刃」，末端會彼此摩擦，保持銳利的狀態。

鴨嘴龍類的齒列

齒列整體呈石臼狀，這樣的結構適合磨碎植物。下顎可前後大幅滑動，且下顎閉合時，可讓上顎骨往外側轉動，上下咬合面的摩擦方式相對複雜。

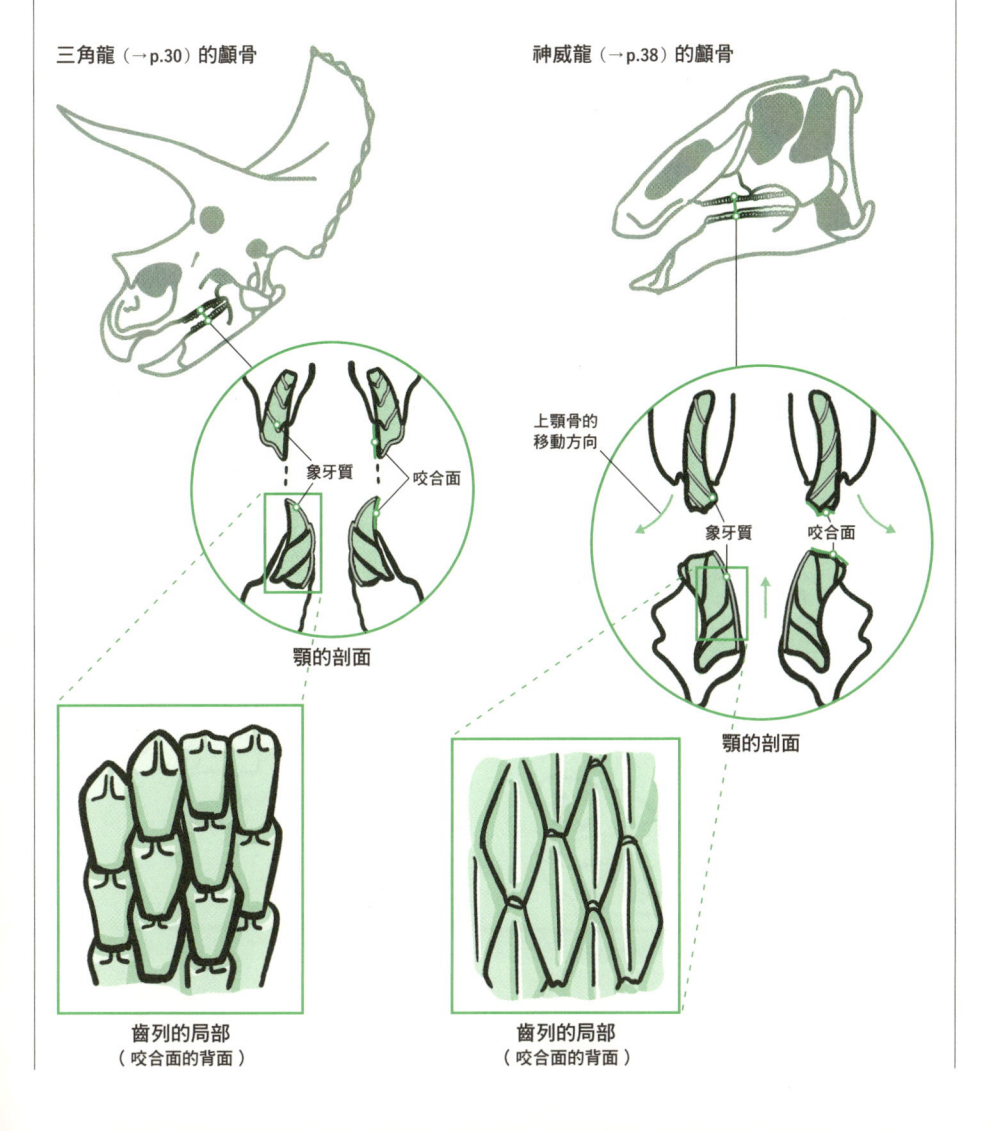

三角龍（→p.30）的顱骨

神威龍（→p.38）的顱骨

象牙質　咬合面

顎的剖面

上顎骨的移動方向

象牙質　咬合面

顎的剖面

齒列的局部
（咬合面的背面）

齒列的局部
（咬合面的背面）

| 恐龍的形態與分類

頭盾
frill

某些動物的頭後枕部有個薄而廣的結構，稱作頭盾。恐龍中，只有進化到一定程度的角龍類擁有頭盾。本節讓我們來看看各種角龍的頭盾。

:: 頭盾的演化

角龍中，只有新角龍類擁有發達的頭盾，不過原始角龍也有頭盾原型般的結構。角龍可能是為了讓強而有力的顎部肌肉有足夠的施力點，所以演化出了發達的頭盾。

角龍的近親——厚頭龍類的類似結構，可能是頭上圓頂的原型。

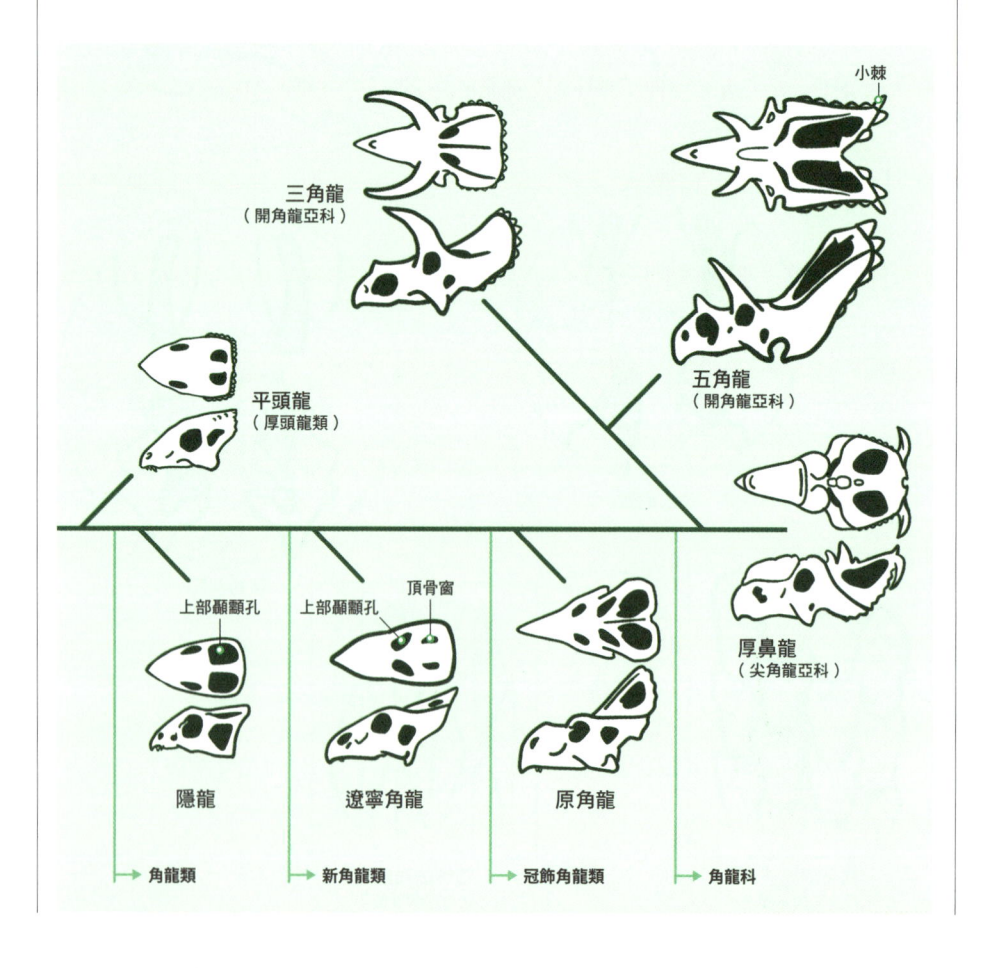

小棘

三角龍
（開角龍亞科）

五角龍
（開角龍亞科）

平頭龍
（厚頭龍類）

厚鼻龍
（尖角龍亞科）

上部顳顬孔　　上部顳顬孔　頂骨窗

隱龍　　　遼寧角龍　　原角龍

→ 角龍類　→ 新角龍類　→ 冠飾角龍類　→ 角龍科

▍頭盾的結構

頭盾是頭後枕部的骨頭，由頂骨與鱗骨構成，角龍科的頭盾上還有由皮骨（→p.214）構成的小小突起，稱作小棘。新角龍類的頭盾上有名為頂骨窗的大洞，三角龍（→p.30）等部分恐龍的頂骨窗則二次退化。頂骨與鱗骨上有各種發達的瘤狀結構，厚鼻龍的頂骨中軸線上也有小棘。

頭盾邊緣的小棘叫做緣枕骨突（常簡稱為 epo）。其中，與頂骨相連的緣枕骨突，稱作緣頂骨突（ep）；與鱗骨相連的緣枕骨突，稱作緣鱗骨突（esq）；介於緣頂骨突與緣鱗骨突之間者，則稱作緣頂鱗骨突（eps）。緣枕骨突連接其他骨頭的部分（頂骨與鱗骨的邊緣）呈波浪狀，我們可以在原角龍的頂骨上看到相同的結構。

緣枕骨突的形狀、個數、位置關係，是物種的重要特徵。隨著個體的成長，小棘會逐漸與顱骨融為一體，個數與位置關係不會隨著成長而改變。

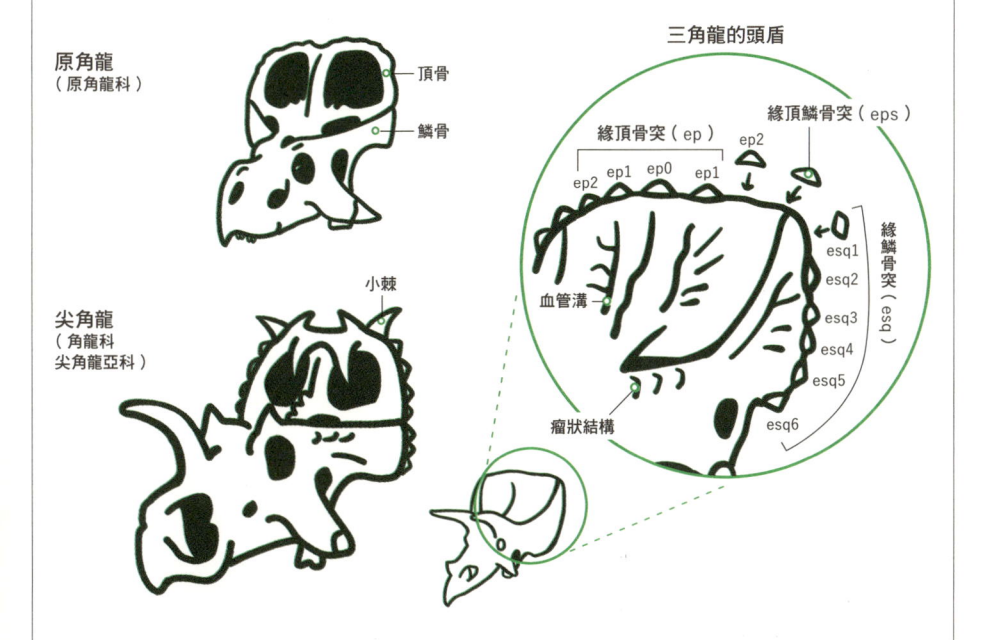

原角龍（原角龍科）
- 頂骨
- 鱗骨

尖角龍（角龍科 尖角龍亞科）
- 小棘
- 瘤狀結構

三角龍的頭盾
- 緣頂骨突（ep）：ep2 ep1 ep0 ep1 ep2
- 緣頂鱗骨突（eps）
- 血管溝
- 緣鱗骨突（esq）：esq1 esq2 esq3 esq4 esq5 esq6

三角龍等角龍科的部分物種，在頭盾的骨頭表面有發達的血管溝（有血管通過的溝）。角與喙的骨頭上也可以看到發達的血管溝，所以有學者認為角龍的頭盾表面沒有鱗片，而是覆蓋著厚厚一層角質。不過，近年發現了三角龍頭盾的鱗狀皮膚印痕（→p.224）。不只是頭盾，角龍的顱骨上也有發達小棘，以及其他小小的瘤狀結構與突起。這些結構構成了顯眼的鱗片與角質的基部。

恐龍的形態與分類

皮骨
osteoderm

動物的皮膚由多種結構交疊而成。鈣離子可能會沉澱在皮膚內部，特別是表皮下方的真皮內部，形成獨立於身體骨架的骨頭。這種在皮膚內形成的骨頭稱作皮骨。已知爬行類的多個類群擁有皮骨，恐龍中也有不少物種擁有發達的皮骨。

∷ 恐龍的皮骨

多種爬行類的鱗片底下帶有皮骨。現生動物中的鱷魚為恐龍的近親，在牠們背部一片片大型鱗片底下，便有著一塊塊皮骨。恐龍生成的皮骨，已知會被鱗片與角質等難以化石化的結構覆蓋。另外，頭部有皮骨的恐龍，皮骨會傾向於在個體成長時與顱骨癒合，然後逐漸被顱骨吸收，成為不顯眼的結構。

∷ 鳥臀類的皮骨

鳥臀類中，我們已知裝甲類與頭飾龍類擁有發達的皮骨。

裝甲類的大小皮骨為個體的「裝甲」，劍龍類的背部有源自皮骨的骨板，尾巴有棘刺狀的發達尾刺（→p.216）。甲龍類的頸部有名為「半環」的皮骨複合體，尾巴有鐵槌狀的皮骨集合體「柄」與「槌」。換言之，不同物種的皮骨形狀也各有差異，近親物種的皮骨基本配置也會趨於一致。甲龍類幼體的皮骨並不發達，鱷魚的幼體也是如此，鱗片分布狀況則與成體的裝甲相似。

頭飾龍類顧名思義，擁有彎曲狀、像是要把顱骨包起來般的發達皮骨。厚頭龍類與角龍類都有小小瘤狀、棘狀的皮骨分布在顱骨各處，部分厚頭龍類與角龍類有細長的棘刺狀皮骨。另外，三角龍（→p.30）等進化型角龍類中，鼻角的骨芯由皮骨構成。厚頭龍類在成長過程中，皮骨會逐漸與顱骨癒合，愈來愈不顯眼。

甲龍（→p.62）的鐵槌狀尾巴　　　　　厚頭龍（→p.64）的頭部

∷ 蜥腳類的皮骨

蜥腳類中,在白堊紀時大量繁衍的泰坦巨龍類擁有獨特的皮骨。由「root」與「bulb」組合而成的皮骨,在背上排成2列。「Bulb」為角質角的基台。這種皮骨並非單純防禦用結構,可能為鈣離子的貯藏器官。在某些個體上發現的密集皮骨粒,便是由root-bulb結構的皮骨,以及散布在其周圍小型皮骨構成。

角質的角?　bulb

root

∷ 獸腳類的皮骨

以南方巨獸龍(→p.70)為首的鯊齒龍類、暴龍類(→p.28)在眼窩上方部位有多個皮骨,形成屋簷狀的結構。這些皮骨可能用於向異性展示、遮擋陽光、防止敵人攻擊眼睛等。這些皮骨相當小,所以在化石化的過程中容易消失,有些物種則會隨著個體成長而與顱骨完全癒合,變得不顯眼。

另外,角鼻龍脊椎骨的棘突起上,覆蓋著1列小型皮骨。除了角鼻龍以外,目前我們並沒有發現其他有類似皮骨的獸腳類。過去學者們認為暴龍的背部有許多橢圓形皮骨,後來則發現這是一起出土的甲龍的皮骨。

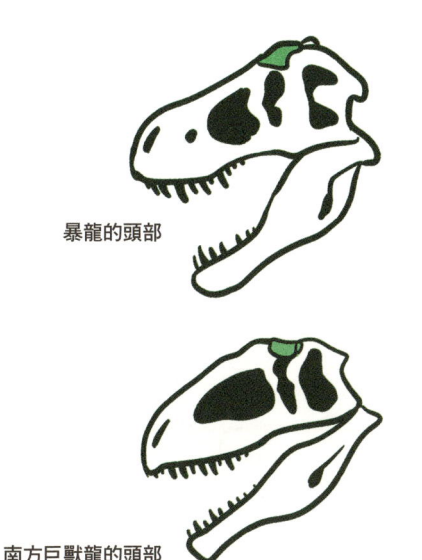

暴龍的頭部

南方巨獸龍的頭部

角鼻龍的背部皮骨

恐龍的形態與分類

尾刺
thagomizer

不少恐龍都有某些棘狀突起物，不過只有以劍龍為首的劍龍類恐龍，擁有顯眼、長了棘刺的尾巴。這種由皮骨構成的棘刺，顯然作為武器使用，古生物學家們將其稱為「尾刺」。

∷ 尾刺與板刺

學界從19世紀開始便已知道劍龍類尾巴的棘刺（有時稱作尾棘，並不是嚴格的專業術語）化石的存在。

「尾刺」這個術語則是在1990年代以後才開始使用。這並非古生物學家想出來的用語，而是美國著名的荒誕漫畫家加里·拉爾森，於1982年發表的單格漫畫中登場的詞。一個原始人在聽眾面前，說「已故的Thag Simmons」被劍龍（→p.44）的尾棘所殺，故稱尾棘為「thagomizer」（尾刺）。由此漫畫突顯出劍龍類尾巴的棘刺具殺傷性，而哥吉拉龍（→p.269）的命名者肯尼斯·卡本特在學會發表的報告中，使用了這個詞。

像是劍龍這種，骨板與尾刺的形態有明顯差異的劍龍類其實很少。許多劍龍類物種並沒有劍龍那種又大又薄的骨板，而是有形態介於棘刺與骨板間的「板刺（取棘刺與骨板各一字的造詞）」。愈靠身體後方，板刺就愈呈現出棘刺狀，最後變為尾刺。

尾刺與骨板、板刺一樣，沒有透過關節與脊椎骨相連。因此，研究者常常很難推估出尾刺的數目，更不用說尾刺的配置方式了。在過去，研究者們曾經將蹄足劍龍的尾刺復原（→p.134）成4對（8根），實際上蹄足劍龍與狹臉劍龍一樣，都是2對（4根）。

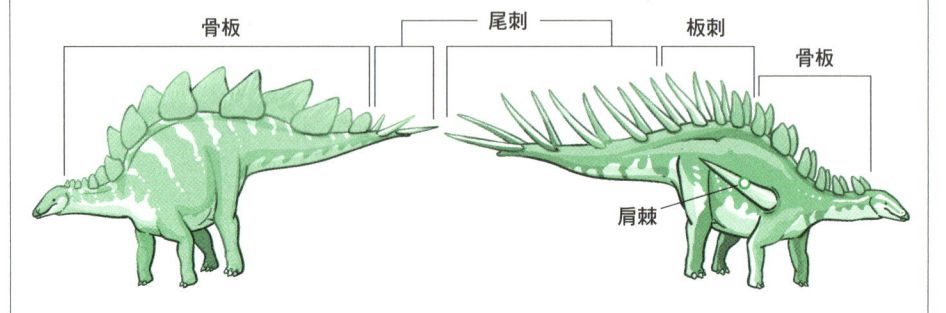

劍龍 　　　　　　　　　　　　　　　　　　　　　　　　　　釘狀龍

骨板　　　　　尾刺　　　板刺　　骨板

肩棘

恐龍的形態與分類

爪指骨
ungual phalanx

Chapter 2
博士篇

恐龍「爪的骨頭」有多種形狀。不過這個骨頭僅為爪的芯，實際上的爪為骨頭上的角質，難以轉變成化石。不過，「爪的骨頭」常可反映出爪的形狀，說明這個爪有哪些功能。恐龍的「爪的骨頭」不論手腳，在日文中通常稱作「末節骨」。末節骨為人類解剖學的用語，以恐龍為對象時，應該要翻譯成「爪指骨」比較正確。本節就來介紹各種恐龍的爪指骨。

:: 手的爪指骨

二足步行的恐龍與四足步行的恐龍，手部爪指骨的形狀完全不同。

二足步行恐龍的爪指骨形狀相當多樣，不過四足步行恐龍的爪指骨形狀大多類似哺乳類的「蹄骨」。另外，有些蜥腳類的腳趾全面退化，「爪指骨」也跟著消失；或者腳趾消失，只留下掌骨（手背的骨頭）。

第四指（無名指）與第五指（小指）通常沒有「爪指骨」，且手指末端的骨頭有形狀不固定的小型粒狀物，為恐龍手部的共同特徵。這個特徵與現生鱷魚共通。目前主流意見認為，所有恐龍都與鱷魚一樣，第四指與第五指沒有爪或蹄般的結構。

爪指骨的根部有個突起，供肌腱附著，這個突起的發達程度，為手指屈伸強度的指標。鉤爪可以用於有效抓取、刺穿獵物。鉤爪彎曲程度較小或是沒有鉤爪的恐龍，狩獵時可能就不會用到手，或者根本不是肉食恐龍。

:: 腳的爪指骨

腳的爪指骨由於有支撐體重這個重要功能，所以形狀的多樣性就沒有手部爪指骨那麼豐富了。獸腳類的腳部爪指骨多為圓鈍鉤爪狀，馳龍類與鋸齒龍類的第二指爪指骨則為鐮刀狀的「鐮刀爪」。另外，重量級的鐮刀龍類（→p.60）的腳部爪指骨相當發達，為薄形鉤爪狀。蜥腳類的圓鈍鉤爪狀爪指骨也相當發達，不過鳥臀類的爪指骨多呈細長平爪狀，即「蹄骨」狀。

鉤爪狀爪指骨（手）的例子

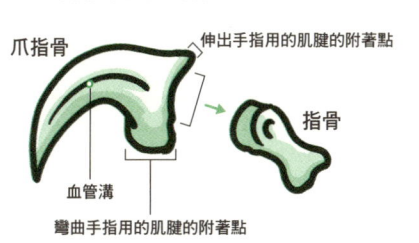

爪指骨 — 伸出手指用的肌腱的附著點
指骨
血管溝
彎曲手指用的肌腱的附著點

「蹄骨」狀的爪指骨（腳）的例子

趾骨
爪指骨
滑車狀的關節

併蹠骨
arctometatarsal

恐龍腳掌最多由5個蹠骨組合而成,不過不同類群的恐龍,結構有很大的差異。獸腳類基本上是由3個蹠骨束在一起組成腳掌。興盛於白堊紀的數個類群的恐龍,則獨自演化出發達的特殊結構「併蹠骨」。

∷ 併蹠骨的結構

1889年發現的似鳥龍(→p.58)化石中,首次確認到今日被稱作併蹠骨的結構。這個標本保存了完整的腳掌,但第三蹠骨(對應中趾的蹠骨)被第二蹠骨(對應食趾的蹠骨)與第四蹠骨(對應無名趾的蹠骨)左右夾著,呈現出「被夾扁」的狀態。從正面看過去,第三蹠骨的上端就像是被第二蹠骨與第四蹠骨蓋住一樣。這個特徵與幼年鴕鳥的腳掌十分相似,對此感到十分有趣的奧斯尼爾‧查爾斯‧馬許便將這種恐龍命名為 *Ornithomimus*(似鳥龍),意為「與鳥相似的」。

在這之後,暴龍類(→p.28)、阿爾瓦雷斯龍類、近頜龍類、鋸齒龍類,以及其他不屬於似鳥龍類的各種白堊紀獸腳類,也發現了相同的特徵。這種結構在1990年代時備受矚目,才被賦予了「arctometatarsal」(併蹠骨,狹窄的蹠骨)這個名稱。有些學者提出,要將擁有這種結構的獸腳類類群稱做「併蹠骨類」,不過這些類群的原始型物種都沒有併蹠骨結構,一般認為是在早白堊世到白堊紀中期之間,各自獨立演化出這種結構。由此可見,在早白堊世時,獸腳類可能就已經開始速度競賽了。

∷ 併蹠骨的功能

擁有併蹠骨的獸腳類中,除了暴龍與特暴龍之外,體型都相對纖瘦,後肢相當長。而且,暴龍與特暴龍的幼體體型也相對纖瘦,後肢則非常長。由這些恐龍的體型,可以知道牠們跑得很快,併蹠骨這個獨特的結構,或許也是牠們優異的跑動能力的來源。

併蹠骨的功能形態學(→p.156)研究結果指出,與其他獸腳類的腳掌相比,併蹠骨結構在前後方向上的彈性較大,使腳掌整體像一塊板子,可分散腳受到的衝擊。與沒有併蹠骨的獸腳類相比,併蹠骨可減輕高速跑動時的負擔。

併蹠骨不只在高速跑動時能發揮效用,平常也能減輕體重對腳骨造成的負荷。暴龍成體在獸腳類中體型相當巨大。比較相同體長的暴龍與南方巨獸龍(→p.70)個體可知,暴龍的體重(→p.143)明顯較重。學者們對於暴龍的跑動能力意見分歧,不過有不少人認為,併蹠骨是造成暴龍類巨大化的一大原因。

Chapter 2
博士篇

併蹠骨可吸收衝擊

動物走路、跑步時，蹠骨可彎曲以吸收施加在腳上的衝擊。與一般結構的蹠骨相比，併蹠骨前後方向上的彈性明顯較好，長距離跑動時，可以承受體重較重之身體造成的負荷。

體重＋踢力
蹠骨
蹠骨彎曲
來自地面的衝擊

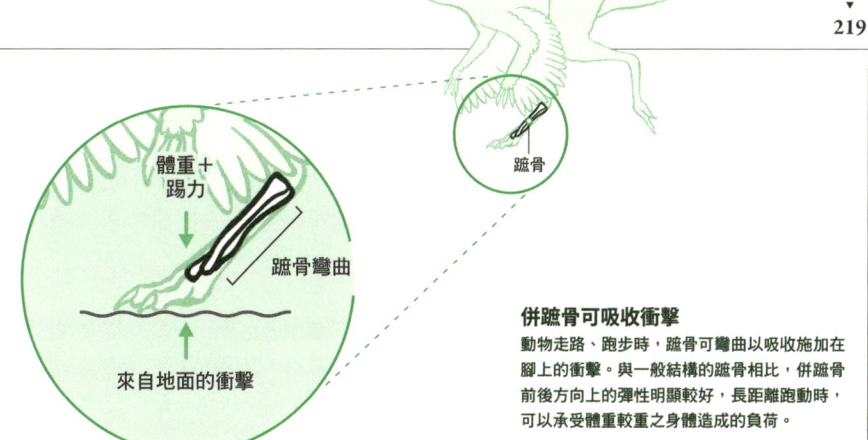

獸腳類的腳掌

每個獸腳類恐龍的腳掌，都是3個蹠骨束在一起。如果是併蹠骨的話，從正面看過去，第三蹠骨的上端會被遮住；從腳踝關節側看過去，才可看到第三蹠骨的上端。

「亞併蹠骨」是與併蹠骨接近的結構，但不是併蹠骨。如果從腳踝關節側看過去，也看不到第三蹠骨，則稱作「超併蹠骨」。另外，西北阿根廷龍類的蹠骨狀態與併蹠骨剛好相反，第三蹠骨極為粗壯。

如果蹠骨間的關節彼此脫離，那麼即使是獸腳類專家，也很難從併蹠骨的樣子，判斷個體為暴龍類還是似鳥龍類。偶爾會有某些被描述（→p.138）成似鳥龍類的蹠骨，在進一步研究後，發現其實是暴龍類的蹠骨。

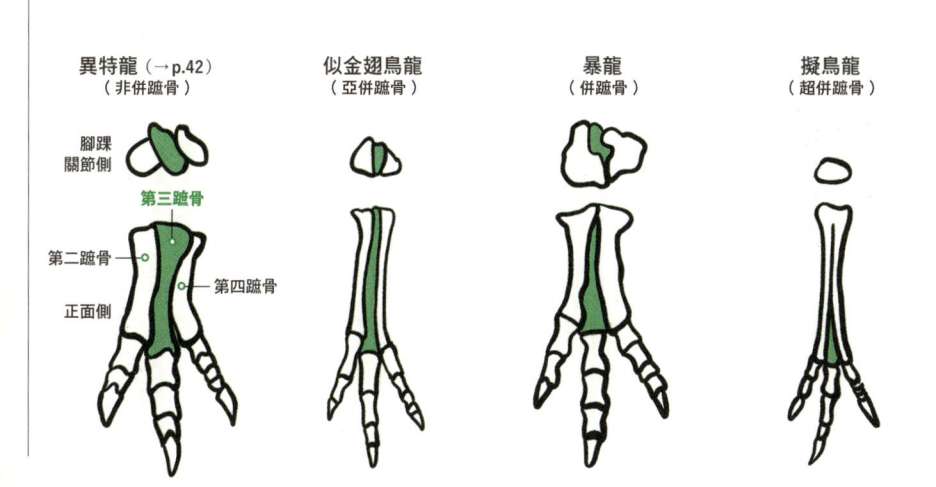

異特龍（→p.42）（非併蹠骨）
腳踝關節側
第三蹠骨
第二蹠骨
第四蹠骨
正面側

似金翅鳥龍（亞併蹠骨）

暴龍（併蹠骨）

擬鳥龍（超併蹠骨）

恐龍的形態與分類

同源
homology

乍看之下，鳥的翅膀與其他脊椎動物的前肢有很大的差異。即使去掉羽毛，看起來也不像前肢，不過仔細看的話還是可以看出「鳥翅膀的骨頭」上有3根手指般的結構。鳥的翅膀由獸腳類的前肢變化而來，與其他脊椎動物的前肢起源完全相同。這就是所謂的「同源」。鳥的翅膀與其他脊椎動物的前肢為同源器官。

同源器官與同功器官

系統發生（＝演化）、個體發生（＝成長）上，起源相同者稱作「同源」（有同源性），同源的器官稱作同源器官。不少同源器官在系統發生、個體發生的過程中，形態、功能產生了很大的變化。譬如，魚的魚鰾與其他脊椎動物的肺，就是同源器官。

相對於此，形態或功能相似，系統發生、個體發生上卻為不同起源者，則稱作「同功」（有同功性）。昆蟲的翅膀、翼龍（→p.80）的翅膀、蝙蝠的翅膀，都是拍動後能讓個體飛行的膜狀結構，為同功器官；但昆蟲的翅膀與翼龍、蝙蝠的翅膀起源完全不同（翼龍的翅膀與蝙蝠的翅膀則是同源器官）。

在分析該生物的演化過程時，比較同源器官是相當重要的一環。形態看似完全不同的同源器官，是該生物從共同祖先分枝演化出來後，獨立演化出來的結果。另外，同功器官間為何有相似形態，也是功能形態學（→p.156）常見的研究對象。

獸腳類的手與鳥類翅膀的同源性與形態比較

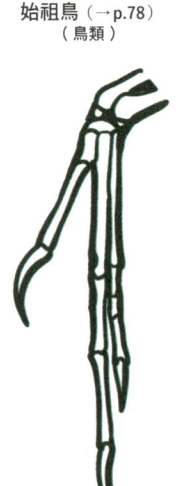

恐爪龍（→p.48）
（非鳥類獸腳類）

始祖鳥（→p.78）
（鳥類）

麝雉幼鳥
（鳥類）

麝雉成鳥
（鳥類）

恐龍的形態與分類

尾綜骨
pygostyle

鳥類尾巴並不是只由尾羽構成。尾羽下方有個相當短的尾巴，而占了尾骨大半部分的是被稱為「尾綜骨」的結構，這是由多個尾椎癒合而成的單一骨頭。過去學界曾認為，只有白堊紀以後的鳥類有尾綜骨，直到近年才確認了與鳥類親緣關係較遠的獸腳類中，某些物種也有尾綜骨。

∷ 恐龍與尾綜骨

現生鳥類的尾巴由自由可動的尾椎，以及堅固、一體成形的尾綜骨組合而成。尾綜骨可作為尾羽的附著點，這種尾部結構與現生鳥類複雜的飛行控制機制有著密切關聯。

到了1990年代後，研究者們發現偷蛋龍（→p.54）的近親，小型獸腳類的天青石龍（有人認為是單足龍的同物異名（→p.140））有尾綜骨的結構。天青石龍明顯沒有飛行能力，且與鳥類的親緣關係相當遠。因此，開始有研究者覺得尾綜骨可能並非單純為了飛行而演化出來的結構。

目前除了天青石龍之外，還有數種偷蛋龍類也被發現擁有尾綜骨。而且，比起偷蛋龍，與鳥類親緣關係更遠的恐手龍（→p.56），尾巴末端也有尾綜骨的雛型。

我們尚不了解這些「不會飛的恐龍」的尾綜骨有什麼功能。不過，偷蛋龍及天青石龍之祖先的近親——尾羽龍雖然沒有尾綜骨，尾巴末端卻有很大的飾羽。所以有學者認為，天青石龍與其他恐龍的尾綜骨，可能有支撐尾羽飾羽的功能。另一方面，與鳥類親緣關係較近的馳龍、鋸齒龍類、始祖鳥（→p.78）等身上並沒有發現尾綜骨，故也有學者認為，「恐龍的尾綜骨」與「鳥類的尾綜骨」可能不是同源器官（→p.220）。

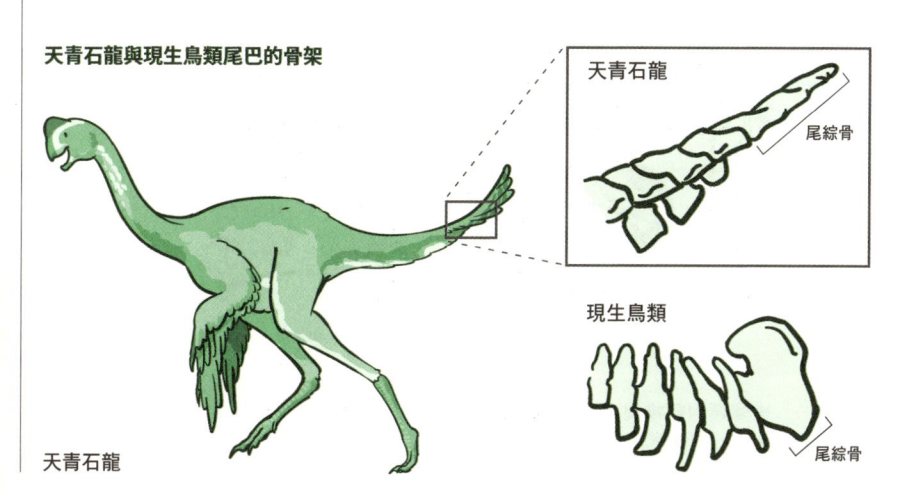

天青石龍與現生鳥類尾巴的骨架

天青石龍

天青石龍 / 尾綜骨

現生鳥類 / 尾綜骨

恐龍的形態與分類

含氣骨
pneumatized bone

某些骨頭內部有空腔，此空腔被稱為骨髓腔，內部充滿骨髓，承擔著製造血液細胞的重要功能。不過，有些骨頭不只有骨髓腔，還有與骨頭外部連通的空腔——含氣腔。現生鳥類的氣囊可經由含氣孔，接通骨頭內的含氣腔，這種「含氣骨」也可在恐龍與翼龍中看到。

∷ 恐龍與含氣骨

含氣骨內部的骨小樑呈蜂巢狀排列，這種結構可讓骨頭的強度在一定水準之上。各種恐龍中，蜥臀類的含氣骨相當發達。若找到蜂巢狀剖面的化石，即使只有風化後的碎片，某些情況下也能鑑定出這是蜥臀類恐龍。這些含氣骨在身體輕量化上有很大的幫助。

即使是不會飛的鳥類物種，骨骼也有含氣化的情況，脊椎骨與四肢的含氣腔中有氣囊（→p.223），氣囊則與肺部相連。這些鳥類的脊椎骨，與獸腳類、蜥腳類、翼龍（→p.80）脊椎骨的含氣孔、含氣腔十分相似。所以學者們認為獸腳類、蜥腳類、翼龍的脊椎骨內也有與肺相連的氣囊。

鳥類因為有氣囊，所以有很高的呼吸效率，蜥臀類與翼龍應該也一樣。近年來，學者們認為翼龍、獸腳類、蜥腳類的骨架含氣化應為獨立演化而成。鳥臀類的骨架則沒有朝著含氣化的方向演化。

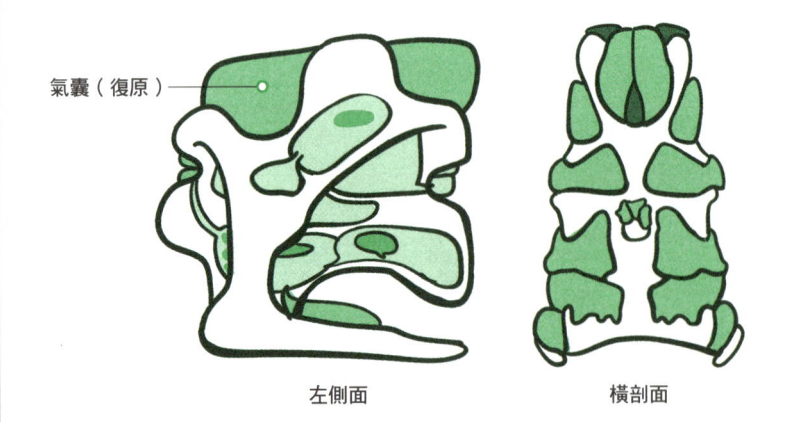

氣囊（復原）

左側面　　　　　　　　橫剖面

蜥腳類的頸椎與含氣化（例：迷惑龍）　大型蜥腳類的1個頸椎長度超過50cm，化石非常重。不過，蜥腳類的頸椎與軀幹內的脊椎皆高度含氣化，有些含氣化體積可大於60%，腕龍類（→p.46）脊椎骨的含氣腔比例甚至有89%以上。

| 恐龍的形態與分類

氣囊
air sacs

無須多提，鳥類是用肺呼吸的動物。不過鳥類的肺及呼吸系統的結構，與哺乳類有很大的差異。鳥類中的某些物種可以飛到4000m的高空，牠們的呼吸系統相當特殊，為肺與「氣囊」的組合，呼吸效率遠勝哺乳類。而鳥類的氣囊，正是繼承自恐龍的特徵。

∷ 肺與氣囊

哺乳類的肺在吸入空氣（吸氣）後，會將空氣沿著進入體內的通道吐出（呼氣），為雙向通行的通道。吸氣時僅抵達氣管的空氣，在呼氣時會直接排出，所以吸入的空氣中，只有一部分有參與氣體交換（血液中紅血球所搬運的二氧化碳，與吸入氣體中的氧氣交換）。

相對於此，蜥蜴與鱷魚則有單向通行的肺，可在吸氣時使所有氣體參與氣體交換。鳥類還可將吸入空氣的一部分保留在氣囊內，使肺時常充滿新鮮空氣，用於氣體交換。

許多動物都擁有含氣骨（→p.222），骨頭內部有空腔，鳥類的含氣骨則是收納氣囊的空間。另外，脊椎骨的側面也有許多包覆氣囊的凹陷，頸部、軀幹、腰部、肱骨內也塞滿氣囊。進化到一定程度的蜥臀類恐龍、翼龍（→p.80）的骨頭內，也有確認到這些結構，為牠們擁有氣囊的證據。鳥臀類沒有這些結構，不過可能只是表示牠們的氣囊沒有收納在骨頭內。在恐龍與翼龍興盛的晚三疊世到早侏羅世，大氣中的氧氣濃度應該偏低，擁有氣囊應該是牠們能夠興盛的關鍵因素。

雙向通行的呼吸系統中，氣管愈長，呼吸效率愈差。研究者認為，長頸鹿的頸部長度應已演化到了能進行有意義呼吸的極限。蜥腳類的氣囊非常發達，所以要演化出比長頸鹿更長的頸部，並不是件困難的事。

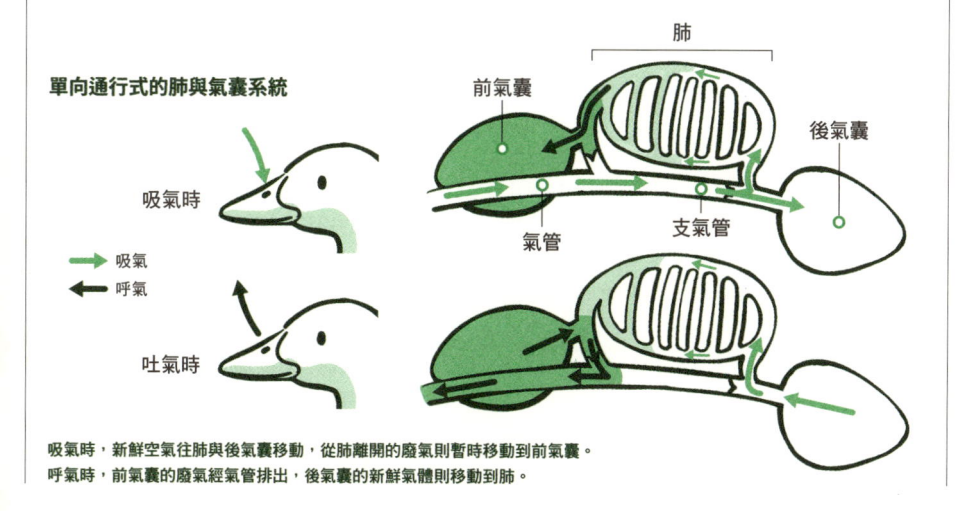

單向通行式的肺與氣囊系統

吸氣時，新鮮空氣往肺與後氣囊移動，從肺離開的廢氣則暫時移動到前氣囊。
呼氣時，前氣囊的廢氣經氣管排出，後氣囊的新鮮氣體則移動到肺。

| 化石

皮膚印痕
skin impression

有些恐龍的復原畫會將每個鱗片詳細描繪出來。不過，鱗片是軟組織，保存了化石化鱗片的木乃伊化石非常稀有。以印痕方式保留了鱗片形狀與圖樣的「皮膚印痕」，遠比木乃伊化石還要多，為復原恐龍時珍貴的資訊來源。

:: 恐龍與皮膚印痕

遺體的軟組織相當容易分解，通常在礦化開始前就已經消失。因此，以某種形式保留軟組織形狀的化石相當珍貴。

若在皮膚完全分解前，遺體被細小粒子的沉積物（細砂、火山灰、泥土等）掩埋，且迅速固結，皮膚外形便會以印痕化石（→p.226）的形式保留下來，這就是皮膚印痕。如果骨架與大範圍的皮膚印痕一起被保留下來，這種化石有時候也稱作「木乃伊化石」（→p.162）。

與軟組織本身礦化這種真正的木乃伊化石相比，恐龍的皮膚印痕相對較常看到，即使是關節脫離的骨架，偶爾還是能看到在骨頭周圍有部分身體所留下來的皮膚印痕。

從恐龍研究的黎明期開始，研究者們就已經知道恐龍皮膚印痕的存在，並將其視為生物體復原（→p.134）工作的重要關鍵，一直都受到關注。親緣關係相近的恐龍，鱗片的圖樣也很相似。如果由其他資訊得知某些恐龍為近親，便可依照牠們所屬的類群，復原出鱗片的基本圖樣。鴨嘴龍類（→p.36）已知有種類繁多且大範圍的皮膚印痕與木乃伊化石，因而從全身鱗片的基本圖樣，到各物種間在圖樣上的微小差異，相關資訊都隨著研究進展而逐漸明朗化。

:: 皮膚印痕與化石修整

皮膚印痕可分成凹凸情況與原物相反的雌型，以及與原物一致的雄型。我們可在母岩上看到零星分布的雌型皮膚印痕，也可看到出土時包圍著骨架的雄型皮膚印痕。若母岩的風化程度過大，即使在野外確認到皮膚印痕的存在，也可能無法採集下來。

在發掘化石的過程中就能確認到皮膚印痕的情況並不常見，大部分是在清理（→p.130）骨架時，不經意發現了皮膚印痕。而且皮膚印痕的顏色通常與母岩相同。若骨架被皮膚印痕包圍，研究者們可能會因為覺得皮膚印痕很礙事而遲遲不肯清理骨架。

因此，在化石修整（→p.128）的過程中不經意破壞掉皮膚印痕，或是在拍攝記錄照片、製作複製品（→p.132）後，狠下心來去除皮膚印痕的例子並不少見。某些例子中，研究者從清理化石時拿掉的母岩碎片中，發現了鱗片的圖樣，才察覺到這副骨架外面曾包覆著皮膚印痕。還有一些例子是難以判斷外表是母岩的沉積結構、結核，還是鱗片的印痕化石，便不管那麼多，直接進行化石修整。

綜上所述，許多「破壞」皮膚印痕的故事被流傳，應有許多皮膚印痕在沒有人注意到的情況下，被完全破壞、去除。所以今日在發現化石後，都會以存在皮膚印痕為前提，謹慎地進行化石清理。

Chapter 2
博士篇

∷ 恐龍的鱗片

目前我們已知各類群恐龍的皮膚印痕。不同類群的恐龍，鱗片的圖樣也有很大的差別。

恐龍的鱗片基本上為多邊形，像是貼磁磚般填滿皮膚上。某些恐龍類群的體表上，大型鱗片分散各處，大型鱗片間的空隙則由較小的鱗片填滿。很少看到鱗片重疊的狀況，全身被重疊的鱗片包覆的恐龍更是從未見過。

不同物種的恐龍、不同的身體部位，鱗片大小也不一樣。不過一般來說，獸腳類多以非常小的鱗片為主。另一方面，皮骨（→p.214）發達的甲龍、進化型的角龍等，身體各處都可看到巨大的鱗片。

三角龍（→p.30）「Lane」 暱稱為「Lane」的皺褶三角龍標本，保留了幾乎完整的骨骼，以及軀幹、四肢的大範圍皮膚印痕。目前正在進行詳細研究。

腰部鱗片 研究者發現了從腰到大腿、尾巴根部的連續皮膚印痕，外觀就像以巨大鱗片為中心的玫瑰花圖樣。位於玫瑰花中心的鱗片，中央處有突起，這並非剛毛狀羽毛的斷裂痕跡，而是角的末端斷掉的痕跡。

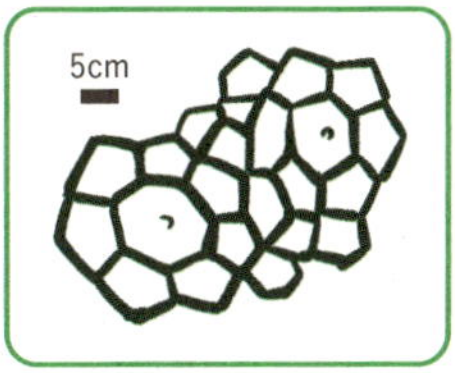

頭部鱗片 「Lane」的顱骨皮膚印痕並未被發現，不過由其他標本可以推測，頭部應覆蓋著大型鱗片或瘤狀物。

四肢鱗片 除了可活動部分之外，四肢從根部到末端都覆蓋著大型鱗片。

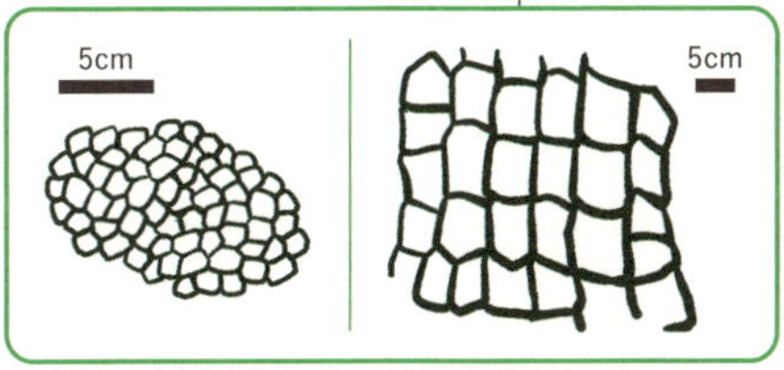

頸部鱗片 頸部側面的鱗片較細小，喉嚨覆蓋著鱷魚般的大型書籤狀鱗片。

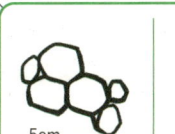

印痕化石
impression

軟組織通常會在生物遺體轉變成化石的過程中分解，最後消失。外殼與骨頭等堅硬組織也可能會消失。不過，遺體被沉積物掩埋時，組織的形狀可能會留在沉積物上。這些形狀稱作印痕化石，我們可以用矽氧樹脂填充，再用電腦斷層掃描，重新建構出原本的組織形狀。

∷ 化石的印痕、雄型與雌型

印痕有多種名稱。這裡以雙殼貝的外殼化石為例來介紹這些名稱。與原本的遺體凹凸情況相同者為雄型，相反者為雌型。

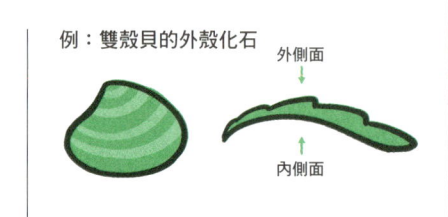

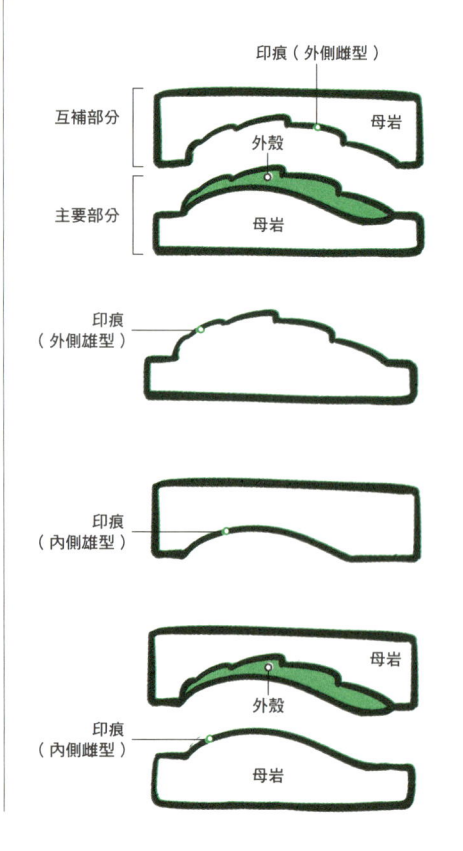

例：雙殼貝的外殼化石
外側面
內側面

保存外側形態時

化石與外側的母岩分離時，外側的母岩會留下殼的互補形狀，即殼的外側雌型。

風化、侵蝕會讓殼消失，通常只有外側雌型以印痕化石的形式保留下來。另外，化石化的過程中，殼可能會溶解於地下水中流失，其他物質便會沿著這個外側雌型沉積下來，形成天然的外側雄型。若化石化的殼保存狀態很差，那麼在化石修整（→p.128）時，可能會故意去除整個殼，然後將樹脂注入僅有母岩的外側雌型，重現出原本的形狀（外側雄型）。

保存內側形態時

化石與內側的母岩分離時，內側的母岩會留下殼的互補形狀，即殼的內側雌型。

如果只有留下內側雌型，通常很難鑑定出化石的物種。不過內側雌型是用來研究留在內側上之各種軟組織痕跡的絕佳時機。如左圖所示，如果雙殼貝的殼的表面很光滑，那麼內側雌型、內側雄型的化石，便分別容易與外側雄型、外側雌型混淆，需仔細觀察才行。

| 研究、發掘 | Chapter 2 博士篇 |

電腦斷層掃描
CT scan

「**電**腦斷層掃描」簡稱CT scan。這是運用X光照的拍攝原理，以放射線掃描目標物，將得到的資料交由電腦處理，得到許多剖面圖像。電腦斷層掃描可以在不直接接觸物體的情況下，分析內部情況，為非破壞性檢查方法，在醫療、工業、古生物學、考古學領域中，可發揮很大的作用。

∷ 古生物學與電腦斷層掃描

化石內部的細微結構會置換成礦物等物質，所以骨頭的內部結構通常會保留下來。不過，這些內部結構只有在去除化石表面後，才觀察得到。因此，在發明電腦斷層掃描以前，研究者只能試著尋找風化程度不多不少，剛好露出內部結構的化石；或是狠下心來破壞貴重化石，使其露出內部結構，才能觀察、研究化石的內部結構。

使用電腦斷層掃描，便能透過化石與其他部分的性質差異，在不直接用手觸碰的狀況下，研究其內部結構。醫療用電腦斷層掃描需考慮到放射線曝露的問題，故廠商會限制機器的性能。不過若以化石為對象，就能使用工業用強力電腦斷層掃描設備，或是以粒子加速器產生放射線的設備。然而，恐龍化石中常有巨大的骨頭，放不進電腦斷層掃描設備，有時候使用上沒有那麼方便。

電腦斷層掃描軟體、硬體兩方面的發展都相當迅速，近年來甚至還發展出高解析度的設備，得到的3D模型能直接以3D列印放大輸出。即使是同一個標本，30年前的電腦斷層掃描結果，與現在得到的結果，解析度可說是天差地遠。

∷ 於化石清理上的應用

即使是熟練的修整人員（→p.128），處理小型恐龍的顱骨內部等結構非常脆弱的部位時，也不可能使用機械性方式進行化石清理（→p.130）。此時可考慮改用化學方式，不過構成母岩與化石的礦物種類，常不允許我們使用化學方式清理化石。

近年來，研究者們改採「數位清理」的方式，透過電腦斷層掃描分辨化石與母岩。數位清理需要強而有力的電腦斷層掃描設備才能實現。但只要能實現數位清理，就算是無法用機械性、化學方式清理的化石，也可以在掃描化石後，於數位資料上抽離、去除母岩的資訊，只留下化石本身的資訊。最後得到高解析度、足以用於3D列印時放大輸出的資料。

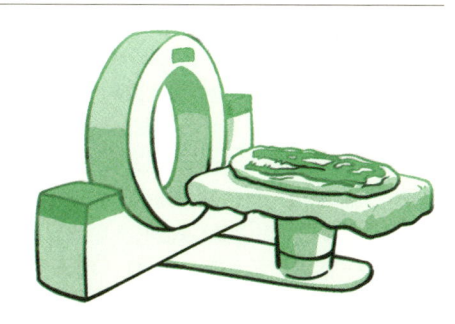

不過，目前我們幾乎只能用人工方式逐一調整輸出，去除母岩的資料。以AI進行自動化石清理是我們的終極目標，研究人員正在努力開發以電腦斷層掃描進行數位清理的技術。

顱內鑄型
endocast, endocranial cast, cranial endocast

脊椎動物的顱骨可分成許多部位，每個部位有不同功能。其中，收納腦的部位承擔著重責大任，是極為重要的部位，稱作腦顱。腦顱為顱骨中特別堅固的部位，即使顱骨關節脫離、分散成多個部位。腦顱也較容易留下化石。有時候腦顱內原本用來容納腦的空腔在堆滿沉積物後，會留下印痕化石。

∷ 顱內鑄型以及其意義

在腦顱的內部，收納腦的空腔被稱作「endocranial」，填滿這個空腔所形成的印痕化石，可視為腦顱的內側雌型（→p.226），也可視為endocranial的鑄型（cast），或者說是顱內鑄型（endocast）。顱內鑄型的形態可顯示出endocranial內容物的狀況，也就是腦及其周圍之半規管等結構的狀況。這些器官容易腐爛，幾乎不可能轉變成化石，所以顱內鑄型是相當寶貴的研究資料。

來自不同感覺器官之資訊，會由腦內不同的區域處理。各種感覺器官的發達程度不同，所以腦內處理各種資訊的區域大小也不一樣。另外，半規管的形態與該動物的聽覺、平衡覺發達程度有密切關聯。而感覺器官與平衡覺器官的發達程度，則與該動物的生態密切相關。所以顱內鑄型的研究，可幫助我們間接復原（→p.134）該動物的生態。

∷ 顱內鑄型的研究

恐龍腦顱、顱內鑄型的相關研究已有很長的歷史。1871年有研究者發表禽龍類（→p.34）腦顱的相關描述（→p.138）。在電腦斷層掃描（→p.227）普遍以前，若要研究恐龍的腦與半規管，只能使用天然的顱內鑄型（＝印痕化石），或是將矽氧樹脂倒入腦顱內，製作人造顱內鑄型。如果化石清理（→p.130）時未能將腦顱內側完全清理乾淨，便無法表現出顱內鑄型原本的形狀，但如果不將腦顱切成兩半，就不可能把內部清理乾淨。含有腦顱的顱骨在恐龍化石中特別貴重，是分類學上非常重要的化石。

因此，顱內鑄型的研究材料僅限於適度風化、侵蝕的顱骨（露出腦顱剖面的顱骨，或是受到破壞性修整（→p.128）的影響較輕微的顱骨）。用切成兩半、仔細清理的腦顱，製作出人造顱內鑄型後，就能以「恐龍的腦」之名展示。

腦顱內的清理工作有其極限，無論怎麼做，人造顱內鑄型的細節一定會比較差。另外，天然顱內鑄型畢竟只是印痕化石，無法完美複製出原本的腦顱的形狀。因此，今日的顱內鑄型相關研究，常會使用電腦斷層掃描協助。用電腦斷層掃描製作出來的顱內鑄型3D模型再列印，便可輕易製作出高精密度的顱內鑄型模型。

∷ 恐龍的「腦」力

近年來，恐龍顱內鑄型的相關研究愈來愈興盛，研究者們嘗試復原了各種恐龍的顱內形狀。

不過，顱內鑄型也只是腦顱的內部形狀，如果腦本體被厚厚一層的其他組織蓋住，顱內鑄型就無法反映出腦的真正形態。已知哺乳類（→p.98）、鳥類、翼龍（→p.80）的顱內鑄型形狀與腦的形態幾乎一致；不過，包含恐龍在內的多數爬行類、兩生類、魚類等，腦內鑄型就不太能反映出腦的形態了。

比較、評估腦的大小時，常會使用所謂的腦化指數（EQ）。以現生爬行類的腦部大小平均值為基準，某動物的REQ即為該動物的腦部相對大小（若REQ大於1，就表示牠的腦部大小比爬行類平均還要大）。現生鳥類中，金背鳩的REQ為5、小嘴烏鴉為17、琉璃金剛鸚鵡則超過30。不同類群的恐龍，REQ也有很大的差異，獸腳類與二足步行的鳥臀類，REQ遠比現生爬行類大；平時四足步行的鳥臀類，REQ則與現生爬行類相差不遠。蜥腳類的腦則遠比現生爬行類小。

細爪龍 「恐龍人」（→p.268）的原型，為鋸齒龍類。為REQ最高的恐龍（估計約6.06）。鋸齒龍類與馳龍類等與鳥類親緣關係接近的恐龍，REQ通常較高。

劍龍（→p.44） 腦部很小一事，常是恐龍迷間的話題。不過劍龍的REQ估計有1.36，與現生爬行類相比並沒有特別小。四足步行的植食性恐龍，REQ通常比二足步行的恐龍低。植食性恐龍不需要狩獵，且因為有四足步行這個結構上的制約，所以行動也比較單純。

| 地球史

手取層群
Tetori Group

日本福井縣、石川縣、富山縣、岐阜縣的山谷地帶，散布著多個露出的中侏羅世到早白堊世地層。這些地層總稱為手取層群，從很久以前開始，就有許多學者在研究這裡的植物化石與軟體動物化石。目前，手取層群也是日本少數幾個有出土恐龍化石的地層。

∷ 手取層群的地質

研究手取層群的契機，可以追溯到1874年。當時，為了研究漆器而來到日本的德國人約翰尼斯・萊因登上白山（石川縣），並在歸途時採集到植物化石。在這之後，日本的研究者發現同一個地層（→p.106）在附近有多處露出地表。發明日語「恐龍」這個詞的橫山又二郎，以流過白山山麓的手取川，將這些地層命名為手取層群。

手取層群由下部（＝較古老的年代）開始，大致上可以分成九頭龍亞層群（有不少人認為應該獨立成九頭龍層群）、石徹白亞層群、赤岩亞層群等3層。九頭龍（亞）層群為中侏羅世～晚侏羅世的海相沉積層或半鹹水相沉積層，以出土菊石（→p.114）而著名。石徹白亞層群與赤岩亞層群為日本相當罕見的早白堊世陸相沉積層，出土了多樣化的植物、雙殼貝、螺類、昆蟲、合弓類（→p.94）、各種小型爬行類，以及恐龍、鳥類等，皆為當時東亞陸地生態系的代表性化石。這些地層還有發現恐龍足跡（→p.120）、蛋（→p.122）的化石，為世界著名的化石產地。這裡發現了許多保存狀態良好的化石，也曾發現保留了顏色圖樣的雙殼貝。

∷ 發現恐龍化石

萊因一開始發現植物化石的地方，是名為「桑島化石壁」的巨大露頭，這是被手取川侵蝕過的峭壁。1952年時，研究者在這裡發現了矽化木（→p.203）林立的「化石林」，於是部分研究者開始有了一個「夢想」，那就是在這個含有高比例陸相沉積層的手取層群發現恐龍化石。

1986年時，一名高中生4年前在桑島化石壁找到的化石，被判定為獸腳類的牙齒，使手取層群的恐龍發掘美夢成真。於是研究者們紛紛投入各地手取層群的調查，並陸續發現了骨架、足跡、蛋等化石。在這個過程中，福井縣勝山市成為了大規模的恐龍化石產地。

Chapter 2
博士篇

∷ 手取層群的恐龍

　　手取層群較有名的化石產地中，桑島化石壁、福井縣勝山市曾發現保存狀態良好的恐龍化石，故定期有調查團前往調查。其中，勝山市的「北谷恐龍Quarry」以出土大量恐龍化石而著名，包括保存狀態極為良好的福井獵龍全身骨架、大部分皆以立體狀態保存下來的原始鳥類福井鳥的骨架、顱骨特殊化之禽龍類（→p.34）的福井龍、原始大盜龍類（→p.72）的福井盜龍（→p.232）等，算得上是世界級的珍貴化石。

原始福井鳥
生活於早白堊世的原始鳥類。化石相當脆弱，只能進行數位清理（→p.131）。在清理時了解到大部分骨架幾乎都沒有變形，保持了原本的樣子。

悖論福井獵龍
少數有發現全身骨架的日本產恐龍化石。我們尚不了解牠與其他恐龍的親緣關係，不過在數位清理並重新分析其親緣關係（→p.154）後，顯示牠屬於相當原始的鐮刀龍類（→p.60）。

山口白峰龍
在桑島化石壁發現了牠的顱骨，並依此命名。有人認為牠可能是原始的角龍類。

恐龍的形態與分類

福井盜龍
Fukuiraptor

1991年,福井縣勝山市發現了巨大的「盜龍」化石。這副骨架在馳龍類中,大小僅次於猶他盜龍,為亞洲最初的大盜龍類恐龍。

∷ 福井的「盜龍」

1982年,在福井縣勝山市某條河邊的露頭,發現了鱷魚類的全身骨架,以及神祕的骨頭碎片。1988年,研究者在這個地方做了前置調查,在短短3日內就發現了2顆獸腳類牙齒,神祕骨頭碎片也被判定為恐龍的骨頭。於是這個地方成了日本最大的恐龍發掘現場直至今日。

1991年的調查中,在這個地方發現的是巨大的爪指骨(→p.217),以及散亂在四周的獸腳類骨頭碎片。這些化石被認為是來自同一個個體,頭骨碎片上有看到馳龍類的特徵。巨大爪指骨也有「鐮刀爪」特徵,為馳龍類第二趾(腳的食趾)特有的特徵。所以研究者幾乎可以確定這個化石來自巨大的馳龍類。

經過詳細討論研究,判定擁有鐮刀爪的爪指骨屬於前肢。由上下顎碎片、前肢爪指骨、後肢化石所描繪出來的樣貌,是比猶他盜龍略小的巨大馳龍類。

∷ 謎之中型恐龍

巨大馳龍類中的猶他盜龍被命名後不久,「福井的巨大馳龍類」便受到全球研究者矚目。在這樣的氣氛下,1995年開始的第二次調查,陸續挖掘了數個第一次調查中沒挖掘的地方,並發現了「福井的巨大馳龍類」的大部分前後肢,以及脊椎骨、腰帶的碎片,可用於組裝出復原(→p.134)骨架。

蒐集骨骼到一定程度後,研究者發現一件事。原本不管是誰,都覺得這個恐龍看起來很像是巨大的馳龍類,然而現在卻發現牠的外觀比較接近異特龍(→p.42)。復原骨架的全長(→p.142)可達4.2m,不過這個個體明顯只是亞成體。這個獸腳類是第一副由日本製作的復原骨架,被描述(→p.138)、命名為*Fukuiraptor kitadaniensis*(北谷福井盜龍)。

以馳龍類外型復原的結果 　　　　　　今日的復原結果

:: 亞洲的大盜龍類

　　福井盜龍的正模式標本為不完整骨架，卻擁有許多罕見特徵。在已命名的獸腳類中，沒有一種與福井盜龍類似。澳洲有出土身分不明的獸腳類腳踝，與福井盜龍有相似特徵，但除此之外並沒有特別值得一提之處。福井盜龍被認為是原始型的異特龍類，但詳細情形仍不明朗。

　　在這之後，勝山市的發掘現場又陸陸續續發現了多個可能是福井盜龍幼體的化石。另外，過去被認為屬於「北谷龍」這種小型馳龍類的牙齒化石，後來也被認為是福井盜龍幼體的牙齒。

　　福井盜龍在系統發生上的定位長期處於不明朗狀態，不過在進入2010年代以後，研究者們開始認定牠們屬於原始型的大盜龍類（→p.72）。在原本的描述中，用來作為比較的澳洲不明獸腳類，實際上就是大盜龍類，然而2000年代的獸腳類相關知識尚無法精確說明這點。這10年內，獸腳類的研究有飛躍性的進展。

　　福井盜龍是亞洲第一個發現並確定為大盜龍類的物種。在這之後，泰國也發現了與福井盜龍相似的大盜龍類，顯示早白堊世時，原始型大盜龍曾興盛於亞洲各地。

頭部　只有發現上下顎的碎片與牙齒。2000年完成的復原骨架是參考中華盜龍復原而成，但實際上並不曉得牠們的形態。與進化型的大盜龍類相比，福井盜龍應有較大的頭。

脊椎骨　僅發現少數幾個頸椎與軀幹的脊椎骨，看起來正在癒合中。表示這個正模式標本的福井盜龍應在成長中。

前肢　與進化型大盜龍類相比，福井盜龍並沒有特殊化的結構。爪指骨並沒有轉變成鐮刀爪，與異特龍相比平直許多。

後肢　後肢纖瘦，比中華盜龍與異特龍的後肢長許多。腳趾很長這點，也與其他獸腳類有很大的不同。

| 恐龍的形態與分類

日本恐龍化石
dinoaur fossils from Japan

「日本沒有恐龍化石」——這點在以前是常識。在當時屬於日本的南庫頁島發現的日本龍算是例外。日本的中生代地層中，陸相沉積層相對較罕見，且多數地層受到成岩作用的影響較大，所以一般不期待能在日本發現恐龍化石。

▪▪ 日本的恐龍發掘

日本列島的形成歷史可謂相當複雜。代表「恐龍時代」的中生代中，不同年代的地層（→p.106）分散在日本全國各地。另一方面，在多山、多森林的日本，完全找不到露頭或是惡地（→p.107）般的地形，所以光是要尋找化石，難度就相當高。而且，日本的中生代地層多經歷過很強的成岩作用，母岩相當堅硬，即使是小規模的發掘也會消耗大量勞力。如果是大型恐龍的化石，要進行大規模的發掘才能採集到化石。在日本，如果要進行大規模化石挖掘工作，需將重型機械運送到深山中，在許可申請、預算方面都有很高的門檻。

雖然條件如此惡劣，從1970年代起，日本各地仍發現了許多恐龍化石，以1980年代以後的手取層群（→p.230）為首，研究者在日本各地發現了許多可能是恐龍化石產地的地層。這些產地幾乎都是陸相沉積層。不過最近研究者們發現，數個以出土菊石（→p.114）、疊瓦蛤（→p.115）著名的海相沉積層（→p.108），也出土了保存狀態良好的恐龍化石。今日的日本列島就出土了福井獵龍、神威龍（→p.38）等，以世界級的標準看來，皆屬於完整度、保存狀態都相當優秀的恐龍化石。自明治時代持續至今的古生物學研究，就像這樣開花結果。

▪▪ 日本的恐龍化石範例

日本有多個不同年代的中生代地層，在各種沉積環境下，沉積成了各種陸相沉積層、海相沉積層。而恐龍化石常出土於大型河川的氾濫平原（洪水氾濫時被淹沒的區域）、淺海沉積的地層中。特別是前者，不只可發現恐龍化石，也常同時發現各種生物的化石，獲得許多當時環境的重要資訊，能用於復原（→p.134）當時的整個生態系。另一方面，有些恐龍的全身骨架在常出土菊石、於近海沉積的海相沉積層中發現，譬如神威龍。這些例子中，常用菊石作為指標化石（→p.112）以提升判斷年代時的精準度。在化石埋葬學（→p.158）中也算是

相當特殊的例子，有很高的研究價值。

日本的恐龍化石，多半是僅包含部分骨頭的骨架單獨出土。很少發現可組裝成完整個體的局部骨架，更不用說全身骨架了。化石的保存狀態在不同的地層有很大的差異，而手取層群就是以出土許多保存狀態非常好的恐龍化石而著名的地層。

日本出土的恐龍化石不是只有實體化石（牙齒或骨骼），也有許多足跡（→p.120）、蛋（→p.122）等生痕化石（→p.118）。有些地層出土大量琥珀（→p.198），或許未來有機會發現「包埋了恐龍的琥珀」。

Chapter 2 博士篇

▋ 日本的恐龍產地

今日的日本列島為左右相反的「く」字，不過在中生代時，比較偏向直線一些，位處歐亞大陸的東緣區域。日本許多地方都有中生代地層露出地表，恐龍化石則集中於白堊紀地層出土。北海道、近畿、九州等接近白堊紀末的地層有出土恐龍化石。長崎縣有出土接近白堊紀結束時期的恐龍化石。

有些地層像手取層群般，分布區域相對狹窄，可以看到約2000萬年間各種恐龍的興替。有些地層則像是北海道蝦夷層群，或是四國、近畿地區的和泉層群般範圍較廣，可以比較同時代恐龍在不同地區的差異。

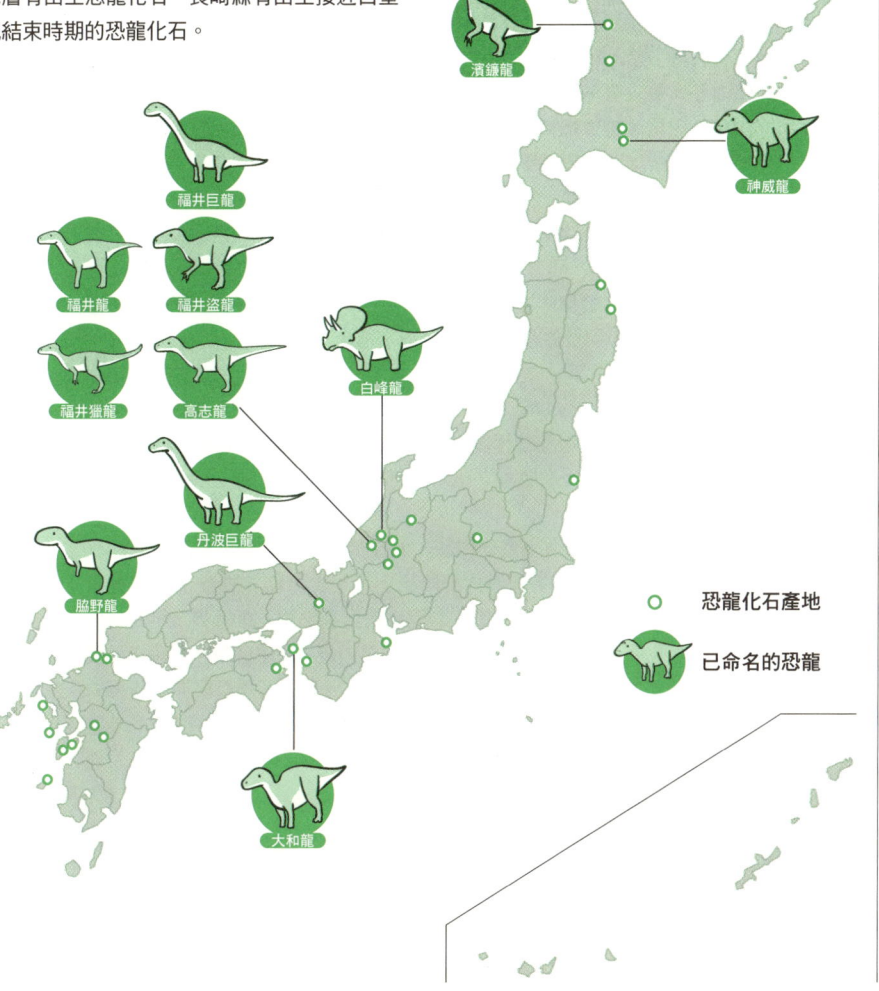

- 福井巨龍
- 福井龍
- 福井盜龍
- 福井獵龍
- 高志龍
- 白峰龍
- 丹波巨龍
- 脇野龍
- 大和龍
- 濱鐮龍
- 神威龍

○ 恐龍化石產地

● 已命名的恐龍

標本與復原

　　每個博物館的標本都有自己的標本編號。如同我們在下一章中介紹的，著名的標本除了標本編號之外，還會有自己的暱稱，有時候標本編號本身就會成為恐龍愛好者之間討論時的代稱。雖說如此，標本編號也只是標本的流水號而已。

　　那麼，古生物學家是否會記住研究對象的每個標本的編號呢？當然不是。古生物學者之間的談話就像是「○○博物館的那個」、「××（研究者的姓）在△△年發表的論文圖中的那個」之類，稱呼方式常是千奇百怪。基本上，哪個博物館收藏了什麼樣的標本之類的資訊，對研究者來說極為重要，標本概要與收藏地點資訊常合為一組資訊，記憶在研究者的腦中。所以即使是這種千奇百怪的稱呼方式，研究者之間仍可溝通。

　　如果是現生生物，1個物種可能會保留數量龐大的標本。研究這些數量龐大的標本，可以描繪出該物種的「平均個體」。就像現實中並不存在「平均人類」一樣，現實中也不存在「平均個體」。不過我們可以藉此了解，單一個體的特徵中，哪些特徵對該物種來說特別重要，哪些特徵則是種內差異（不同個體會有不同的樣貌）造成。

　　以恐龍而言，單一物種的標本數量不可能達到與現生生物相同的水準。若能從骨層（→p.170）中採集到數百副局部骨架，就已經很難得了，要像現生動物這樣研究個體變異，幾乎是不可能的事。古生物學家們就是在這種嚴酷的條件下描述（→p.138）恐龍，並與親緣關係分析（→p.154）持續奮戰著。

　　這些與古生物標本有關的問題，也會對復元（→p.134）產生很大的影響。許多恐龍物種只有正模式標本出土，不少恐龍物種雖然標本數很多，卻幾乎找不到保存狀態良好的顱骨或全身骨架。這種情況下，就只能以組合化石（→p.262）的形式復元。當然，這與原本的單一個體在外觀上會有落差。另外，如果全身骨架都屬於單一個體，那麼復原工作相對比較容易，但復原出來的樣貌僅能代表單一個體，與「平均個體」可能會有很大的落差。「復原的正確性」常是恐龍界的話題，若把焦點放在「復原出了什麼」，也是件有趣的事。

Dinopedia

3
Chapter

番外篇

恐龍並非只是古生物學的研究材料。
古生物學也衍生出了
許多以恐龍或化石為題材的文化。
本章就來簡單介紹其中一小部分。

■ 歷史、文化

AMNH 5027
AMNH FARB 5027

1915年年末，紐約的美國自然史博物館內，史上最大的陸生肉食動物復原骨架落成。集結世界頂尖技術建構而成的這副骨架，決定了「肉食恐龍」的形象。本節就來介紹這個世界著名的暴龍，編號AMNH 5027的標本。

∷ 爆破山丘

1908年6月，暴龍（→p.28）獲命名的約3年後，化石獵人（→p.250）巴納姆・布朗帶著調查隊來到蒙大拿州的惡地（→p.107）。布朗過去曾經發現2副暴龍骨架（正模式標本與「*Dynamosaurus*」的正模式標本），這次的調查卻沒那麼順利。花了1週挖掘出來的鴨嘴龍骨架沒有頭，找不到美國自然史博物館館長亨利・費爾費爾德・奧斯本需要的、可用於展覽的骨架。1906年的前置調查中找到的其他化石也不怎麼樣，原本布朗以為這次調查應該不會有什麼重大發現。不過他在回到營地的途中，在一個山丘的山腰發現恐龍的尾椎橫躺在地上。

於是他試著挖掘周圍，確認有個以關節相連（→p.164）的尾巴朝著山丘內部延伸。這個尾巴的形態與布朗過去看過的尾巴完全不同，不是角龍的尾巴，也不是鴨嘴龍的尾巴。堅信山丘內沉睡著完美骨架的布朗，將營地遷移到山丘旁邊，並在獨立紀念日的派對結束後，正式開始挖掘。

骨架埋藏在山丘中間的地層，若要挖掘出這副骨架，就得將山丘上部的地層全部清除才行。布朗小心仔細地用矽藻土炸藥爆破山丘上部，大舉清除上方地層的砂土，再以人工方式沿著骨架周圍仔細往下挖。於是，1副呈現死亡姿勢（→p.258），從尾巴中段到頸部皆以關節相連的骨架逐漸出土。雖然四肢在骨架被掩埋之前就已經脫離，不過顱骨被骨盆勾著。布朗說這是「絕對完整」的暴龍顱骨。

∷ 2副復原骨架

發掘工作進行順利，於9月時平安結束。這副骨架被賦予了AMNH 5027的標本編號，並馬上開始了化石修整（→p.128）工作。

AMNH 5027與正模式標本的大小相仿，因此可以使用彼此的複製品（→p.132），組裝（→p.264）成2副骨架。奧斯本原本打算採用這個做法。他製作了2副可動式木製骨架模型（1/6大小），並研究該怎麼擺姿勢。團隊曾決定要將標本擺放成2頭暴龍爭食獵物鴨嘴龍的樣子，但笨重的實物化石很難組裝成這種姿勢，展示空間也不夠。

於是，團隊決定用AMNH 5027的實物化石（顱骨換成較輕的複製品），加上正模式標本的複製品，以及參考異特龍（→p.42）製作的人造物（→p.136），組裝出整副骨架。姿勢則是容易組裝的「哥吉拉立姿」（→p.270）。

∷ 暴龍的門面

1915年12月，終於AMNH 5027的復原（→p.134）骨架揭幕，成為了報紙上的焦點話題。在最初的復原版本中，前肢是3根手指。不過在1917年，蛇髮女怪龍的描述（→p.138）發表後，暴龍同為2根手指的可能性大幅提升。另外，研究者也發現這副骨架的人造物尾巴過長，腳掌的人造物也不恰當。於是手部換成了2根手指，不過以支柱支撐著的尾巴與腳沒有更動。

即使後來研究者們陸續組裝出其他標本，AMNH 5027仍是最有名的暴龍復原骨架。即使「哥吉拉立姿」已經過時，在《侏羅紀公園》原作小說的封面以及電影標誌中，仍可看到哥吉拉立姿的暴龍。

美國自然史博物館的化石廳於1980年代後半開始了翻修工程，AMNH 5027也被重新組裝成了水平姿勢。新骨架修正了尾巴長度，腳卻保持原樣。

即使到了「蘇」（→p.240）或者「Stan」等擁有暱稱的標本漸增的現代，AMNH 5027仍作為經典的暴龍化石，君臨美國自然史博物館。目前的正式表記方式為AMNH FARB 5027（FARB為化石兩生類、爬行類、鳥類的簡稱），不過即使寫成簡略形式，也絕對不會造成誤會。

| 歷史、文化

蘇
SUE

> **經**研究機構發掘、收藏的化石，會被賦予該研究標本特有的標本編號。研究人員可用樣本編號稱呼特定化石，不過為了對大眾宣傳，有時會取個暱稱來稱呼標本。到了今日，許多暴龍骨架都有自己的暱稱。而第一個獲得暱稱的暴龍骨架，就是目前最大且最完整的暴龍骨架，暱稱為「蘇」的FMNH PR 2081。

∷ 蘇的發現

1990年的夏天，以化石發掘、化石修整（→p.128）、販賣為業的黑山地質研究所（BHI），來到遍布惡地（→p.107）的美國南達科他州，調查地獄溪層（→p.190）。

調查團隊在紮營後，就開始發掘三角龍（→p.30）的骨架。途中一度中斷作業，到市內修理卡車。留在當地的冒險家蘇・亨德里克森在附近散步時，發現在山崖下方露出了部分的骨架。周圍有常見於獸腳類、擁有發達海綿質的化石碎片，由骨架大小幾乎可以確定是暴龍（→p.28）。

經過近3週的發掘後，終於看到呈現死亡姿勢（→p.258）的骨架。上半身幾乎全部散落一地，不過腰部與尾部周圍仍結合在一起，顱骨則被腰部壓著。BHI有個慣例，就是重要標本除了賦予標本編號之外，也會賦予與發現者有關的暱稱。這副骨架便因發現者的名字，獲得了「蘇」這個暱稱。

此時期，美國國內發生了許多與商業化石交易有關的問題。蘇的產地地主與聯邦政府之間也存在尚未釐清的權利問題。1992年，FBI查封了蘇的所有化石。經過數年法庭纏訟，BHI的負責人（因為與蘇無關的罪狀）被判刑。化石清理（→p.130）工作進行到一半的蘇，被運到南達科他州的州立採礦技術學校保管，後來法院認定蘇的所有權歸於地主威廉。接著威廉將蘇拿去拍賣。1997年，從迪士尼、麥當勞等贊助商募得款項的芝加哥菲爾德自然史博物館，以760萬美元（依當時的匯率，相當於9億3000萬日圓）的價格得標，中斷了5年的化石修整工作重新開始。

蘇除了顱骨以外的實物化石經過組裝（→p.264）後，於2000年公開，並成為了最完整且保存狀態最好的暴龍骨架，也是各項研究的材料。2019年起添加了腹肋骨（→p.207），組裝成新的樣子公開展示。

Chapter 3
番外篇

蘇的研究

除了數個脊椎骨與尾巴末端之外，蘇幾乎所有骨頭都完整地保留下來。在為數眾多的君王暴龍骨架中，蘇是保存狀態最完整的骨架。另外，在可明確估計全長（→p.142）的骨架中，蘇是最長的，推估的體重（→p.143）也是最重的等級。

由骨組織學（→p.204）的研究可以推估，蘇死亡時年齡約為28歲，在暴龍中算是相當長壽的個體，所以骨頭各處都有發現受傷、疾病的痕跡。發掘後歷經一番波折才落腳博物館的蘇，想必也度過了波瀾萬丈的一生吧。許多人認為蘇的性別應為雌性，不過目前仍為性別不明的狀態。

化石修整後的顱骨

復原骨架用的複製品
（→p.132）

完全修正
其變形後的顱骨

蘇的顱骨 化石出土時，顱骨被壓在骨盆的下方，因地層壓力而有顯著變形。復原（→p.134）骨架使用的是修正外形的複製品，但變形部分並沒有修正完全，臉看起來偏長。實際上，蘇與其他暴龍一樣，臉有一定的高度。

矮暴龍
Nanotyrannus

晚 白堊世後半，暴龍類以頂點捕食者的身分，君臨北美與亞洲。在白堊紀末，拉臘米迪亞的暴龍類以暴龍為主。不過除了暴龍之外，還有其他暴龍類嗎？1940年代以來，各種「與暴龍共存過」且曾獲命名的暴龍類，陸續被除名。

∷ 暴龍的發現

正處於恐龍研究黑暗時期的1946年，難得有個新種暴龍類（→p.28）獲命名。這個標本在美國蒙大拿州的地獄溪層（→p.190）出土，估計全長約為5m。不過，與同地層出土的暴龍相比，該個體的顱骨特別纖瘦。研究這個標本的查爾斯・吉爾摩判斷這個顱骨主人為成體，並認為牠是蛇髮女怪龍的新種，命名為 *Gorgosaurus lancensis*（蘭斯蛇髮女怪龍）。不過吉爾摩在出版描述論文（→p.138）之前便已去世。

後來，蛇髮女怪龍被列為亞伯托龍的同物異名（→p.140），蘭斯蛇髮女怪龍也自動改稱為蘭斯亞伯托龍。在這個時期，地獄溪層新發現了全長達8m的暴龍類骨架。然而當時的研究者們並不曉得這副骨架是暴龍的幼體，還是蘭斯亞伯托龍的大型個體。

進入1980年代後，蘭斯亞伯托龍的正模式標本上，原本被認為是「亞伯托龍的」（或者說是「蛇髮女怪龍的」）特徵，後來被證實是石膏人造物（→p.136）。使蘭斯亞伯托龍不再有理由被分到亞伯托龍屬中。

因「恐龍文藝復興」（→p.150）而知名的羅伯特・巴克，賦予這種恐龍新的屬名 *Nanotyrannus*（矮暴龍），意為小小的暴君。巴克認為，矮暴龍的雙眼立體視覺比暴龍優異，體型較小，可鑽入暴龍難以進入的森林中，捕捉小型獵物。

巴克斷定，矮暴龍並非暴龍的幼體。相對於此，不少人基於特暴龍的研究，提出了反對意見。矮暴龍正模式標本的部分細節與暴龍十分接近。考慮到成長過程中，顱骨整體形狀會跟著改變，那麼矮暴龍很有可能是暴龍的幼體。不過另一方面，巴克認為地獄溪層有多種暴龍類同時存在，與君王暴龍分別占有不同的生態棲位，這個想法也相當有魅力。

於是，許多業餘研究者紛紛試著為地獄溪

暴龍的成長
目前，學者一般認為暗脈龍、矮暴龍、恐暴龍為暴龍的不同成長階段。能像這樣表現出各結構在各成長階段中均衡成長的恐龍化石十分罕見。

暴龍

層出土的暴龍類再次分類。研究者認為某個全長8m的局部骨架標本就矮暴龍來說過於巨大，所以賦予 *Dinotyrannus*（恐暴龍，學名意為恐怖的暴君）這個新屬名；某個全長3m的較小個體顱骨則被賦予了 *Stygivenator*（暗脈龍，學名意為地獄的獵人）這個新屬名。

綜合以上的說法，1990年代中期的研究者們認為，白堊紀末的拉臘米迪亞至少有4屬4種的暴龍類共存，分別是巨大健壯的君王暴龍、體型大卻較纖瘦的大纖細恐暴龍、體型小且視覺嗅覺靈敏的蘭斯矮暴龍、最小的莫氏暗脈龍等。

∷ 暴龍一家的肖像

進入1990年代後半後，學界重新開始討論這些暴龍類的分類。某份研究報告指出，這些暴龍類物種都是君王暴龍的幼體或亞成體。相對於此，也有人認為矮暴龍為獨立的分類群，並將暗脈龍視為矮暴龍的幼體。

2001年，地獄溪層發現了全長達7m，幾近完整的暴龍類骨架。這個暱稱「珍」的標本，與矮暴龍、暗脈龍的正模式標本十分相像，但明顯仍是幼體。某些將矮暴龍視為獨立分類群的研究者，認為珍是矮暴龍的年輕個體，並主張「矮暴龍的成體」尚未被發現。另一方面，多數研究者認為「矮暴龍與暴龍的差異」僅為成長造成的特徵變化。雖然在其他地方也有發現「年輕的矮暴龍」，譬如「蒙大拿的搏鬥化石」（→p.167），但卻一直沒有發現「矮暴龍的成體」。

最近有篇論文由顱骨細節與體型差異，將數個既有的君王暴龍標本分成了2個新種——*Tyrannosaurus imperator*（帝王暴龍，學名意為暴君蜥蜴的皇帝）、*Tyrannosaurus regina*（女王暴龍，學名意為暴君蜥蜴的女王）。論文指出，一開始出現的是帝王暴龍，接著再演化出君王暴龍與女王暴龍，不過這個說法幾乎沒有獲得支持。今日多數學者皆認同，於白堊紀末拉臘米迪亞出土的暴龍類，只有君王暴龍一種。

「恐暴龍」　　　　「矮暴龍」　　　　「暗脈龍」

雷龍
Brontosaurus

不少恐龍過去曾是代表性的恐龍，後來卻在恐龍圖鑑中消失。雷龍就是其中之一。雷龍曾被當成蜥腳類的代表，後來又被當成迷惑龍屬的同物異名，活在迷惑龍的陰影之下。曾被視為化石戰爭犧牲者的雷龍，近年則成功華麗復活。

∷ 雷龍的發現

在愛德華・德林克・寇普與奧斯尼爾・查爾斯・馬許之間展開的壯烈「化石戰爭」（→p.144）中，首先發現蜥腳類的是寇普。1877年，寇普底下的化石獵人（→p.250）在科羅拉多州的莫里遜層（→p.178）中發現了多個蜥腳類化石，於是賦予了 *Camarasaurus*（圓頂龍）這個屬名。寇普發表了史上第一幅蜥腳類骨架圖；相對於此，不服輸的馬許也為許多於莫里遜層出土的蜥腳類命名。1877年，馬許設立了 *Apatosaurus*（迷惑龍，學名意為讓人迷惑的蜥蜴）屬，1879年又為新種命名為 *Brontosaurus*（雷龍，學名意為雷之蜥蜴）屬。兩者都只發現沒有脖子的骨架。馬許後來在其他地方發現了蜥腳類顱骨，並將其視為雷龍顱骨，與之前發現的雷龍骨架組成組合化石（→p.262），於1896年發表骨架圖。

1903年，以發現腕龍（→p.46）而著名的埃爾默・S・里格斯指出，迷惑龍與雷龍兩者的骨架十分相似，後者應為前者的同物異名（→p.140）。這個意見引起了熱議，不過1905年，作為美國自然史博物館招牌展示物展出的史上第一副組裝（→p.264）後蜥腳類復原（→p.134）骨架，仍是以雷龍的名義發表。這副骨架並非以馬許發表的骨架圖為基準，而是美國自然史博物館的修整人員（→p.128）以圓頂龍為基礎，加上人造物（→p.136）後組裝而成。

∷ 沒有頭的恐龍

1909年，在今日眾所周知的猶他州恐龍國家紀念公園裡頭發現了大規模的骨層（→p.170）。在含有許多恐龍骨骼的莫里遜層中，這個骨層在質與量上都是最高等級的骨層。卡內基自然史博物館的研究團隊在這裡發現了相當完整，但沒有頭的迷惑龍骨架。骨架旁有個與梁龍相似的顱骨，這個顱骨的大小與迷惑龍的骨架相符。

這項發現讓卡內基自然史博物館館長威廉・霍蘭認為，迷惑龍（或雷龍）的顱骨應與梁龍相似，兩者應為近親。然而，卡內基自然史博物館的對手——美國自然史博物館館長亨利・費爾費爾德・奧斯本極力反對這個意見。卡內基自然史博物館的迷惑龍被組裝成了無頭狀態的骨架，在霍蘭死後，博物館為該骨架加上了圓頂龍的顱骨複製品。

在這之後，迷惑龍被歸為梁龍科，了解牠非圓頂龍的近親。在這之後發現的迷惑龍顱骨，形態也與梁龍相似。

雷龍復活

美國自然史博物館的復原骨架長期以來都使用「雷龍」這個名字展出，不過各研究者的意見幾乎都與1903年的里格斯相同，幾乎沒有人在論文中使用雷龍的屬名稱呼。1990年代進行的美國自然史博物館翻新工作中，重新組裝了「雷龍的復原骨架」，將說明板上的文字改成迷惑龍，並將顱骨人造物換成了迷惑龍的顱骨複製品。

近年相當盛行梁龍科親緣關係的研究，有人便提出要將雷龍屬與迷惑龍屬分開，復活雷龍這個屬。雖然之後復原的「雷龍」，可能已經不是以前的人們所熟悉的那個雷龍，不過最近的研究進展，確實成功復活了雷龍這個屬名。

頭部 與圓頂龍、腕龍的偏圓頭部不同，而是與梁龍相同的偏扁箱形頭部，牙齒集中生長在吻部末端。頭部比梁龍壯碩，嘴巴末端較寬，骨架上的外鼻孔位於頂部，不過研究者認為牠們活著的時候，鼻孔應開在靠近嘴巴末端的位置。

頭部

頸部

尾巴

頸部 比梁龍的頸部健壯許多，也比較粗。看起來很重，不過含氣化（→p.222）的程度與其他蜥腳類相仿。

四肢

體型 梁龍科中，不同屬的物種體型也各不相同，不過多擁有纖瘦的身體。迷惑龍與雷龍為例外，擁有健壯的體型。與迷惑龍相比，雷龍略微纖瘦，不過如果加上肉，便比較難看出差別。

四肢 與梁龍的結構相同，卻明顯比較健壯。前肢手指幾乎退化，只有第一指（拇指）有爪。

尾巴 比梁龍略短，不過基本結構相同，末端附近有「鞭狀」的纖細柔軟結構。

地震龍
Seismosaurus

> 1970年代到1980年代左右，美國西部的晚侏羅紀地層陸續發現了巨大的蜥腳類化石，並被描述為新種。這些恐龍的估計全長皆為30m以上，使得「史上最大恐龍」的全長大幅增加到30m等級，甚至進入了全長40m的境界。在研究界仍斤斤計較各恐龍脊椎骨與肩胛喙骨長度的時代，地震龍以王者之姿登場，一出場就是「估計全長達52m的全身骨架」。

∷ 偶然的發現

1979年，為了欣賞美國原住民留下的壁畫而來到美國西南部新墨西哥州的二人組，發現了地震龍化石。這2人找了另外2名友人來到現場，將這個發現告知土地管理局。

該處附近過去並沒有發現恐龍化石的例子。因為發現化石的地點在國家公園內，所以發掘工作除了預算之外並沒有其他限制。最後土地管理局並沒有動作，而是將化石留在原處。

1985年，新墨西哥自然史科學博物館館內，為準備開館而忙得不可開交的大衛‧吉列得知了這個化石的存在。於是邀請最初發現化石的4人，以及土地管理局內感興趣的人，組成志願調查隊，進行前置調查，花了2天採集到以關節相連（→p.164）的大型蜥腳類部分尾巴。大部分化石仍留在現場，不過母岩極其堅硬，且質地與化石十分相似難以分辨，又因為是國立公園，無法使用重型機械，只能靠人力挖掘，但也不能漫無目的地到處亂挖。

在正式挖掘前的暫停期間中，以開發原子彈而著名的洛斯阿拉莫斯國家實驗室的研究者們，提出要用遙測技術（運用電磁波或聲音，在沒有接觸物體的情況下進行探測）探測化石。遙測技術在地質調查、考古學（→p.274）的遺跡發掘工作上已有許多貢獻，可望成為化石探測的即戰力。

1987年，研究團隊開始正式發掘化石。他們發現以地震層析成像偵測人工地震的反射波，較能偵測到想要的訊號。發掘化石的同時，研究團隊也開始了化石修整（→p.128）與研究工作。因為這種恐龍巨大到足以震撼大地，而且又是用地震層析成像偵測到化石，所以在1991年被命名為 *Seismosaurus*（地震龍），意為「地震蜥蜴」。此時，僅少數部位已結束化石清理（→p.130）工作，不過依照其近親梁龍的骨架，可以推估其全長「最少為28m，較有可能在39～52m之間」。而且，一般認為實際值應接近估計值的上限。

地震層析成像的示意圖

Chapter 3 番外篇

:: 全長35m

　　1992年，地震龍的發掘工作告一段落，研究團隊採集到了軀幹與尾巴的前半段，以及數個看似頸椎的化石。研究團隊委託了志願者與其他博物館清理化石，然而化石的母岩非常硬，肉眼難以看出母岩與化石的區別，使清理工作變得相當困難。不過，研究團隊決定在2002年日本舉辦的活動中展示復原（→p.134）骨架，所以從2000年起便加快作業速度。

　　修整工作以製作復原骨架為最優先，於是化石清理工作只進行到可以製作出複製品（→p.132）為止。過去被認為是頸椎的化石，在清理過程中卻被發現連化石都不是。另外，團隊也發現原描述（→p.138）中估計的全長過於樂觀。隨著修整工作的進行，地震龍的估計全長也逐漸縮短，完成並發表的復原骨架全長為35m。

:: 再見了地震龍

　　研究團隊將清理工作尚未結束的地震龍化石拿到活動會場，演示實際的化石清理過程。而在清理過程中，研究團隊發現過去被認為是地震龍重要特徵的部分，其實只是附著在化石上的結核（→p.168）。

　　在活動結束後，地震龍的復原骨架仍在日本的博物館作為常設展示品展出。新墨西哥自然史博物館則決定要製作第2號展示用的復原骨架。同時，他們也開始進行後續清理與再描述的工作，結果發現第1號復原骨架的尾部復原過長。第2號復原骨架的全長又縮短到了33m。而且後續清理工作中發現，原本以為是地震龍專屬的特徵，全都是錯認的特徵。於是地震龍屬被歸為梁龍的同物異名（→p.140），豪氏地震龍今日則被改稱為豪氏梁龍。

豪氏地震龍
1994

豪氏梁龍
2006

極巨龍
Maraapunisaurus

> 研究者會用夾克包裹住發掘出來的恐龍化石，然後小心翼翼地送到博物館。不過在發掘或運送過程中，各種出乎意料之外的事故，可能會使化石出現無法修復的損傷。如果博物館內發生意外，可能也會使展示品、收藏品完全毀壞。即使是史上最大陸上動物的化石，也可能碰上這類意外。

▪ 消失的化石

19世紀後半，愛德華・德林克・寇普與愛德華・德林克・寇普在美國西部展開「化石戰爭」（→p.144）。在這個恐龍研究的黎明期，不少標本在發掘、運送的過程中因意外而受損，或者原本放在收藏庫內好好的標本不翼而飛。

1877年，寇普旗下的化石獵人（→p.250）奧拉米爾・W・盧卡斯在美國科羅拉多州的莫里遜層（→p.178）發現了各式各樣的蜥腳類化石。寇普為其中之一賦予了學名 *Amphicoelias altus*（高雙腔龍），這是第一副發現的梁龍類局部骨架。

此時，盧卡斯採集到了極巨大蜥腳類的一部分軀幹脊椎。原本以論文幾乎不附圖而惡名昭彰的寇普，罕見的在論文中加上了標本素描，於1878年將其描述（→p.138）為 *Amphicoelias fragillimus*（易碎雙腔龍，種小名為「非常脆弱的」之意）。

寇普描述的化石多為自己收藏。然而在邁入晚年後，寇普為金錢不足所苦，於是將自身收藏賣給了美國自然史博物館。數量龐大的化石在數年內送到了美國自然史博物館，於是博物館工作人員與外部研究者著手進行標本整理以及標本的再描述，卻發現在這些（寇普生前）收藏的標本中，找不到某些寇普應描述過的標本。其中就包括了易碎雙腔龍的正模式標本，以及同時在附近發現的巨大股骨碎片。

美國自然史博物館原本以為，只要繼續整理這些標本，總有一天可以找到消失的標本，於是重新為標本編號。易碎雙腔龍的正模式標本被賦予了樣本編號AMNH 5777，卻一直沒有找到對應的標本。

▪ 超超巨大蜥腳類

只留下描述的論文與圖片，標本本身卻下落不明的AMNH 5777為恐龍的軀幹脊椎骨。在寇普的論文中提到，這個脊椎骨的高度為「1500m」，這應該是1500mm的誤植。即使如此，這個軀幹脊椎骨標本也比任何已知的蜥腳類軀幹脊椎骨還要大上許多。

常有人說易碎雙腔龍應為高雙腔龍的同物異名（→p.140），若是如此，AMNH 5777應屬於與梁龍外型相似的恐龍才對。若依照梁龍的比例計算AMNH 5777的體型，估計其全長可達60m，相當龐大，是個相當不真實的數字。

∷ 是誤植嗎？還是……

　　全長估計值很沒有真實感，再加上標本本身下落不明，使得易碎雙腔龍成為認真討論恐龍大小的研究中，一定會被拿出來討論的例子。在寇普的素描中，將其畫成了極端含氣化（→p.222）的軀幹脊椎。因為化石相當脆弱，所以有人認為這個化石可能在從發掘現場搬運到其他地方的過程中，由於意外而崩毀成碎片。因為過去從未見過估計全長超過40m的蜥腳類化石，使得AMNH 5777的存在成為了「傳說」。雖然有人基於素描，製作出了實物大小的模型，卻被認為是誇大後的結果而沒有被認真看待。

　　2014年，某項研究結果打破了這個僵局。寇普在論文中提到AMNH 5777的高度為「1500m」，過去認為是「1500mm」的誤植，但其實這是「1050mm」的誤植。論文中除了標本的高度之外，也提到了各種測量到的數值。若與插圖的樣子比較，會發現如果高度是1500mm，便難以與其他測量值整合。假設高度為1050mm，較能與其他測量值整合，此時估計全長約為40m，仍然相當巨大，卻合理多了。

　　然而，一直以來都堅信著易碎雙腔龍相關研究結果的研究者們，並不買單這個「誤植說」。而且，如果只看寇普的素描，會發現比起高雙腔龍（梁龍類），AMNH 5777更像是以腰椎非常高而著名的雷巴齊斯龍類。這個「雷巴齊斯龍類說」從很久以前開始就在恐龍迷之間流傳，最近又成為了熱門話題。如果AMNH 5777屬於雷巴齊斯龍類，且高度為1500mm，那麼估計全長便會在30～32m之間。於是，學界認為將AMNH 5777歸為雙腔龍屬並不恰當，故設置了新屬 *Maraapunisaurus*（極巨龍，「maraapuni」在南方猶他人的語言中意為「巨大」）。

　　AMNH 5777的學名從原本的 *Amphicoelias fragillimus*（易碎雙腔龍）改為 *Maraapunisaurus fragillimus*（易碎極巨龍）。然而在沒有新標本的情況下，根本無法好好研究極巨龍。換言之，我們已經無法得知AMNH 5777的真正大小。

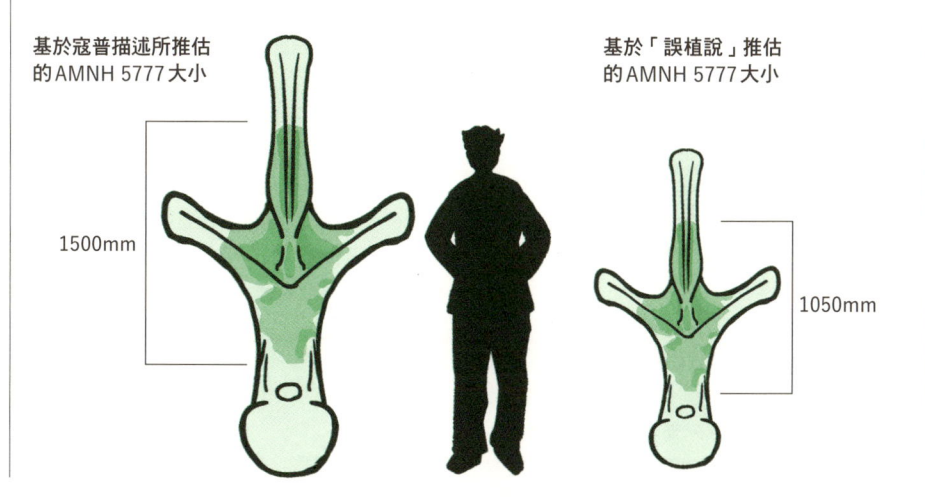

基於寇普描述所推估的AMNH 5777大小

1500mm

基於「誤植說」推估的AMNH 5777大小

1050mm

歷史、文化

化石獵人
fossil hunter

19世紀為古生物學的黎明期，許多尋找化石的人會與著名收藏家或學者頻繁交流、爭辯。這些人在不知不覺中被稱作「化石獵人」，化石獵人與古生物學家的界線一度相當模糊。化石獵人的存在，可以說是古生物學的梁柱。

∷ 化石獵人的歷史

在19世紀前半，已經有許多人以發掘化石，再販賣給收藏家或研究者為生。古生物學黎明期的著名化石獵人瑪麗・安寧，一家人都從事化石採集、販賣工作，卻因為是宗教上的少數派，而過著清苦的生活，只能活用化石採集的才能維持生計。當時女性的社會地位很低，不被允許加入學會，安寧只能自學古生物學。

安寧精通化石領域後，前來求教的地質學家、古生物學家絡繹不絕。安寧陸續發現了蛇頸龍（→p.86）、魚龍（→p.90）、翼龍（→p.80）的化石。研究蛇頸龍、魚龍而著名的亨利・德拉・貝切，以及為斑龍（→p.32）命名的威廉・布克蘭，皆為安寧在田野調查時的好夥伴。另外，禽龍（→p.34）的命名者吉迪恩・曼特爾也曾拜訪安寧的店面。在終生單身的安寧經濟窮困之際，已成為學界大老的德拉・貝切與布克蘭都為了援助她而四處奔走。安寧過世時，得到了學界的追悼，可見「化石獵人」對於古生物學來說有多麼重要。化石獵人不只是化石的販賣者，也是精通化石產地的地質、化石本身的人，可以說是在田野中生活的古生物學家。

在這之後，化石獵人們在古生物學領域的存在感仍持續增加。以美國西部為主戰場的「化石戰爭」（→p.144）中，愛德華・德林克・寇普與奧斯尼爾・查爾斯・馬許麾下的化石獵人們展開了劇烈競爭。其中包括曾在寇普與馬許雙方底下工作過的查爾斯・哈澤柳斯・斯騰伯格，以及作為馬許的左右手，展現出三頭六臂般能力的約翰・貝爾・海徹等，直到今日仍被視為傳說的化石獵人都活躍於這個時代。

化石戰爭結束後，北美西部的恐龍發掘活動仍沒有衰退。海徹教出來的巴納姆・布朗、一家人都熱中於採集化石的查爾斯・哈澤柳斯・斯騰伯格等化石獵人們，都接受了全球各博物館的委託，在各化石產地展開劇烈競爭。布朗與查爾斯・哈澤柳斯・斯騰伯格的兒子們並非自由工作者，他們除了是化石獵人以外，也是博物館底下的一流研究者。

到了20世紀前半，化石獵人與古生物學界的界線消失。為了帶領調查隊前往荒無人煙的惡地（→p.107），化石獵人也需有探險家的一面。印第安納瓊斯的參考人物之一──羅伊・查普曼・安德斯就是以探險家著名的化石獵人。

今日的「化石獵人」，包括為了調查研究而採集化石的研究者、發掘化石以販賣給博物館及收藏家的業者、單純為了興趣而尋找化石的化石迷，以及各種挖掘化石的人們。因為有這些愛化石、被化石所愛的人們，露頭中的化石才免於被風化的命運，得以呈現在我們眼前。

▌化石獵人們的肖像

瑪麗・安寧 生前並沒有獲得正當評價，今日則成為傳說，是許多傳記、電影的主角，甚至還成為了遊戲角色，擁有一定的人氣。許多人以為英語中著名的繞口令「She sells seashells by the seashore.」（她在海邊賣貝殼）就是源自她的故事，但事實並非如此。

Mary Anning

Charles H. Sternberg

斯騰伯格一家
查爾斯・哈澤柳斯・斯騰伯格與他的3位兒子（長男喬治・弗萊爾，次男查爾斯・莫特拉姆，三男列維）皆為傑出的化石獵人。包含四男在內，他的兒子們都以古生物學家、地質學家的身分活躍於學界。查爾斯也一直工作到78歲才退休。

John Bell Hatcher

巴納姆・布朗 美國自然史博物館的工作人員，發現了以暴龍（→p.28）正模式標本為首的多個著名化石。喜歡華麗服飾這點很有名，即使在田野工作也會穿著白襯衫。也是相當優秀的研究者，與斯騰伯格一家人在發掘、研究方面都是友好的對手。

約翰・貝爾・海徹
從小體弱多病，卻以化石獵人的身分，活躍於美國與南美。當馬許的助手時，曾獨自一人發掘出大量三角龍（→p.30）化石。為一流的研究者、修整人員（→p.128），曾指導剛到美國自然史博物館工作的布朗。

Barnum Brown

Roy Chapman Andrews

羅伊・查普曼・安德斯 從美國自然史博物館的拖地工作做起，後來曾以隊長身分，率領探險隊前往中亞。雖然當到館長，但與他冒險家的個性似乎不太合。不太擅長將化石挖掘出來的工作。據說若化石修整人員看到於發掘時破損的化石，會取他的名字首字母縮寫，稱這些化石「被RCA了」。

歷史、文化

貝尼薩爾煤礦
Bernissart coal mine

1878年，在比利時貝尼薩爾煤礦地下322m的坑道內，除了煤炭之外，還發現了數量龐大的完整、且以關節相連的禽龍骨架。這是世界上首次有人發現完整的大型恐龍骨架。不過，這些化石也有嚴重的黃鐵礦病。

∷ 貝尼薩爾的恐龍礦場

在比利時與法國的國界、地下數百m的地方，存在厚厚一層的古生代石炭紀地層（→p.106），此處含有豐富的煤炭。於是國界附近從19世紀起，建立了以貝尼薩爾村為首的多個煤礦村落。

1878年春天，貝尼薩爾煤礦坑地下322m處的坑道出土了「樹樁」與「黃金」。專家馬上就看出「樹樁」是動物的化石，「黃金」則是黃鐵礦。化石中還混有禽龍（→p.34）的牙齒。

布魯塞爾皇家博物館派遣的路易斯・德・保羅發現現場埋著許多化石，於是在當地記錄產狀（→p.160），然後切割成許多塊逐一運出。坑道內相當狹窄又陰暗，有時候還會突然湧出足以淹沒整個發掘現場的水。而且，這些化石多因為黃鐵礦病（→p.254）而變得相當脆弱，故德・保羅需用石膏與黏土製作夾克（→p.126）。發掘出來的禽龍可分為「壯碩型」與「纖瘦型」，骨層（→p.170）內大部分個體為「壯碩型」，被認定為新種，命名為貝尼薩爾禽龍。在古生物學家路易斯・道羅的監督下，研究團隊用實物化石製作組裝（→p.264）模型，於1882年公開展示。

1881年時，於地下356m處發現了小規模的禽龍骨層。然而，因為資金困難，發掘工作於該年暫時停止，且有很長一段時間未能重新挖掘。

第一次世界大戰中，德軍占領了該區一帶，德國的古生物學家再次嘗試發掘貝尼薩爾煤礦的化石。不過，隨著德軍的敗退，發掘工作中斷，貝尼薩爾煤礦坑也跟著封山。

貝尼薩爾煤礦礦坑的剖面圖

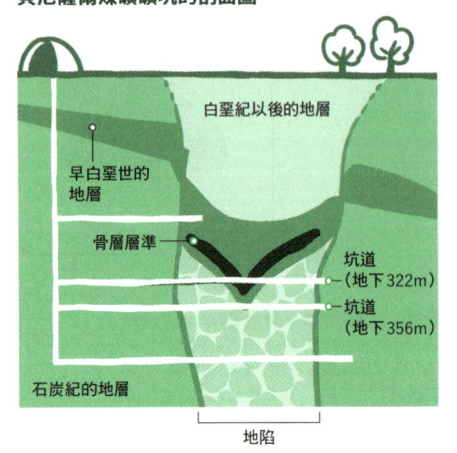

白堊紀以後的地層
早白堊世的地層
骨層層準
坑道（地下322m）
坑道（地下356m）
石炭紀的地層
地陷

貝尼薩爾煤礦坑由數個立坑與水平延伸的坑道組合而成。該處有石炭紀地層下陷，使白堊紀地層跟著陷落，形成「地陷」地質結構，禽龍的骨層就是在這裡發現。與外部相比，地陷內的地層相當脆弱，陷落的風險較高，且白堊紀地層幾乎不含煤炭，所以發掘該處的化石是相當麻煩的工作。

:: 恐龍礦山之謎

因為貝尼薩爾煤礦坑已封山，所以目前無法直接進入坑道內調查內部地質。不過封山後，研究團隊仍持續研究地陷與骨層的成因。

曾有段時期，科學家認為貝尼薩爾煤礦坑的地陷是石炭紀地層遭侵蝕後形成的巨大溪谷。若是如此，那麼這些禽龍群可能是被肉食恐龍追趕，從山崖墜落到溪谷的湖泊，然後溺死、化石化形成骨層。大眾書籍中常會介紹這種說法，不過近年來的研究結果完全否定了這種說法。

目前學界認為，白堊紀的地層沉積在相對平坦的水邊後，下方的石炭紀地層被溫泉水侵蝕，逐漸陷落，生成了貝尼薩爾煤礦坑的地陷。

至今我們仍不確定貝尼薩爾煤礦發現的禽龍骨層成因。不過一般認為，這是禽龍成體構成的族群集體被捲入某個意外後的結果。另外，貝尼薩爾煤礦坑的骨層實際上由4個骨層構成，顯示在同一個地方曾發生過多次禽龍大量死亡的事件。

研究人員認為，早白堊世時，該處地下曾存在含有豐富硫化氫的溫泉。可能是溫泉水湧出地表後，使大量生物因硫化氫中毒而死亡。貝尼薩爾煤礦坑中，除了出土禽龍、曼特爾龍之外，也有出土大量保存狀態十分良好的魚、鱷魚等化石。這些動物也可能是因為硫化氫中毒而死亡。

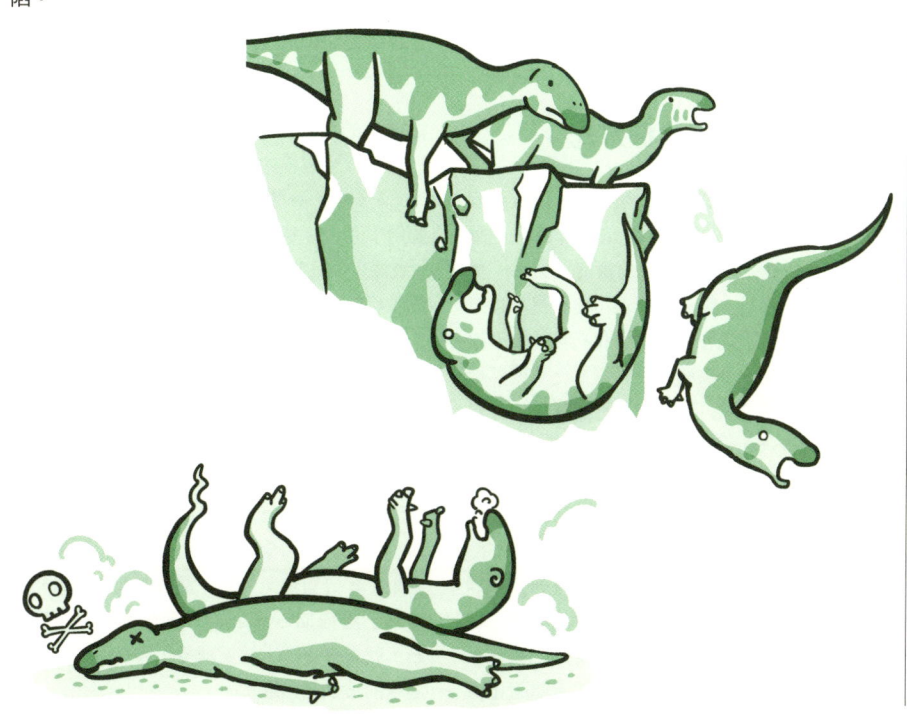

| 化石

黃鐵礦病
pyrite disease, pyrite decay

在過去200年來，古生物學的世界中有個惡名昭彰、讓人避之唯恐不及的病。那就是黃鐵礦病。一旦化石得到黃鐵礦病，便不可能完全康復。若黃鐵礦病持續惡化，化石便會變成一堆碎屑。這個破壞了許多重要標本的恐怖黃鐵礦病，究竟是種什麼樣的「疾病」呢？

:: 黃鐵礦與黃鐵礦病

黃鐵礦為鐵與硫構成的礦物，其淡淡的黃金色常被誤認為黃金，故有「愚人金」之稱。在缺乏氧氣的環境（還原環境）中，溶於水中的鐵離子與生物組織中的硫會結合形成黃鐵礦。缺氧環境也會讓遺體難以分解，並形成化石，因此這些化石內便會含有黃鐵礦的結晶，或者化石本身會被置換成黃鐵礦。

黃鐵礦不耐潮濕，易與空氣中的水分及氧氣反應，轉變成其他礦物。若化石內的黃鐵礦發生這類反應，再與化石中其他元素反應，便會使原本黃鐵礦的體積大幅增加。因此，化石會膨脹起來，然後碎裂開來。最後還會產生硫酸，破壞構成化石的各種礦物以及保存化石的儲藏盒。這個化石崩毀的過程，就叫做黃鐵礦「病」，得到此病的化石無法恢復成「發病」前的狀態。

:: 抗病的歷史與治療方式

自19世紀以來，學界認識到了黃鐵礦病的恐怖之處。著名的例子如1878年的貝尼薩爾煤礦（→p.252）發掘出來的禽龍（→p.34）與曼特爾龍的化石。煤礦坑很深，化石長年以來與氧氣隔絕。不過在開始挖掘化石後，化石接觸到外界氣體，黃鐵礦病便迅速惡化。雖然研究人員用石膏夾克（→p.126）密封起來，並以鐵製框架補強，送到博物館保存。不過在2年後開封時，發現夾克內化石的黃鐵礦病已惡化到了相當嚴重的程度。

在博物館為夾克開封後，會將溶有「防腐劑」的明膠塗在化石上，再以機械性方式去除因黃鐵礦病而膨脹的部分，然後用接著劑、錫箔、紙張等材料修復。經過這些處理的禽龍復原（→p.134）骨架曾公開展示，卻沒能阻止黃鐵礦病的惡化。1930年代時，研究人員曾經計畫進行大規模的「治療」計畫，將酒精（溶劑）、砷（「殺菌」用）、亮光漆（保護、補強用）混合後塗在化石上。然而，這一連串的「治療」，只會把水分關在化石內部，反而造成了反效果。

直到近數十年，研究者們才知道黃鐵礦病的病因是化石內部有黃鐵礦，會與空氣中的水分與氧氣反應。因為化石內的黃鐵礦無法完全去除，所以在發掘出化石後，需馬上進行化石修整（→p.128），完全去除化石內的水分，以樹脂保護化石內部，這是相當重要的工作。不過，即使樹脂完全滲透進化石內部，仍無法完全阻止水分與氧氣侵入，還會妨礙化學分析與電腦斷層掃描（→p.227）。前面提到的禽龍化石，就是在經過上述處理後，放在可完全控制溫度的玻璃箱內展示。

| 化石

龍落群集
plesiosaur-bone associations

Chapter **3**
番外篇

254
▼
255

黑暗的深海缺乏養分，所以當鯨魚遺體沉到海底後，會成為海底的綠洲。遺體會在短時間內，分解到只剩下骨頭，但事情不會就這樣結束。遺體分解的過程中會產生硫化氫與甲烷，以這些物質作為能量來源的生物便會紛紛現身。這些生物的群集稱作「鯨落群集」。那麼在鯨魚出現以前，存在類似的群集嗎？

∷ 化學合成群集與鯨魚

在硫化氫或甲烷湧出的地區周圍，會有化學合成細菌以分解這些物質獲得能量，也有化學合成共生生物與之共生。這些生物所形成的群集，就是化學合成群集。在某些例子中，這種群集會被以甲烷為材料成長的結核（→p.168）整個包裹住、化石化。

化學合成群集不只會出現在硫化氫或甲烷湧出的地區，也會出現在鯨魚遺體周圍。除了直接以遺體為食的生物之外，還有捕食牠們的生物、以及以遺體所產生之硫化氫及甲烷為生的化學合成共生生物等，以鯨魚遺體為中心，形成小型生態系。

這種以鯨骨為中心所形成的生物群集，稱作鯨落群集，是化學合成群集的「跳躍停留點」，十分重要。但我們並不曉得，在鯨魚類進入海中以前，是否有這種以大型生物遺體為中心的生物群集存在。

∷ 中生代的龍落群集

到了近年，研究者偶爾會發現以蛇頸龍（→p.86）遺體為中心的化學合成群集化石。有些例子中，會發現吃蛇頸龍骨頭的細菌生痕化石（→p.118），周圍還可發現以這些細菌為食的螺類化石。也就是說，類似鯨落群集的「龍落群集」存在於晚白堊世的海底。神威龍（→p.38）的骨架也可成為龍落群集。

以蛇頸龍為首的大型海生爬行類，大部分於白堊紀末滅絕。在鯨類進入海洋之前，有1600萬年空白期間。海龜類在白堊紀後仍持續存在，所以學者們認為「龜落群集」可能是龍落群集與鯨落群集間的過渡群集。

| 歷史、文化

百貨公司
department store

在沒有地層的地方，也可能出乎意料地埋有化石。譬如從很久以前開始，人們就會用石灰岩、或是由石灰岩變質而成的大理岩製作壁磚，貼在百貨公司、鐵路車站等大樓的牆壁上。另外，這些石材也會製成園藝用石頭，於家居建材用品店販賣。這些石材有時會含有大量化石。

∷ 高級石材與化石

　　石灰岩是溶於水中的碳酸鈣，以及由碳酸鈣構成的生物遺體（殼）沉澱而成的沉積岩，後者可以說是化石的集合體。這種化石相對較軟，因為是由碳酸鈣構成，比較不耐酸（即使是一般的雨水，也會緩慢溶出）。由於石灰岩可以大量採掘又容易加工，而且顏色相對溫暖，所以全球各地自古以來就常使用石灰岩材。

　　日本國內也有大量採掘石灰岩，不過大部分不是用於石材，而是加工成水泥原料。日本用作石材的石灰岩或大理岩皆進口自世界各地，所以有機會在石材內發現各時代的化石。

　　含有化石的石材中，又以「jura yellow」、「jura grey blue」特別有名，為米色或藍灰色的石灰岩。這些都是印度產的石材，顧名思義，是中侏羅世到晚侏羅世時，於特提斯海（→p.180）的潟湖沉積而成的石灰岩。岩石內含有豐富的熱帶海洋生物化石，譬如珊瑚、菊石（→p.114）、箭石（體內有箭狀的護甲，類似烏賊的滅絕頭足類）等，而當時圍繞海洋的島嶼上可能棲息著恐龍或始祖鳥（→p.78）等生物。

　　技術人員會從各種角度切開、研磨石材，所以內部化石乍看之下常不曉得是什麼生物。有些石材內的化石剛好從易觀察的角度切開，有些則是從不易觀察的角度切開。尋找這些化石，思考它們原本屬於什麼生物，也是逛街時的樂趣。

石灰岩中的菊石範例

近蜥龍

石材與恐龍　美國曾用含有原始型蜥形類「近蜥龍」之化石的砂岩，作為造橋的材料。下半身由化石戰爭（→p.144）中著名的奧斯尼爾・查爾斯・馬許採集下來，上半身則成為了橋墩的一部分。1969年時，這座橋遭拆除，但上半身仍未能回收。

| 化石

魚中魚
Fish-within-a-Fish

Chapter **3**
番外篇

自然界相當殘酷。捕獲獵物並不是件簡單的事，一口吞下珍貴獵物的時候，可能連確認自己是否真的吞得下這個獵物的時間都沒有。在許多例子中，吞下的獵物太大，反而使自己因此死亡，並以這種狀態形成了化石。

∷ 魚體內的魚

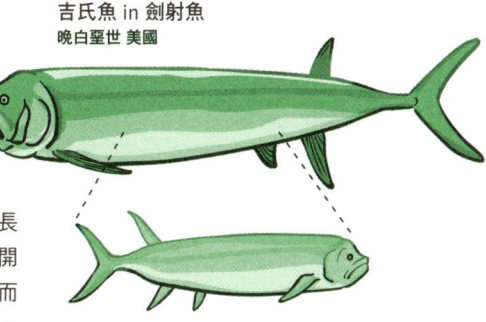

以「魚中魚」著名的化石中，有副是在西部內陸海道（→p.186）奈厄布拉勒層發現，幾乎完整的劍射魚骨架。這尾全長4m的巨大劍射魚（除了背鰭以外，皆以關節相連（→p.164）成完整的骨架）腹中有尾全長1.8m的吉氏魚。這尾吉氏魚保持著從頭部開始被活活吞下的狀態，收納在劍射魚腹中。而勉強吞下吉氏魚，很可能就是劍射魚的死因。除了這個化石之外，還有其他劍射魚的化石被認為是因為吞下過大的吉氏魚，消化不良而死亡，可見這是一種相當貪吃的魚。除了劍射魚之外，奈厄布拉勒層也有發現其他會活活吞下吉氏魚的大魚化石，可見這種意外並不罕見。

吉氏魚 in 劍射魚
晚白堊世 美國

近年還有一個因為活活吞下獵物而死亡的化石例子，那就是三疊紀的中國魚龍——貴州魚龍（全長約5m）。牠的化石體內有估計全長略小於4m的新鋪龍（充滿謎團的海生爬行類，海龍類之一）軀幹部分，可能是在勉強吞下後沒過多久就死亡，並形成化石。許多動物在吞下獵物時，都伴隨著死亡的風險。

新鋪龍 in 貴州魚龍
中三疊世 中國

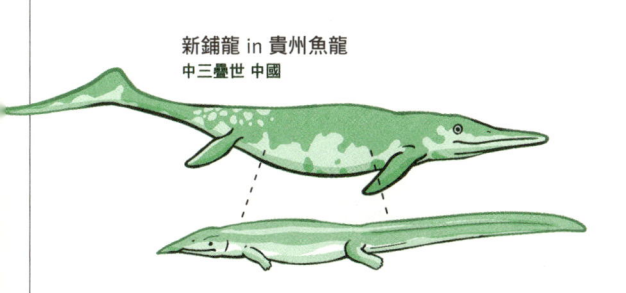

∷ 吞下整頭恐龍的恐龍

至今我們尚未發現因為活活吞下整頭恐龍而死亡的恐龍。不過在加拿大有發現一副以關節相連的蜥鳥盜龍骨架，牠的胸部內側有個與自己的頭差不多大的巨大骨頭（大型恐龍的四肢骨頭？）卡著。相關研究雖然才正要展開，但這頭蜥鳥盜龍的死因，可能是因為想要連著骨頭吞下整塊肉。

死亡姿勢
death pose

化石的產狀十分多樣，脊椎動物的化石中，不少以關節相連的骨架，都是以相同的姿勢出土。這種反弓背部，橫躺在大地上的奇妙姿勢，被稱為「死亡姿勢」，象徵著死亡。

∷ 死亡姿勢及其原因

　　死亡姿勢並沒有明確的定義，通常指的是以關節相連（→p.164）的骨架，且頸部、尾部朝背側反弓的產狀（→p.160）。從小型恐龍到大型恐龍，都有產狀為死亡姿勢的例子，其中就包括了不少全長超過20m的大型蜥腳類，化石彎成了U字型，呈現出漂亮的死亡姿勢。有些例子中，全身以關節相連的骨架呈現出死亡姿勢；也有的例子是只有脊椎骨呈現出死亡姿勢，顱骨與四肢的骨頭則散亂在周圍。

　　因為死亡姿勢是恐龍化石的常見產狀之一，可見死亡姿勢並非偶然產生。過去認為較可能的原因是，保持頸部與尾部之姿勢的韌帶，在個體死後乾燥收縮，使頸部與尾部朝著背側反弓。也有人認為，若遺體被水流沖刷，頸部與尾部會被沖到下游的一側。然而，一些被認為沉積埋藏在不太會流動之水底的化石，也是以死亡姿勢出土，然而前述說法並無法說明這些例子。還有人認為，腦部疾病造成的肌肉痙攣，會使個體在死亡前（橫躺下來之前）擺出死亡姿勢，不過化石埋葬學（→p.158）的研究結果指出，死亡姿勢應為死後才產生的現象。

　　近年主流意見則認為，死亡姿勢的成因可能極為單純。為抵抗重力，頸部與尾部的韌帶會將這些部位往上提，以保持姿勢自然。當遺體倒下時，失去了重力的影響，韌帶便會將這些部位往背側提起。因此，即使韌帶沒有特別乾燥收縮、沒有水流沖刷，遺體也會自然而然地呈現出死亡姿勢。在用鳥的遺體做實驗時也發現，若遺體浮在水面上（少了與地面的摩擦阻力），較容易呈現出死亡姿勢；若切斷韌帶，便不會呈現出死亡姿勢。

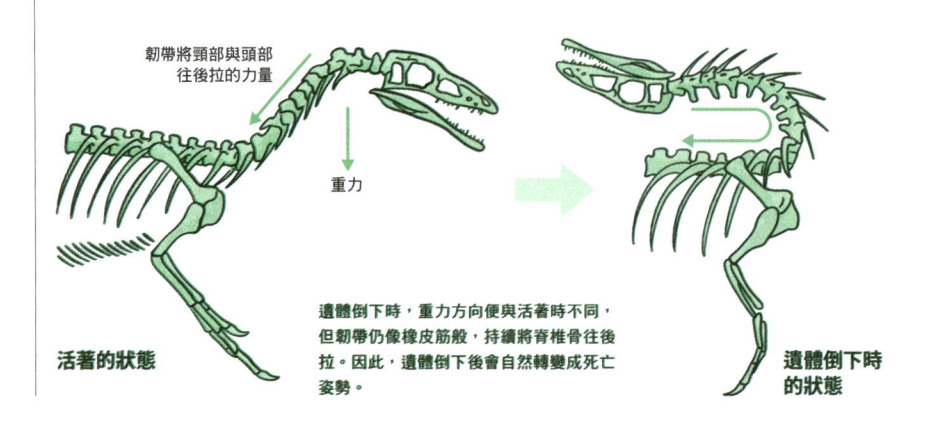

韌帶將頸部與頭部往後拉的力量

重力

活著的狀態

遺體倒下時，重力方向便與活著時不同，但韌帶仍像橡皮筋般，持續將脊椎骨往後拉。因此，遺體倒下後會自然轉變成死亡姿勢。

遺體倒下時的狀態

■ 各式各樣的死亡姿勢

因為死亡姿勢讓人印象深刻，所以有些化石在修整（→p.128）的過程中，會製作用於研究產狀與展示的死亡姿勢複製品（→p.132）。此時常不會將骨頭完全清理（→p.130）乾淨，而是將化石修整到能清楚觀察產狀的狀態，以死亡姿勢的樣子展示骨架。另外，研究者也會在復原時，將關節脫離的部分，與死亡姿勢的骨架組裝在一起；或者用人造物（→p.136）補上缺損部分，然後做成壁掛組裝（→p.265）的標本。研究者也可能將關節脫離的骨架，重新排列成死亡姿勢的樣子，再組裝起來。

即使遺體呈現死亡姿勢，如果太晚被掩埋，就不會以死亡姿勢化石化。脊椎骨可能會呈現出一定程度的死亡姿勢，其他部位則可能散亂周圍各處，或者完全不留下痕跡。這種「最後呈現出死亡姿勢」的恐龍局部骨架，是非常常見的產狀形式。

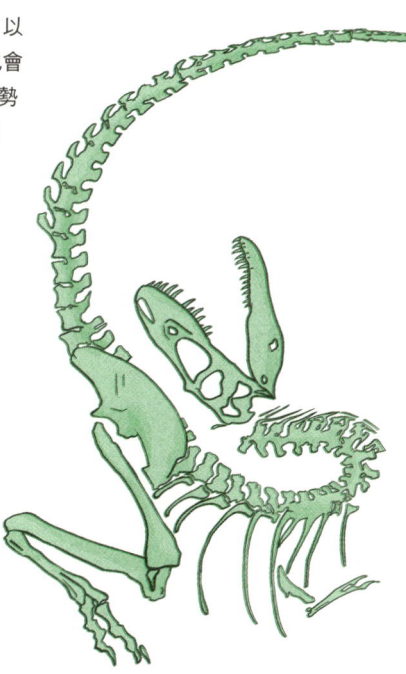

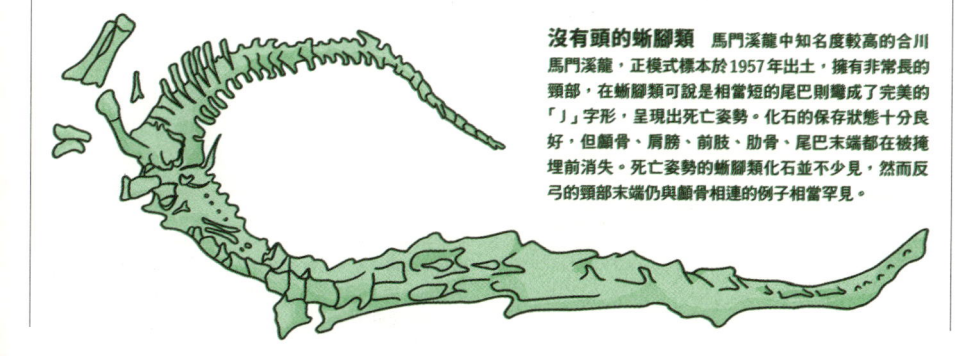

「完整」的死亡姿勢　加拿大亞伯達省發現了許多蛇髮女怪龍的骨架，其中多數化石的產狀為死亡姿勢。在這些化石中，皇家蒂勒爾博物館的標本TMP 91.36.500保存狀態特別良好，只有腰部與尾部的一部分因風化而消失。研究人員用人造物補上了這副骨架中，實物化石缺少的部分，並修正了骨架的姿勢，製成壁掛組裝標本展示。

沒有頭的蜥腳類　馬門溪龍中知名度較高的合川馬門溪龍，正模式標本於1957年出土，擁有非常長的頸部，在蜥腳類可說是相當短的尾巴則彎成了完美的「亅」字形，呈現出死亡姿勢。化石的保存狀態十分良好，但顱骨、肩膀、前肢、肋骨、尾巴末端都在被掩埋前消失。死亡姿勢的蜥腳類化石並不少見，然而反弓的頸部末端仍與顱骨相連的例子相當罕見。

歷史、文化

盜龍
raptor

就像「哥吉拉立姿」一樣，科學研究結果在大眾娛樂中的樣貌常會出現變化。在大眾娛樂領域中提到恐龍時，通常會直接套用分類學上的恐龍類群名稱等學術用語。不過某個類群以「盜龍（raptor）」之名，僅以單一電影為契機就打響了名號。包括馳龍類、非馳龍類的生物等在內，被冠以「盜龍」之名的恐龍們，究竟有什麼特別的地方呢？

▪ 各式各樣的「盜龍」

電影《侏羅紀公園》中，被稱作「raptor」（中文版電影稱作「迅猛龍」，一般譯為「盜龍」）的恐龍們，為伶盜龍（→p.50）等馳龍類。Raptor為伶盜龍 *Velociraptor* 的簡稱，在拉丁語中有「強盜」、「掠奪者」、「誘拐者」的意思，在英語中也可指鷲、鷹等猛禽類。為 *Velociraptor*（「快速的強盜」）命名的亨利・費爾費爾德・奧斯本，心中想像的可能是小型恐龍靈敏移動，迅速攫取獵物的樣子。

電影中的「raptor」所參考的恐龍不是只有伶盜龍，不過在電影中的搗亂行為，很符合伶盜龍這個名字。另一方面，馳龍類在大小或形態上都十分多樣，即使先不管羽毛（→p.76）的有無，不少實際上的馳龍，都與電影中的「raptor」形象有很大的差異。有的馳龍全長僅1m左右，可在空中滑翔；有的馳龍全長達5m，體格壯碩；有的馳龍脖子很長，前肢卻很短。可見「raptor」有多種樣貌。

猶他盜龍

小盜龍

1.7m

伶盜龍

馳龍類物種的大小多與伶盜龍相仿。不過有些馳龍如猶他盜龍般全長近5m，也有不少物種如小盜龍般全長僅1m左右，可滑翔飛行。

∷ 其他「盜龍」們

「盜龍」這個名字並非特定分類群的名字，只是慣例上，馳龍類常會命名為「○○盜龍」。就像奧斯本除了命名伶盜龍之外，也因為「偷蛋行為」而將另一種恐龍命名為偷蛋龍（*Oviraptor*，這裡的「raptor」偏向誘拐犯的意思）。馳龍類以外的恐龍被命名為「○○盜龍（-raptor）」的情況並不算少見。

小型～中型的體型輕巧的獸腳類常被冠上「盜龍」之名；而體型大的偷蛋龍類，也有被命名為巨盜龍（*Gigantoraptor*，巨大的小偷）的例子。另外，也有大盜龍、福井盜龍這種應屬於大盜龍類，卻曾被復原（→ p.134）成馳龍類模樣的物種。

中華盜龍

伶盜龍

大盜龍

1.7m

巨盜龍

名字中有「盜龍（raptor）」的恐龍中，也包含了不少與馳龍類無關的大型獸腳類。雖然巨盜龍的名字內也有「盜龍」，不過牠很可能是植食性恐龍。

研究、發掘

組合化石
composite

至今，研究者從未發現真正「完整」的恐龍骨架。如果缺損部位很少，可參考相鄰部位，估計出缺損部位的形狀與大小，或者參考其他標本、近親物種，製作出人造物（非複製品的模型）填補上去。如果缺損部位很廣，用人造物填補會是件累人的工作。

此時，研究者可將相同物種或近親物種的大小相仿個體組合在一起，復原成原本的樣子。將多個個體的化石故意組合成單一化石，稱作組合化石。需與不小心組合在一起的化石（嵌合體）區別開來討論。

:: 組合化石的實際情況

當要將不完整的骨架以組合化石形式復原（→p.134）時，最重要的是要將同物種、同大小的個體組合在一起。生物存在個體差異，所以即使是同一物種，嚴格來說大小、形狀也不完全一樣。即使是全長相同的同一物種，骨架各部分的比例也可能略有差異。不過在組合化石時，通常會直接忽視這些問題。

製作復原的骨架圖或3D資料時，即使資料來自不同大小的標本，也能在修正大小後組合起來。但另一方面，不少恐龍在成長前後，身體各部位比例會有很大的改變，所以將成長階段明顯不同的標本組合在一起並不恰當。

組裝組合化石的復原骨架時，基本上會盡可能選擇大小相似個體的實物化石或複製品（→p.132），將之組合在一起。現在會運用3D資料製作大小相符的複製品再組裝上去，但以前會將大小各不相同的個體組合在一起，所以常會製作出身體各部位比例與實際生物不同的復原骨架。

若無法準備大小相近的同物種標本，可使用親緣相近物種的局部骨架製作復原骨架。如果同一物種的恐龍骨架標本沒有那麼多，無法製作成一副完整的復原骨架，用多種恐龍的標本製作出組合化石的復原骨架的這種情況也很常見。

:: 三角龍「海徹」

1905年，美國史密森尼博物館展出了史上第一副三角龍（→p.30）復原骨架，這副骨架至少是由10個個體的實物化石構成的組合化石。當時的學界對角龍化石的了解並不多。當時認為的角龍頭部比例比現在認為的還要小，甚至將埃德蒙頓龍的腳誤裝在這具三角龍上。所以當時復原的骨架中，臉非常小，腳趾只有3根。

即使各種復原相關的問題逐漸獲得解答，這副骨架仍保持原樣持續展出。後來因為骨架劣化嚴重，便於1998年拆解，並重新製作一副史上首例的3D列印復原骨架。因為是由組合化石製作的骨架，故以發現了許多三角龍而著名的化石獵人約翰·貝爾·海徹（→p.250）之名，命名為「海徹」。海徹的顱骨為3D列印出來的放大版。

∷ 現代的組合化石

　　將古生物以組合化石的形式復原，是研究時相當常見的行為。謹慎組合出來的組合化石，就算與後來發現的全身骨架相比，通常也絲毫不遜色。

　　這裡就來簡單介紹目前可以看到的各種組合化石吧。

棘龍（→ p.66）

棘龍化石中，目前發現的都是局部骨架，而且保留大部分軀幹的正模式標本已在戰時遺失。2014年時為了推動「四足步行說」而公開的復原骨架，是以多個標本、遺失的正模式標本圖像、照片為基礎，製作出3D資料，再由3D資料製作出來的骨架。後來發現了幾近完整的棘龍尾部，便將尾部換成了新的版本，同時將前肢換成了比較小的版本，製作出新的復原骨架。

三角龍

三角龍的化石相當受歡迎，然而目前只有數個標本。因此，三角龍的復原骨架多是由數個個體組合而成的組合化石。不僅身體比例可能不精確，腳趾數目也可能不對，欣賞時需特別注意。

| 研究、發掘

組裝
mount

當我們在談論到與恐龍相關的話題時,會用「mount」這個字指稱組裝復原骨架的行為,或者是指組裝起來的復原骨架本身。本節就讓我們來介紹過去160年以上的恐龍組裝的歷史。

∷ 復原骨架的歷史

1788年,西班牙馬德里國立自然史博物館公開展示了巨大樹懶類中,大地懶的復原(→p.134)骨架。這是第一個組裝起來的動物化石。製作這個組裝標本的人是科學插畫家兼剝製師的胡安・巴帝斯塔・布魯,他擁有豐富的現生動物骨架組裝經驗。除了尾巴之外,這副骨架相當完整。布魯使用木材製作用來支撐實物化石的支撐架(armature)。

第一副恐龍復原骨架是1868年位於美國費城的美國自然科學學會所展示的鴨嘴龍(→p.36)正模式標本。這副骨架相當不完整,然而沒有其他標本能作為直接參考,於是負責組裝的雕刻家班傑明・瓦特豪斯・郝金斯便參考爬行類(鬣蜥)、鳥類(走禽類)、哺乳類(袋鼠),製作人造物(→p.136)。他將這副骨架組裝成了抱著樹木吃樹葉的姿勢。為了讓金屬製的支撐架不要那麼顯眼,郝金斯下了許多工夫,譬如使支柱穿過樹木模型,並將支撐架直接塞在人造物內部等等。然而另一方面,這個組裝後的復原骨架也有許多問題。為了固定支撐架,郝金斯直接在化石上鑽孔,使得化石迅速劣化,數年後就不得不換成複製品(→p.132)。

郝金斯曾量產過鴨嘴龍的復原骨架複製品。這些複製品的內部埋有支撐用鋼骨,與現代使用複製品組裝而成的復原骨架相同,支撐架幾乎不會暴露出來。

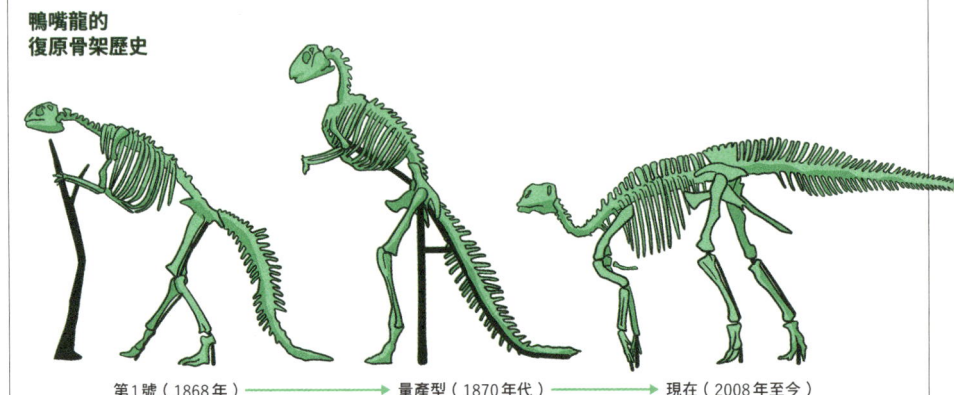

鴨嘴龍的復原骨架歷史

第1號(1868年) ⟶ 量產型(1870年代) ⟶ 現在(2008年至今)

:: 組裝復原骨架

　　一般來說，研究者是為了公開展示復原骨架而組裝化石，但有時候也會為了研究關節的可動範圍，或為了解決其他研究上的問題而組裝化石。如果是前者，那麼在組裝化石時，也需考慮博物館的空間設計，以決定骨架的姿勢及展示形態。以前復原骨架的製作通常是由博物館專屬的修整人員（→p.128）負責，現代則通常是在研究機構與專門業者的協助下組裝化石。如果是販售用的復原骨架，也有不少是由業者獨立組裝而成。

　　組裝復原骨架時，未發現部位通常會用人造物或其他標本（的複製品）填補。少數情況會刻意保留缺損部分，並將該處設計成支撐架的一部分，不特別填補起來。如果是用其他標本填補缺損部分，製作成組合化石（→p.262）便常發生大小不合的情況。若以展示為優先，常會使用實物化石進行組裝，不過化石會因為黃鐵礦病（→p.254）等原因而劣化，後續可能造成很大的問題。而且為了要公開展示，研究工作也只能趁著休館日進行。以前研究者會直接在實物化石上鑽孔，使支撐架直接穿過化石。現在則會考慮到之後的研究，製作可輕易取下的支撐架，在組裝時盡可能不傷及化石。

　　復原骨架所使用的化石複製品，以前是使用笨重的石膏，或者使用輕巧卻易壞的混凝紙漿（以樹脂固定紙張後成型）製作。近數十年會使用FRP（纖維強化塑膠）製作輕巧而堅固的複製品，復原骨架的姿勢自由度也大幅提升。另外，近年使用3D資料與3D列印機製作複製品的例子也在增加中。

　　製作支撐架時，需模擬骨架組裝後的樣子，並調整其姿勢。如果有3D資料的話，就可以在電腦上進行一定程度的調整。組裝實物化石時，也可能會先製作複製品，模擬組裝起來的情況。有時候將支撐架設計成可以從台座上取下，這麼一來，在完成復原骨架後，就可以將骨架連著支撐架一起移動了。

復原骨架的種類

壁掛組裝　將骨架組裝成浮雕狀的組裝方式。一般會加上人造物，將化石組裝成以關節相連（→p.164）的產狀（→p.160）。

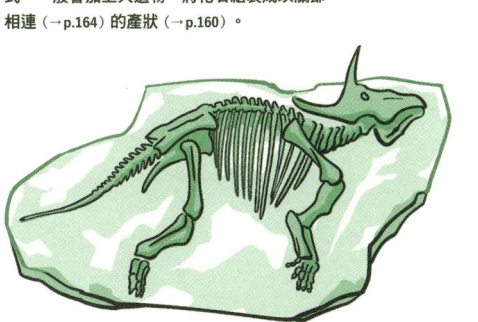

自立組裝　將化石組裝成僅以四肢（以及接觸地板的尾巴）的支撐架自立的復原骨架。有時會從天花板用纖線吊著支撐架，撐起骨架，乍看之下是用四肢自立，但其實並不屬於自立組裝。

歷史、文化

機械偶
animatronics

你有在博物館看過實物大小的機器恐龍嗎？雖然這些機器恐龍不會真的走動起來，不過光是它們的存在感以及栩栩如生的動作，就足以讓參觀的孩子們本能地產生恐懼心理。

這種模仿生物或角色的外形與動作的機械，稱作機械偶（animatronics）。機械偶在遊樂設施與電影中是不可或缺的道具，也是恐龍人氣的主要來源之一。

❚❚ 恐龍與機械偶

進入1980年代後，機械偶廣泛運用在許多遊樂設施與特攝電影中，模仿恐龍的機械偶紛紛誕生。遊樂設施用的機械偶通常會製作整個身體，特攝用的機械偶則是大型道具的一部分，只會製作必要的部位。

遊樂設施用的恐龍機械偶方面，日本某廠商一開始便擁有很高的市占率。而且，這個廠商的北美代理商也獨立開發機械偶，他們製造的恐龍機械偶於1990年代後席捲了世界。他們也設立了非營利部門，負責恐龍化石的發掘、研究工作，還支援學會發展，卻在2000年代初倒閉，留下許多無法提供售後服務的恐龍機械偶。目前日本廠商仍擁有高市占率，因為可以做出相當逼真的動作，品質逼近復原（→p.134）模型，就像會動的雕刻品一樣，所以也叫做「動雕」。

在拍攝《侏羅紀公園》第一集時，製作了大量特攝電影用的機械偶，結果相當成功。當時，為反映恐龍相關研究的最新結果而製作的CG影像備受好評，而在拍攝恐龍與演員互動的場景時，則需使用機械偶。這種分工方式一直延續到了該系列的最新作品。

機械偶的骨架由金屬框架構成，並由驅動裝置控制其移動。考慮到安全，驅動裝置通常是由電腦控制的氣動裝置。氣壓缸負責肌肉的運動，將空氣送入氣壓缸的空氣管就像血管一樣布滿全身。以質輕的聚氨酯加上肌肉後，再使用柔軟的乳膠或矽氧樹脂製作皮膚，有時候會再加上纖維狀物質模擬羽毛。

生動逼真的機械偶是遊樂設施的亮點，機械偶的配置方式也能展現出規畫者的設計能力。有些設施會在必經之路設置恐龍的機械偶，讓看到的小孩嚇呆甚至哭叫。

機械偶與我

　　正在閱讀本書的你,應該也有間常拜訪的博物館吧。出生在茨城、在茨城長大的筆者,經常拜訪坂東市的茨城縣自然博物館。

　　筆者的外祖父曾為該博物館的建立貢獻過一份心力。博物館啟用時,正好是筆者出生後的第一個秋天。剛出生10個月的筆者,就在博物館接受了名副其實的「洗禮」。每當博物館有特展時,我們家都可以拿到招待券。因此,拜訪博物館成了筆者一家的定期活動。

　　博物館的恐龍廳有暴龍(→p.28)、賴氏龍、馳龍的機械偶,它們在晚白堊世森林的微縮模型中相看兩不厭。雖然這裡沒有筆者最喜歡的三角龍(→p.30),不過在森林中持續咆嘯的褐色暴龍,成為了筆者對恐龍最初的印象。隨著筆者的成長,機械偶也紛紛老化,不時需要維修。

　　筆者從小就相當喜歡古生物,每當有特展時,全家人就會到博物館參觀的習慣持續了好一陣子。筆者大學時選擇了古生物學領域,大學畢業研究與碩士課程的研究,選擇了茨城縣產的菊石作為主題。

　　筆者碩士一年級時,博物館恐龍廳正在進行翻修工程。已有20年以上年紀的老舊機械偶全被淘汰,並換上能反映出最新復原模型的新型暴龍與三角龍。同時,博物館也推出了以菊石為主題的特展,筆者作為茨城縣出土菊石的展覽協力人員,收到了內部展示會的邀請。

　　內部展示會結束後,筆者在博物館職員,同時也是學長的邀請下,來到翻修工程中的恐龍廳內部。新型暴龍與三角龍已在森林內設置完畢,旁邊推車上還有張讓人懷念的臉,那是從機械偶上拆下來的第一代暴龍的頭。牙齒已被取下、長年劣化的外皮顯得破舊,讓筆者頓悟到了古生物學——也就是自己走過的這條路的無常。

| 研究、發掘

恐龍人
Dinosauroid

1982年，全球知名的恐龍研究者暨加拿大國立博物館職員戴爾・羅素，與化石修整人員羅恩・塞金發表了一篇衝擊性的論文。論文前半段為加拿大出土的小型獸腳類細爪龍的復原相關說明，後半段則是羅素的思想實驗內容——假設細爪龍的後代存續至現代，那麼牠們會長什麼樣子呢？

∷「恐龍人」的出現

「恐龍文藝復興」（→p.150）中，鋸齒龍類的腦的顱內鑄型（→p.228）與其他骨骼的比例大得誇張而備受矚目。另一方面，當時尚未發現鋸齒龍類的全身骨架，也沒有人製作出比較可信的復原（→p.134）成品。

推動恐龍文藝復興的其中一人，也是鋸齒龍類的專家戴爾・羅素，與羅恩・塞金共同製作了細爪龍的實物大小復原模型。羅素還發表了某個以前就有的構想。

假設恐龍在K-Pg界線（→p.192）時沒有滅絕，而是存活下來。那麼鋸齒龍等恐龍的腦會變得更大，或許牠們會成為取代人類的「智慧生命體」。這個思想實驗催生出了恐龍人（dinosauroid）的模型。

∷ 恐龍人與現代恐龍們

羅素也把焦點放在細爪龍的其他特徵上。由顱骨的形狀可以知道，細爪龍擁有優異的雙眼視覺，且手的第一根手指（拇指）可以朝其他手指彎曲，應該能握住物體。這些特徵與靈長類相似，而且細爪龍還有優異的二足步行能力。羅素認為，這樣的動物若再持續演化6000萬年以上，很可能會演化出形態、能力類似人類的生物。

許多人批評，這種恐龍人的想法已過度擬人化，且後來證實鋸齒龍類的手部第一指（拇指）無法朝向其他四指彎曲。但另一方面，恐龍人的概念對一般大眾的衝擊相當大。就像羅素預料的一樣，這個想法衍生出了許多討論。甚至還影響到神祕學領域，產生了「河童的真相就是恐龍人」之類的說法。

目前學界認為，鋸齒龍類與鳥類的親緣關係十分接近。烏鴉與鸚鵡也展現出了令人嘖嘖稱奇的高度智慧，或許現生鳥類就是真正的恐龍人。

| 恐龍的形態與分類　　　　　　　　　　　　　　　　　　　　　　　　　　　Chapter 3　番外篇

哥吉拉龍
Gojirasaurus

世界上的古生物學家可以分成2種。喜歡怪獸的古生物學家，以及對怪獸沒有特別興趣的古生物學家。

賦予古生物學名時，古生物學家常會用傳說、故事中登場的怪物為古生物命名。曾有位世界知名的怪獸迷，以「怪獸之王」哥吉拉的名字為古生物賦予屬名。

⁝⁝ 三疊紀的哥吉拉

美國西南部的晚三疊世地層（→p.106）有露出地表，若要研究恐龍剛出現於地球上不久時的生態系，這裡是很適合的區域。除了恐龍以外，這裡的地層以有許多大型爬行類（譬如廣義的鱷魚類等）、兩生類、「哺乳類型爬行類」（→p.94）的化石而著稱。

化石修整人員（→p.128）出身的古生物學家肯尼斯・卡本特廣泛研究了在美國發現的中生代爬行類化石，並在1990年代後半時，將目光放在某個三疊紀化石上。在新墨西哥州的晚三疊世地層中，發現了骨頭碎片，估計全長約6m。就該時代的獸腳類而言，骨頭的主人應相當巨大。

卡本特在1980年代就曾經針對這個骨頭進行研究；在1994年，另一位研究者在博士論文中為其賦予了學名「*Revueltoraptor*」。然而「*Revueltoraptor*」的描述論文（→p.138）後來並沒有正式出版，於是這個名稱便成了裸名（沒有正式描述的「疑名」）而未被接受。

經重新研究後，卡本特認為這種獸腳類為腔骨龍類的新屬新種，便決定用從小就十分喜愛的怪獸名字賦予這種恐龍學名。出身日本的母親曾帶他到電影院看過哥吉拉，讓他留下深刻的印象，卡本特也因此而步上古生物學家的道路。哥吉拉的英文為「Godzilla」，不過卡本特選擇用日語的羅馬字，為這種恐龍賦予「*Gojirasaurus*」的屬名。

雖然這種恐龍與電影中「哥吉拉怪獸化前的恐龍樣貌」完全不同，但因為是晚三疊世最大的獸腳類之一，使哥吉拉龍備受矚目。不過後來的研究證實，哥吉拉龍的正模式標本應為恐龍與鱷魚類的嵌合體化石，原本認為是哥吉拉龍特有的特徵，其實都來自鱷魚類的化石。這表示從獸腳類化石的角度看來，已難以找到「巨大」以外的特徵，所以目前*Gojirasaurus*被視為疑名（→p.140）。不過，在晚三疊世確實曾有巨大腔骨龍類君臨美國西南部。

| 歷史、文化

哥吉拉立姿
upright standing

日本在1990年代初期，各種媒體上看到的恐龍，都像是特攝電影中穿著道具服的怪獸一樣，擺出上半身直立的姿勢。這是「舊型復原」的姿勢，在日本也叫做「哥吉拉立姿」。在相關業者使用CG與機械偶，表現出道具衣辦不到的效果，製作出《侏羅紀公園》後，哥吉拉立姿就成了「舊型復原」的代表。那麼，「哥吉拉立姿」的歷史究竟是什麼樣子呢？

∷ 復原骨架黎明期

第一個確定為二足步行的恐龍，為1858年發現的鴨嘴龍（→p.36）。1868年時，班傑明・瓦特豪斯・郝金斯組裝了第一副恐龍的復原（→p.134）骨架，這副骨架基於約瑟夫・萊迪提出的想法建構而成，用尾巴支撐身體，擺出正在吃樹葉的姿勢。此時的郝金斯參考了袋鼠的骨架，擺出復原骨架的姿勢。當時已知鴨嘴獸並不像袋鼠那樣腳踝接觸地面，不過前肢短小、後肢健壯、尾巴很長的現生動物，僅有袋鼠符合。郝金斯同時也在製作獸腳類傷龍的復原骨架（未能完成便被破壞），這個復原骨架的姿勢也像袋鼠一樣，長長的尾巴落在地面上。到了1870年代後半，比利時的貝尼薩爾煤礦（→p.252）發現了大量禽龍（→p.34）以關節相連（→p.164）的骨架，於是第一副恐龍全身復原骨架就在1883年公開。此時的骨架也是參考袋鼠製作而成，與郝金斯的鴨嘴龍、傷龍的復原骨架姿勢相同。

19世紀後半到20世紀初期組裝的復原骨架幾乎都是「哥吉拉立姿」，不過上半身都不是垂直於地面。長長的尾巴接觸地面，代表該個體正在站立進食，但不表示牠們平常也是這個狀態。若要省去鋼架，則會製作成姿勢自由度比較高的壁掛組裝（→p.265）形式。1901年時，研究者便組裝出了以接近水平姿勢奔跑的埃德蒙頓龍。

禽龍
（1883年）

袋鼠

埃德蒙頓龍
（1901年）

∷ 恐龍研究的黑暗時代

　　20世紀初，恐龍的復原骨架常成為博物館的招牌展示品，以吸引人潮。所以當時製作了大量恐龍復原骨架，並開發出了各式各樣的製作技術，一直傳承到今日的化石修整人員（→p.128）。當時的化石複製品（→p.132）幾乎都使用厚重卻脆弱的石膏製作（少數會用混凝紙漿或木頭製作），而且支撐復原骨架所使用的鋼架，品質也比現代鋼架還要差，幾乎不可能將骨架組裝成可活動的姿勢。

　　進入1930年代後，全球出現經濟大恐慌，過沒多久又爆發第二次世界大戰，大幅降低了博物館的金源。恐龍雖然是招牌展示品，卻也是最花錢的展示品，於是相關研究逐漸衰退，整體學界的焦點也從這個「演化過程中走進死路，最後被哺乳類打敗而被時代淘汰的遲鈍爬行類」轉往其他方向。

　　這種情況在戰後仍持續著。雖然研究狀況停滯，但恐龍在這個時代的大眾娛樂中，成為了相當受歡迎的「反派角色」。娛樂電影中登場的恐龍，常是定格拍攝的可動人偶、道具服，或者是添加了角與背鰭的活蜥蜴，與20世紀初確立的恐龍科學形象有不小落差。就這樣，上半身垂直立起、尾巴在地上拖行、走起來有些彆扭（不過打鬥時相當威猛）的恐龍形象就此誕生。此時，怪獸電影也促進了人們對恐龍的認識，媒體常在相同版面同時介紹怪獸與恐龍。

∷「哥吉拉立姿」的結束

　　1960年代以後掀起了「恐龍文藝復興」（→p.150）運動，恐龍研究風潮再起。學者們重新省視20世紀初以前的研究結果，不同的觀點都指出恐龍骨架根本不適合「哥吉拉立姿」。在「哥吉拉立姿」的狀態下，恐龍的骨盆結構難以支撐體重，而且若長長的尾巴因「哥吉拉立姿」而在地上拖行，會有脫臼的可能。從骨架結構與化石產狀（→p.160）的角度來看，恐龍在基本姿勢下，尾巴應該是直直往後伸，且不需特別用力，就能維持這姿勢才對。足跡化石（→p.120）中，只有極少數保留了拖行尾巴的痕跡。二足步行的恐龍與鴕鳥等走禽類不同，身上有長長的尾巴。身體平衡時，從上半身到尾巴是近乎水平的狀態。

　　到了1960年代之後，「哥吉拉立姿」開始衰退。即使是對恐龍印象一直停留在1950年代以前的日本人，在1993年的《侏儸紀公園》上映後，「哥吉拉立姿」也正式引退。這就是因為大眾娛樂而廣為流傳的形象，被新的大眾娛樂造成的形象蓋過去的瞬間。

～1950年代　　　　　　1970年代～

歷史、文化

惡魔的腳趾甲
Devil's toenails, *Gryphaea*

自古以來，當人們撿到奇形怪狀的石頭時，就會開始想像石頭有什麼特殊來歷。有些石頭長得像某種生物或是生物的一部分，不過一般會認為這些石頭的成因是「自然界在模仿生物的樣子」。無論如何，許多人認為這些石頭——也就是化石——寄宿著特別的力量，有些人甚至還會將其搗碎成粉末後，當成藥物服用。

∷ 惡魔的彎曲腳趾甲

歐洲西北部各處散布著露出的早侏羅世海相沉積層（→p.108），自古以來便出土了菊石（→p.114）與各種貝類化石，這些化石也有著各式各樣的傳說。譬如傳說某種菊石原本是盤繞成圓圈的蛇，被神斬斷頭部後化為石頭的樣子（蛇石）。人們還會為「蛇石」加工，復原其頭部，再當成當地土產販賣等，類似的傳說相當盛行。

這些化石常被認為是妖精、惡魔等傳說生物的一部分；其中某種滅絕的牡蠣類——卷嘴蠣（或是其近親歪嘴蠣）被賦予了「惡魔的腳趾甲」這個可怕的名字。這種牡蠣與我們今日所食用的牡蠣親緣關係較遠，彎曲狀的外殼形態相當特別，看起來就像人類的腳趾甲（彎曲狀的趾甲）或動物的蹄甲。在當時歐洲人的想像中，惡魔的腳上常長有山羊蹄，於是便將卷嘴蠣以及其近親的牡蠣類化石稱作「惡魔的腳趾甲」。

卷嘴蠣與我們今日食用的牡蠣不同，殼非常厚且堅固。因此它們的化石相當耐風化、侵蝕，能以原本的形狀出現在露頭中，常有人發現滾落到河岸的卷嘴蠣化石，其中又以英國最常見。卷嘴蠣的著名產地，還會將卷嘴蠣放在當地市鎮的市徽上。

雖然有這個可怕的名字，不過「惡魔的腳趾甲」常被當成保護人們不要得到風濕（免疫系統異常所造成的關節疾病）的護身符。卷嘴蠣化石大多與手掌差不多大，據說在身上帶著1個化石，便能得到避免患上風濕的效果。

| 歷史、文化

龍骨

lóng gǔ

古人知道的化石不是只有軟體動物的化石、鯊魚的牙齒化石等。自古以來，人們就常發現脊椎動物的化石，且對這些化石的來源充滿各種想像。古中國曾棲息著長達6m的鱷魚，在中國以及受中國影響的各地區，稱這些脊椎動物的化石為「龍骨」。不過「龍骨」通常不是爬行類的化石，更與恐龍無關。

∷ 藥用龍骨

中國自古便認為「龍骨」、「龍齒」、「龍角」有安定精神的作用，常與各種生藥調和成漢方藥處方。日本東大寺的正倉院就有收藏龍骨，故8世紀中期時，日本很可能就在使用龍骨。

中國各地都有出土龍骨，到了今日也在繼續挖掘中。正倉院收藏的龍骨、龍齒、龍角為滅絕的鹿類、鬣狗類、象類化石。今日的藥用龍骨，也是各種哺乳類的化石。

蒐集龍骨原料化石的人，稱作「龍骨採藥人」，他們會將採集到的化石洗淨、烘乾、出貨。如果要在日本製成漢方藥的原料，則會以整塊化石的形式出口到日本，然後再打碎加工。

近年來，龍骨產地逐漸枯竭，且有人指出，研究價值高的化石也有被拿去當成一般龍骨使用的風險。譬如發現北京猿人的地方，就是龍骨的產地。甚至還有個說法提到，人們就是在龍骨上發現了甲骨文（漢字的原型）。

∷ 日本的龍骨

日本也有將脊椎動物化石稱作龍骨的例子，有些還被當成寶物保存至今。其中最有名的是江戶時代後期，1804年時於滋賀縣出土的象類——東方劍齒象幼體的局部骨架。有個鹿類顱骨與這個顱骨共同出土，於是當時的人們便將兩者組合成了「龍的顱骨」，畫成了復原圖，與化石一起保存至今。於明治時代，外國地質學家海因里希・埃德蒙・諾曼應聘前來，鑑定出該化石為象類的顱骨。江戶時代也有本草學者將某個龍骨鑑定為象的化石。

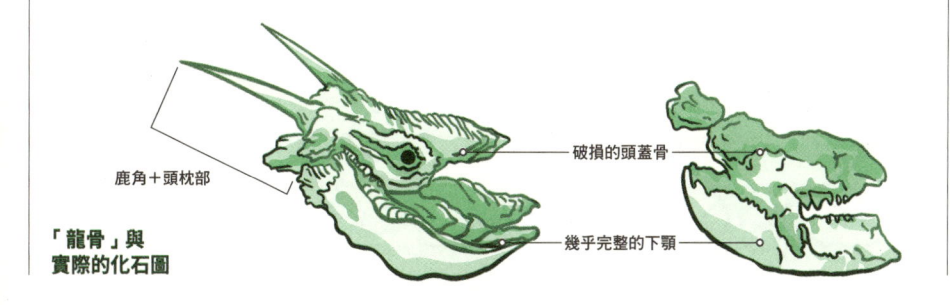

鹿角＋頭枕部 — 破損的頭蓋骨
幾乎完整的下顎

「龍骨」與實際的化石圖

研究、發掘

考古學
archaeology

古生物學與考古學都是發掘過去事物的行為,所以常有人混淆兩者。有些大學將古生物學視為理科,將考古學視為文科。那麼,考古學與古生物學究竟有什麼差別呢?古生物學與考古學之間難道沒有交集嗎?

∷ 古生物學與考古學

古生物學為橫跨地質學與生物學的學問,研究對象為所有與古生物有關的各種事物。比較古生物與現生生物的研究,也是古生物學的重要要素。

考古學常被說成是「透過遺跡、文物研究以前的人類」的學問。考古學會研究人類的歷史,故屬於歷史學的一個子領域。人類歷史中留下來的各種遺跡、文物等考古資料,都是考古學的研究對象。

古生物學與考古學都是以埋在土裡的物體為研究對象,所以研究方法有許多相似的地方。古生物學會觀察化石的產狀(→p.160),與考古學觀察考古資料的出土狀況類似。古生物學會用指標化石(→p.112)確認生物地層順序,考古學也會透過石器與土器為遺跡「編年」。如果遺跡沒有文字記錄,就會以放射年代測定法測定遺跡的絕對年代(→p.110)。這點與用花粉(→p.202)等微化石確認遠古時代的氣候類似。

∷ 古生物學與考古學的分界

考古學的研究對象包含人骨,以及隨著遺跡出土的生物遺體。如果貝類化石不是形成貝殼層(→p.170)而是形成貝塚(→p.275),也會是考古學的研究對象。

在文字還沒出現的上古時期,人類的歷史由作為生物的人類,以及人類的文化交織而成。

除了阿坎巴羅恐龍塑像(→p.276)之類的例子之外,名字裡有恐龍的東西一般不會是考古學的研究對象。不過,如果古生物學的研究對象是人類出現後的古生物,那麼與考古學之間的分界就相當模糊了。

| 研究、發掘

貝塚
shell midden, shellmound

Chapter **3**
番外篇

在日本各地，有時在耕田或施工時，會在接近地表不遠處，發現大量密集的貝殼。乍看之下，這些只是單純由貝殼聚集而成的貝殼層，不過考古人員曾在日本繩文時代的大型遺跡發現「貝塚」。考古學研究的貝塚，與古生物學的貝殼層究竟有何差別呢？

∷ 貝殼層與貝塚

貝殼層為骨層（→p.170）的貝殼版。在某些原因下，使得密集的大量貝殼被掩埋起來，就會形成貝殼層。可能是原本就在該處密集生長的貝類在當地死亡並被掩埋，可能是被活埋，可能是死亡的貝殼被沖到另一個地方沉積後被掩埋，也可能是一度沉積於某處的貝殼，被水流沖到其他地方再次被掩埋。我們可以由產狀（→p.160）推測這些貝殼層形成的原因。

貝塚則是人為造成。若古時的人們將貝殼持續丟棄於特定地點，那裡就會形成貝塚。除了貝殼之外，貝塚通常還可以找到各種文物或生物的遺骸（包含人骨）。貝殼特別多的貝塚，也稱作「人為貝殼層」；古生物學中的貝殼層，則稱作「自然貝殼層」。

貝殼層、貝塚都在當時海岸線附近形成。從數十萬年前到1000年前皆為內海的茨城縣霞浦周圍，就有發現多個數十萬年前的貝殼層，以及多個繩文時代的貝塚。

∷ 貝塚的特徵

貝塚出土的人骨中，有些是被仔細埋葬的人骨，有些則是被當成垃圾般丟棄在貝塚。有些貝塚可能是由多個聚落共用，有些貝塚則可能是單一聚落將吃不完的貝類製成保久食物的加工廠。

日本的土壤多為酸性土壤。在這種環境下被掩埋的動物骨骼，會在礦化前分解，難以保存。貝塚內的大量貝殼由碳酸鈣組成，可降低土壤的酸性，使貝塚內的動物遺體或人骨以良好的狀態保存下來。

貝塚是讓我們一窺繩文時代的「窗口」，是相當重要的遺跡。

歷史、文化

阿坎巴羅恐龍塑像
Acámbaro figures

1944年（也有人說1945年），墨西哥瓜納華托州的阿坎巴羅市郊區的公牛山（Cerro del Toro）山麓，發現了許多奇怪的塑像。有人物塑像，也有各種動物的塑像，甚至還包含了多個有恐龍外貌的塑像。

∷ 阿坎巴羅恐龍塑像

　　發現了這個俗稱「阿坎巴羅恐龍塑像」的是德國移民瓦德瑪・尤斯路，他是一名金屬器具商。當時的人們說，尤斯路在騎馬時發現了這些塑像，並雇用當地農民挖出這些塑像，挖出多少塑像就給多少薪水。尤斯路是著名的考古迷，1923年時曾在公牛山附近，發現丘皮誇羅文化（Chupícuaro，西元前400年到西元前200年，繁榮於墨西哥的文化）的遺跡。他在7年內收集到3萬2000件以上的文物，其中還包含了「長有鬍鬚的白人」、有恐龍外貌的塑像。

　　雖然這些文物與丘皮誇羅文化的土偶有相似樣式，但既然有恐龍塑像，就可以斷定是捏造品。在「發掘現場」附近，還找到最近才埋下東西的痕跡，看來很有可能是在地農民為了賺零用錢而將這些假文物賣給了尤斯路。但另一方面，研究人員用各種方法進行放射年代測定（→p.110），結果卻顯示這些恐龍塑像是在比丘皮誇羅文化還要早許多的年代就被埋入地下。然而「阿坎巴羅恐龍塑像」中，有些恐龍的外貌與恐龍文藝復興（→p.150）以後才廣為人知的復原形態十分相似，於是這些塑像就被當成了「時代錯誤遺物（OOPArts）」的例子。

　　後來的研究完全否定了之前放射年代測定的結果，並顯示這些恐龍塑像都是在尤斯路「發現」之前的數年才被埋在地下。了解當時情況的相關人士都已經死亡，真相也被掩蓋。不過阿坎巴羅恐龍塑像仍在尤斯路曾居住過、現在改建為博物館的地方，靜靜等待參觀者的到來。

| 歷史、文化 | Chapter 3 番外篇 |

恐龍與人類的足跡
dinosaur and human footprints

大規模的恐龍足跡化石產地，常可觀察到很長一段連續的恐龍步行痕跡（行跡）。不過除了恐龍之外，這些產地通常也可觀察到其他動物在同一時間通過這裡時留下的足跡，使當時的情景浮現在我們眼前。而且，某些產地甚至還會發現「恐龍時代的人類足跡」。

∷ 帕盧西河的足跡化石產地

1908年，美國德州的帕盧西河河床上，發現了早白堊世的恐龍足跡化石（→p.120）。帕盧西河河床的周圍4km內，散布著多個恐龍足跡化石群，今日被劃為州立公園保護。這些足跡大部分是大型獸腳類與大型蜥腳類的連續步行痕跡，也有蜥腳類與獸腳類並列步行的痕跡。

從1930年代到1940年代，研究人員曾在這一帶進行大規模的發掘行動，當時還傳出發現了同時期的「人類足跡化石」。有些明顯是假的化石，有些則是被河水沖刷而成，形似人類足跡的凹陷，不過帕盧西河河床確實曾經發現過看起來像是「人類足跡」的化石。

∷ 恐龍時代的「人類足跡」

這些「人類足跡」化石為連續步行痕跡，且其他地層也有發現類似化石。帕盧西河「人類足跡」的腳，大小可達40cm以上，常被稱作「巨人的足跡」。

這個「人類足跡」化石常被拿來當成神祕學的素材，其中有數個化石的末端有3個突出，這些突出物為3根腳趾的痕跡。可見「恐龍時代的人類足跡化石」其實就是獸腳類的足跡化石。

這些足跡可能是獸腳類以腳踝觸地的方式踩在泥濘上留下腳印後，鬆軟的泥土崩解使腳趾的印痕化石（→p.226）消失的結果。最近也有人指出，這可能是恐龍步行時，連腳腕都陷入泥濘中，一邊步行一邊滑動所得到的足跡。這種說法更能簡單說明為什麼這些化石長得像是「人類足跡」。

「腳踝觸地」模型

「貫通」模型

「恐龍時代的人類足跡化石」

歷史、文化

尼斯湖水怪
Nessie, Loch Ness monster

統治古英國北部蘇格蘭高地的皮克特人，曾在石頭上刻下有足鰭的謎之怪物圖樣。565年，聖高隆於自尼斯湖流出的尼斯河消滅了「水中怪獸」。然而超過千年後的1933年，人們突然驚覺這種「水之怪獸」，可能仍生存於尼斯湖——。

∷ 尼斯湖的怪物

從蘇格蘭高地到愛爾蘭島之間有巨大的斷層，冰河沿著這個斷層侵蝕，生成了非常細長，卻相當深邃的湖。這個巨大的湖叫做尼斯湖，長37km，最大水深達230m。因為有煤炭持續溶入湖中，使湖水呈混濁狀。自古以來就有人在湖周圍生活，留下原本是古城的廢墟。

以尼斯湖周圍為中心，蘇格蘭高地各處自古以來就流傳著許多「水中怪獸」的傳說。在尼斯湖以外的地方，這些傳說逐漸被淡忘，然而尼斯湖周圍的人們，卻將這些傳說鉅細靡遺地口耳相傳下來。到了1933年5月，有人目擊到巨大的「鯨魚般的魚」在尼斯湖的水中翻滾游泳。

在6世紀以後，幾乎沒有人目擊到「尼斯湖怪物」，但在這次目擊事件後，目擊頻率大幅上升。該年夏天有人目擊到「全長7.5m，擁有細長脖子的怪物」；1934年時，著名的「外科醫生的照片」誕生，照片中的「尼斯湖怪物」將長長的頸部伸出了水面。

∷ 尼斯與新尼斯

就這樣，「尼斯湖的怪物」引起了很大的話題。手持改造水下槍的獵捕隊甚至與想要保護「尼斯湖怪物」的當地警察之間發生了衝突。目擊者中，還有某位獸醫學生在湖畔道路上遭遇尼斯。他的證詞提到，穿越馬路後消失在湖中的尼斯就像是「海豹與蛇頸龍（→p.86）的合體」。

第二次世界大戰期間，「尼斯湖怪物」的目擊情報停止了一陣子。不過到了戰後，又有人目擊到「突出於水面的2個隆起物」在游泳。而且不知何時，「尼斯湖的怪物」被取了個「尼斯」的暱稱，成為尼斯湖的觀光賣點，吸引更多遊客前來。另一方面，1930年代起，相關機構多次組成尼斯調查隊，於戰後使用高科技機器探測，卻一直沒有發現能斷定尼斯存在的證據。

1977年，日本的拖網漁船在紐西蘭近海作業時，拉起了一頭巨大生物的腐爛屍體。纏在漁網上的是全長10m左右，身上有鰭足的動物遺體，頸部長達1.5m，外觀類似蛇頸龍。因為還有漁業工作，於是船隊決定將這個散發出強烈腐敗惡臭的遺體放回海中，只拍下照片、素描，以及採集纖維狀組織樣本。這則新聞引起了全球迴響。許多人對於這個「新尼斯」（日文以外的區域一般稱作「瑞洋丸」）的真面目議論紛紛，點燃了日本神祕生物熱潮的火苗，也讓人們燃起了對恐龍的熱情。

Chapter 3
番外篇

278 ▼ 279

∷ 尼斯 vs. 蛇頸龍

人們對尼斯與新尼斯的真面目議論紛紛，2種神祕生物都被認為可能是蛇頸龍。新生代地層中完全沒有發現蛇頸龍的化石，但也存在某些雖有現生種，卻完全沒有新生代化石的「活化石」（→p.115），譬如腔棘魚（→p.117）。尼斯與新尼斯的真面目究竟是什麼呢？

尼斯
全長：約7.5m？
目擊地點：尼斯湖周邊

新尼斯
全長：約10m
目擊地點：紐西蘭近海

極泳龍
全長：約10m
棲息區域：南太平洋、南極海
時代：白堊紀末

象鯊
全長：最大可達12m
棲息區域：
中緯度～高緯度海域

號稱是尼斯的照片，全都被認為是偽造照片，或是其他物體的誤認。另外，尼斯湖棲息著歐洲鰻鱺與海豹，目擊情報與音波探測時，都曾將這些生物誤認成怪物。至於新尼斯的真面目，一般認為可能是象鯊的屍體腐敗後，偶然形成類似蛇頸龍的外貌。

參考文獻

筆者執筆本書時，參考了許多文獻資料，這裡列出了主要的參考文獻。有些可輕易在書店購得，有些要到圖書館借閱，也有些可以在網路上閱覽，有些則要到國外的網站上付費閱讀，如果您對資料來源有興趣的話，不妨按圖索驥。

筆者也參考了許多博物館辦企畫展、特展時，製作、販賣的圖鑑。最新研究主題的文章多是由專家執筆，是相當寶貴的資料。考慮到資料豐富度，這些資料可說是相當物美價廉，買到賺到。

∷ 本書整體而言參考的書籍

單行本

Brett-Surman, Holtz, T. R. Jr., Farlow, J. O. (eds.), 2012. The complete dinosaur. 1112 pp. Indiana University Press, Broomington.
日本地質学会フィールドジオロジー刊行委員会（編），天野一男・秋山雅彦（著），2004. フィールドジオロジー入門. 154 pp. 共立出版.
日本地質学会フィールドジオロジー刊行委員会（編），長谷川四郎・中島隆・岡田誠（著），層序と年代. 170 pp. 共立出版.
日本地質学会フィールドジオロジー刊行委員会（編），保柳康一・公文富士夫・松田博貴（著），2004. 堆積物と堆積岩. 171 pp. 共立出版.
Fastovsky, D. E.・Weishampel, D. B.（著），真鍋真（監譯），藤原慎一・松本涼子（譯），2015. 恐竜学入門 かたち・生態・絶滅. 400 pp. 東京化学同人.
Gradstein, F. M., Ogg, J. G., Schmitz, M. D., and Ogg, G. M. (eds.), 2020. Geologic time scale 2020. 1357 pp. Elsevier, Amsterdam.

ナイシュ，D.・バレット，P.（著），小林快次・久保田克博・千葉謙太郎・田中康平（監譯），吉田三知世（譯），2019. 恐竜の教科書 最新研究で読み解く進化の謎. 239 pp. 創元社.
ノレル，M. A.（著），田中康平（監譯），久保美代子（譯），2020. アメリカ自然史博物館恐竜大図鑑. 239 pp. 化学同人.
日本古生物学会（編），2010. 古生物学辞典. 584 pp. 朝倉書店.
Weishampel, D. B., Dodson, P., and Osmólska, H. (eds.), 2004. The Dinosauria second (second edition). 880 pp. University of California Press, Berkeley.

雜誌

恐竜学最前線①～⑬（1992年～1996年）. 学習研究社.
ディノプレス vol.1～vol.7（2000年～2002年）. オーロラ・オーバル.

∷ 第1章之後，各節參考的文獻

第1章

● 暴龍
Carr, T. D., 2020. A high-resolution growth series of *Tyrannosaurus rex* obtained from multiple lines of evidence. *PeerJ*, 8.
Osborn, H. F., 1905. *Tyrannosaurus* and other Cretaceous carnivorous dinosaur. *Bulletin of American Museum of Natural History*, 21 (14), 259-265.
Osborn, H. F., 1906. *Tyrannosaurus*, Upper Cretaceous carnivorous dinosaur (second communication). *Bulletin of American Museum of Natural History*, 22 (16), 281-296.

● 三角龍
Carpenter, K., 2006. "*Bison*" *alticornis* and O. C. Marsh's early views on ceratopsians. *In* Carpenter, K., *ed*., Horns and beaks: ceratopsian and ornithopod dinosaurs, p. 349-364. Indiana University Press, Bloomington.
Dodson, P., 1998. The horned dinosaurs: a natural history. 346 pp. Princeton University Press, New Jersey.
Hatcher, J. B., Marsh, O. C., and Lull, R. S., 1907. The Ceratopsia. *U.S. Geological Survey Monographs*, 49, 300 pp.
Scannella, J. B., Fowler, D. W., Goodwin, M. B., and Horner, J. R., 2014. Evolutionary trends in *Triceratops* from the Hell Creek Formation, Montana. *Proceedings of the National Academy of Sciences*, 111(28), 10245-10250.

● 斑龍
Benson, R. B., Barrett, P. M., Powell, H. P., and Norman, D. B., 2008. The taxonomic status of *Megalosaurus bucklandii* (Dinosauria, Theropoda) from the Middle Jurassic of Oxfordshire, UK. *Palaeontology*, 51(2), 419-424.
Britt, B. B., 1991. Theropods of Dry Mesa quarry (Morrison Formation, Late Jurassic), Colorado, with emphasis on the osteology of *Torvosaurus tanneri*. *Brigham Young University Geology Studies*, 37, 1-72.
Sadleir, R., Barrett, P., and Powell, H. P., 2008. The anatomy and systematics of *Eustreptospondylus oxoniensis*, a theropod dinosaur from the Middle Jurassic of Oxfordshire, England, *Monograph of the Palaeontological Society*, 160 (627), 1-82.

● 禽龍
Norman, D. B., 1980. On the ornithischian dinosaur *Iguanodon bernissartensis* from the Lower Cretaceous of Bernissart (Belgium). *Mémoires de l'Institut Royal des Sciences Naturelles de Belgique*, 178, 1-105.
Norman, D. B., 1986. On the anatomy of *Iguanodon atherfieldensis* (Ornithischia: Ornithopoda). *Bulletin de l'Institut Royal des Sciences Naturelles de Belgique Sciences de la Terre*, 56, 281-372.
Norman, D. B., 1993. Gideon Mantell's 'Mantel-piece': the earliest well-preserved ornithischian dinosaur. *Modern Geology*, 18, 225-245.

● 鴨嘴龍
Leidy, J., 1858. *Hadrosaurus foulkii*, a new saurian from the Cretaceous of New Jersey, related to *Iguanodon*. *Proceedings of the Academy of Natural Sciences of Philadelphia*, 10, 213-218.
Leidy, J., 1865. Cretaceous reptiles of the United States. *Smithsonian Contributions to Knowledge*, 14, 1-133.
Lull, R. S. and Wright, N. E., 1942. Hadrosaurian dinosaurs of North America. *Geological Society of America Special Papers*, 40, 1-242.

● 神威龍
Kobayashi, Y., Nishimura, T., Takasaki, R., Chiba, K., Fiorillo, A. R., Tanaka, K., Tsogtbaatar, C., Sato, T., and Sakurai, K., 2019. A new hadrosaurine (Dinosauria: Hadrosauridae) from the marine deposits of the Late Cretaceous Hakobuchi Formation, Yezo Group, Japan. *Scientific Reports*, 9.

● 慈母龍
Horner, J. R. and Makela, R., 1979. Nest of juveniles provides evidence of family structure among dinosaurs. *Nature*, 282, 296-298.
Prieto-Marquez, A. and Guenther, M. F., 2018. Perinatal specimens of *Maiasaura* from the Upper Cretaceous of Montana (USA): insights into the early ontogeny of saurolophine hadrosaurid dinosaurs. *PeerJ*, 6.

● 異特龍
Antón, M., Sánchez, M., Salesa, M. J., and Turner, A., 2003. The muscle-powered bite of *Allosaurus* (Dinosauria; Theropoda): an interpretation of cranio-dental morphology. *Estudios Geológicos*, 59 (5-6), 313-323.
Carrano, M., Mateus O., and Mitchell J., 2013. First definitive association between embryonic *Allosaurus* bones and *Prismatoolithus* eggs in the Morrison Formation (Upper Jurassic, Wyoming, USA). *Journal of Vertebrate Paleontology, Program and Abstracts 2013*, 101.
Chure, D. J. and Loewen, M. A., 2020. Cranial anatomy of *Allosaurus jimmadseni*, a new species from the lower part of the Morrison Formation (Upper Jurassic) of Western North America. *PeerJ*, 8.
Gilmore, C. W., 1920. Osteology of the carnivorous Dinosauria in the United States National Museum, with special reference to the genera *Antrodemus* (*Allosaurus*) and *Ceratosaurus*. *Bulletin of the United States National Museum*. 110. 1-154.
Madsen Jr J. H., 1993 [1976]. *Allosaurus fragilis*: A revised osteology. Utah Geological Survey Bulletin 109 (2nd ed.). *Utah Geological and Mineral Survey, Bulletin*, 109. 1-163.

● 剣龍
Gilmore, C. W., 1914. Osteology of the armored Dinosauria in the United States National Museum: with special reference to the genus *Stegosaurus*. *United States National Museum Bulletin*, 89, 1–143.
Lull, R. S., 1910. *Stegosaurus ungulatus* Marsh, recently mounted at the Peabody Museum of Yale University. *American Journal of Science*, 4 (180), 361–377.
Maidment, S. C. R., Brassey, C., and Barrett, P. M., 2015. The postcranial skeleton of an exceptionally complete individual of the plated dinosaur *Stegosaurus stenops* (Dinosauria: Thyreophora) from the Upper Jurassic Morrison Formation of Wyoming, USA. *PLoS ONE*, 10 (10).

● 腕龍
D'Emic, M. D. and Carrano, M. T., 2019. Redescription of brachiosaurid sauropod dinosaur material from the Upper Jurassic Morrison Formation, Colorado, USA. *The Anatomical Record*, 303 (4), 732–758.
Taylor, M.P., 2009. A re-evaluation of *Brachiosaurus altithorax* Riggs 1903 (Dinosauria, Sauropoda) and its generic separation from *Giraffatitan brancai* (Janensh 1914). *Journal of Vertebrate Paleontology*, 29 (3), 787–806.

● 恐爪龍
Ostrom, J.H., 1969a. A new theropod dinosaur from the Lower Cretaceous of Montana. *Postilla*. 128, 1–17.
Ostrom, J. H., 1969b. Osteology of *Deinonychus antirrhopus*, an unusual theropod from the Lower Cretaceous of Montana. *Peabody Museum of Natural History Bulletin*, 30, 1–165.
Roach, B.T., and Brinkman D.L., 2007. A reevaluation of cooperative pack hunting and gregariousness in *Deinonychus antirrhopus* and other nonavian theropod dinosaurs. *Bulletin of the Peabody Museum of Natural History*. 48, 103–138.

● 伶盗龍
Powers, M. J., 2020MS. The evolution of snout shape in eudromaeosaurians and its ecological significance. A thesis of Master of Science in Systematics and Evolution, Department of Biological Sciences, University of Alberta, 437 pp.

● 原角龍
Brown, D. B. and Schlaikjer, D. E. M., 1940. The structure and relationships of *Protoceratops*. *Transactions of the New York Academy of Sciences*, 40 (3), 133–266.
Czepiński, Ł., 2020. Ontogeny and variation of a protoceratopsid dinosaur *Bagaceratops rozhdestvenskyi* from the Late Cretaceous of the Gobi Desert. *Historical Biology*, 32 (10), 1394–1421.
日本経済新聞社（編），2022. 特別展「化石ハンター展 〜ゴビ砂漠の恐竜とヒマラヤの超大型獣〜」. 152 pp. 日本経済新聞社・BSテレビ東京．

● 偸蛋龍
Barsbold, R. 1983. O ptich'ikh chertakh v stroyenii khishchnykh dinozavrov. *Transactions of the Joint Soviet Mongolian Paleontological Expedition*, 24, 96–103.
Funston, G. F., 2019MS. Anatomy, systematics, and evolution of Oviraptorosauria (Dinosauria, Theropoda). A thesis of Doctor of Philosophy in Systematics and Evolution, Department of Biological Sciences, University of Alberta, 774 pp.
Norell, M. A., Balanoff, A. M., Barta, D. E., and Erickson, G. M., 2018. A second specimen of *Citipati osmolskae* associated with a nest of eggs from Ukhaa Tolgod, Omnogov Aimag, Mongolia. *American Museum Novitates*, 3899, 1–44.

● 恐手龍
Lee, Y. N., Barsbold, R., Currie, P. J., Kobayashi, Y., Lee, H. J., Godefroit, P., Escuillié, F., and Tsogtbaatar, C., 2014. Resolving the long-standing enigmas of a giant ornithomimosaur *Deinocheirus mirificus*. *Nature*, 515 (7526), 257–260.
Osmólska, H. and Roniewicz, E., 1970. Deinocheiridae, a new family of theropod dinosaurs. *Palaeontologica Polonica*, 21, 5–19.

● 似鳥龍
Claessens, L. P. and Loewen, M. A., 2016. A redescription of *Ornithomimus velox* Marsh, 1890 (Dinosauria, Theropoda). *Journal of Vertebrate Paleontology*, 36(1).
Kobayashi, Y. and Lu, J. C., 2003. A new ornithomimid dinosaur with gregarious habits from the Late Cretaceous of China. *Acta Palaeontologica Polonica*, 48 (2), 235–239.
van der Reest, A. J., Wolfe, A. P., and Currie, P. J., 2016. A densely feathered ornithomimid (Dinosauria: Theropoda) from the Upper Cretaceous Dinosaur Park Formation, Alberta, Canada. *Cretaceous Research*, 58, 108–117.
Zelenitsky, D. K., Therrien, F., Erickson, G. M., DeBuhr, C. L., Kobayashi, Y., Eberth, D. A., and Hadfield, F., 2012. Feathered non-avian dinosaurs from North America provide insight into wing origins. *Science*, 338(6106), 510–514.

● 鐮刀龍
Barsbold, R., 1976. New information on *Therizinosaurus* (Therizinosauridae, Theropoda). *Transactions of Joint Soviet-Mongolian Paleontological Expedition*, 3, 76-92. [*in Russian*]
Maleev, E. A., 1954. New turtle-like reptile in Mongolia. *Priroda*, 3, 106-108. [*in Russian*]
Zanno, L. E., 2010. A taxonomic and phylogenetic re-evaluation of Therizinosauria (Dinosauria: Maniraptora). *Journal of Systematic Palaeontology*, 8 (4), 503–543.

● 甲龍
Arbour, V. M. and Mallon, J. C., 2017. Unusual cranial and postcranial anatomy in the archetypal ankylosaur *Ankylosaurus magniventris*. *Facets*, 2 (2), 764–794.
Brown, C. M., 2017. An exceptionally preserved armored dinosaur reveals the morphology and allometry of osteoderms and their horny epidermal coverings. *PeerJ*, 5.
Brown, C. M., Henderson, D. M., Vinther, J., Fletcher, I., Sistiaga, A., Herrera, J., and Summons, R. E., 2017. An exceptionally preserved three-dimensional armored dinosaur reveals insights into coloration and Cretaceous predator-prey dynamics. *Current Biology*, 27 (16), 2514–2521.
Carpenter, K., 1984. Skeletal reconstruction and life restoration of *Sauropelta* (Ankylosauria: Nodosauridae) from the Cretaceous of North America. *Canadian Journal of Earth Sciences* 21 (12), 1491–1498.

● 厚頭龍
Evans, D. C., Brown, C. M., Ryan, M. J., and Tsogtbaatar, K., 2011. Cranial ornamentation and ontogenetic status of *Homalocephale calathocercos* (Ornithischia: Pachycephalosauria) from the Nemegt Formation, Mongolia. *Journal of Vertebrate Paleontology*, 31 (1), 84–92.
Horner, J. R. and Goodwin, M. B., 2009. Extreme cranial ontogeny in the Upper Cretaceous dinosaur *Pachycephalosaurus*. *PLoS ONE*, 4 (10).
Maryanska, T. and Osmólska, H., 1974. Pachycephalosauria, a new suborder of ornithischian dinosaurs. *Palaeontologia Polonica*, 30, 45–102.
Sullivan, R. M., 2006. A taxonomic review of the Pachycephalosauridae (Dinosauria: Ornithischia). *New Mexico Museum of Natural History and Science Bulletin*, 35(47), 347-365.

● 棘龍
Dal Sasso, C., Maganuco, S., Buffetaut, E., and Mendez, M. A., 2005. New information on the skull of the enigmatic theropod *Spinosaurus*, with remarks on its size and affinities. *Journal of Vertebrate Paleontology*, 25(4), 888-896.
Evers, S. W., Rauhut, O. W., Milner, A. C., McFeeters, B., and Allain, R., 2015. A reappraisal of the morphology and systematic position of the theropod dinosaur *Sigilmassasaurus* from the "middle" Cretaceous of Morocco. *PeerJ*, 3.
Hone, D. W. and Holtz Jr, T. R., 2021. Evaluating the ecology of *Spinosaurus*: Shoreline generalist or aquatic pursuit specialist?. *Palaeontologia Electronica*, 24(1), 1-28.
Ibrahim, N., Sereno, P. C., Dal Sasso, C., Maganuco, S., Fabbri, M., Martill, D. M., Zouhri, S., Myhrvold, N., and Iurino, D. A., 2014. Semiaquatic adaptations in a giant predatory dinosaur. *Science*, 345(6204), 1613-1616.
Ibrahim, N., Maganuco, S., Dal Sasso, C., Fabbri, M., Auditore, M., Bindellini, G., Martill, D. M., Unwin, D. M., Wiemann, J., Bonadonna, D., Amane, A., Jakubczak, J., Joger, U., Lauder, G. V., and Pierce, S. E., 2020. Tail-propelled aquatic locomotion in a theropod dinosaur. *Nature*, 581, 67–70 (2020).
Sereno, P. C., Dutheil, D. B., Iarochene, M., Larsson, H. C., Lyon, G. H., Magwene, P. M., Sidor, C. A., Varicchio, D. J., and Wilson, J. A., 1996. Predatory dinosaurs from the Sahara and Late Cretaceous faunal differentiation. *Science*, 272, 986–991.
Smith, J. B., Lamanna, M. C., Mayr, H., and Lacovara, K. J., 2006. New information regarding the holotype of *Spinosaurus aegyptiacus* Stromer, 1915. *Journal of Paleontology*, 80(2), 400-406.

● 食肉牛龍
Bonaparte, J. F., Novas, F. E., and Coria, R. A., 1990. *Carnotaurus sastrei* Bonaparte, the horned, lightly built carnosaur from the middle Cretaceous of Patagonia. *Contributions in Science*, 416, 1–41.
Carrano, M. T., 2007. The appendicular skeleton of *Majungasaurus crenatissimus* (Theropoda: Abelisauridae) from the Late Cretaceous of Madagascar. *Journal of Vertebrate Paleontology*, 27 (S2), 163–179.
Hendrickx, C. and Bell, P. R., 2021. The scaly skin of the abelisaurid *Carnotaurus sastrei* (Theropoda: Ceratosauria) from the Upper Cretaceous of Patagonia. *Cretaceous Research*, 128.
O'Connor, P. M., 2007. The postcranial axial skeleton of *Majungasaurus crenatissimus* (Theropoda: Abelisauridae) from the Late Cretaceous of Madagascar. *Journal of Vertebrate Paleontology*, 27 (S2), 127–163.

参考文献

Sampson, S. D. and Witmer, L. M., 2007. Craniofacial anatomy of *Majungasaurus crenatissimus* (Theropoda: Abelisauridae) from the Late Cretaceous of Madagascar. *Journal of Vertebrate Paleontology*, 27 (S2), 32–104.
Stiegler, J. B., 2019MS. Anatomy, systematics, and paleobiology of noasaurid ceratosaurs from the Late Jurassic of China. A thesis of Doctor of Philosophy. The Faculty of the Columbian College of Arts and Sciences, the George Washington University. 693 pp.

● 南方巨獣龍

Canale, J. I., Apesteguía, S., Gallina, P. A., Mitchell, J., Smith, N. D., Cullen, T. M., Shinya, A., Haluza, A., Gianechini, F. A., and Makovicky, P. J., 2022. New giant carnivorous dinosaur reveals convergent evolutionary trends in theropod arm reduction. *Current Biology*, 32(14), 3195–3202.
Coria, R. A. and Salgado, L., 1995. A new giant carnivorous dinosaur from the Cretaceous of Patagonia. *Nature*, 377 (6546), 224–226.
Novas, F. E., Agnolín, F. L., Ezcurra, M. D., Porfiri, J. and Canale, J. I., 2013. Evolution of the carnivorous dinosaurs during the Cretaceous: the evidence from Patagonia. *Cretaceous Research*, 45, 174–215.

● 阿根廷龍

Bonaparte, J. F., and Coria, R. A. 1993. A new and huge titanosaur sauropod from the Rio Limay Formation (Albian-Cenomanian) of Neuquen Province, Argentina. *Ameghiniana*, 30, 271-282. [*in Spanish*]
Carballido, J. L., Pol, D., Otero, A., Cerda, I. A., Salgado, L., Garrido, A. C., Ramezani, J., Cúneo, N. R., and Krause, J. M., 2017. A new giant titanosaur sheds light on body mass evolution among sauropod dinosaurs. *Proceedings of the Royal Society B, Biological Sciences*, 284 (1860).
Novas, F. E., Salgado, L., Calvo, J., and Agnolín, F., 2005. Giant titanosaur (Dinosauria, Sauropoda) from the Late Cretaceous of Patagonia. *Revista del Museo Argentino de Ciencias Naturales Nueva Serie*, 7(1), 31–36.

● 羽毛

Cincotta, A., Nicolaï, M., Campos, H. B. N., McNamara, M., D'Alba, L., Shawkey, M. D., Kischlat, E., Yans, J., Carleer, R., Escuillié, F., and Godefroit, P., 2022. Pterosaur melanosomes support signalling functions for early feathers. *Nature*, 604(7907), 684–688.
Longrich, N., Vinther, J., Meng, Q., Li, Q., and Russell, A. P., 2012. Primitive wing feather arrangement in *Archaeopteryx lithographica* and *Anchiornis huxleyi*. *Current Biology*, 22 (23), 2262–2267.

● 始祖鳥

Foth, C. and Rauhut, O. W., 2017. Re-evaluation of the Haarlem *Archaeopteryx* and the radiation of maniraptoran theropod dinosaurs. *BMC Evolutionary Biology*, 17, 1–16.
Longrich, N., 2006. Structure and function of hindlimb feathers in *Archaeopteryx lithographica*. *Paleobiology*, 32 (3), 417–431.
Rauhut, O. W., 2014. New observations on the skull of *Archaeopteryx*. *Paläontologische Zeitschrift*, 88 (2), 211–221.

● 翼龍

久保泰（編著），2012. 翼竜の謎 恐竜が見あげた「竜」. 116 pp. 福井県立恐竜博物館.
Witton, M. P., 2013. Pterosaurs. 291 pp. Princeton University Press, Princeton.

● 無歯翼龍

Bennett, S. C., 2001. The osteology and functional morphology of the Late Cretaceous pterosaur *Pteranodon* Part I. General description of osteology. *Palaeontographica Abteilung A*, 260(1), 1–112.
Bennett, S. C., 2001. The osteology and functional morphology of the Late Cretaceous pterosaur *Pteranodon* Part II. Size and functional morphology. *Palaeontographica Abteilung A*, 260(1), 113–153.

● 風神翼龍

Andres, B., and Langston Jr, W., 2021. Morphology and taxonomy of *Quetzalcoatlus* Lawson 1975 (Pterodactyloidea: Azhdarchoidea). *Journal of Vertebrate Paleontology*, 41(sup1), 46–202.
Brown, M. A., Padian, K., 2021. Preface. *Journal of Vertebrate Paleontology*, 41(sup1), 1–1.
Brown, M. A., Sagebiel, J. C., and Andres, B., 2021. The discovery, local distribution, and curation of the giant azhdarchid pterosaurs from Big Bend National Park. *Journal of Vertebrate Paleontology*, 41(sup1), 2–20.
Frey, E., and Martill, D. M., 1996. A reappraisal of *Arambourgiania* (Pterosauria, Pterodactyloidea): one of the world's largest flying animals. *Neues Jahrbuch für Geologie und Paläontologie-Abhandlungen*, 199(2), 221–247.
Henderson, D. M., 2010. Pterosaur body mass estimates from three-dimensional mathematical slicing. *Journal of Vertebrate Paleontology*, 30(3), 768–785.
Lehman, T. M., 2021. Habitat of the giant pterosaur *Quetzalcoatlus* Lawson 1975 (Pterodactyloidea: Azhdarchoidea): a paleoenvironmental reconstruction of the Javelina Formation (Upper Cretaceous) Big Bend National Park, Texas. *Journal of Vertebrate Paleontology*, 41(sup1), 21–45.
Padian, K., Cunningham, J. R., Langston Jr, W., and Conway, J., 2021. Functional morphology of *Quetzalcoatlus* Lawson 1975 (Pterodactyloidea: Azhdarchoidea). *Journal of Vertebrate Paleontology*, 41(sup1), 218–251.
Witton, M. P., and Habib, M. B., 2010. On the size and flight diversity of giant pterosaurs, the use of birds as pterosaur analogues and comments on pterosaur flightlessness. *PloS ONE*, 5(11).

● 蛇頚龍

中田健太郎（編著），2021. 海竜 恐竜時代の海の猛者たち. 109 pp. 福井県立恐竜博物館.

● 双葉鈴木龍

安藤寿男・大森光，2022. 福島県双葉層群（上部白亜系：コニアシアン〜サントニアン）の海生化石層のタフォノミー. *日本古生物学会2022年年会予稿集*, 22.
長谷川善和，2008. フタバスズキリュウ発掘物語. 193 pp. 化学同人.
佐藤たまき，2018. フタバスズキリュウ もうひとつの物語. 215 pp. ブックマン社.
Sato, T., Hasegawa, Y., and Manabe, M., 2006. A new elasmosaurid plesiosaur from the Upper Cretaceous of Fukushima, Japan. *Palaeontology*, 49(3), 467–484.
Shimada, K., Tsuihiji, T., Sato, T., and Hasegawa, Y., 2010. A remarkable case of a shark-bitten elasmosaurid plesiosaur. *Journal of Vertebrate Paleontology*, 30(2), 592–597.

● 滄龍

Lindgren, J., Caldwell, M. W., Konishi, T., and Chiappe, L. M., 2010. Convergent evolution in aquatic tetrapods: insights from an exceptional fossil mosasaur. *PloS ONE*, 5(8).
Street, H. P., 2016MS. A re-assessment of the genus *Mosasaurus* (Squamata: Mosasauridae). A thesis submitted in partial fulfillment of the requirements for the degree of Doctor of Philosophy in Systematics and Evolution, Department of Biological Sciences, University of Alberta, 315 pp.

● 合弓類

冨田幸光，2011. 新版 絶滅哺乳類図鑑. 256 pp. 丸善出版.

● 異歯類

Brink, K. S., Maddin, H. C., Evans, D. C., and Reisz, R. R., 2015. Re-evaluation of the historic Canadian fossil *Bathygnathus borealis* from the Early Permian of Prince Edward Island. *Canadian Journal of Earth Sciences*, 52(12), 1109–1120.

● 哺乳類

Velazco, P. M., Buczek, A. J., Hoffman, E., Hoffman, D. K., O'Leary, M. A., and Novacek, M. J., 2022. Combined data analysis of fossil and living mammals: a Paleogene sister taxon of Placentalia and the antiquity of Marsupialia. *Cladistics*, 38(3), 359–373.

● 生痕化石

Woodruff, D. C. and Varricchio, D. J., 2011. Experimental modeling of a possible *Oryctodromeus cubicularis* (Dinosauria) burrow. *Palaios*, 26(3), 140–151.

● 足跡

小池 渉・安藤寿男・国府田良樹・岡村喜明，2007. 茨城県大子町の下部中新統北田気層より産出した哺乳類および鳥類足跡化石群の産状と標本. 茨城県立自然博物館研究報告, 10, 21–44.
Lockley, M. G., 1991. The dinosaur footprint renaissance. *Modern Geology*, 16(1–2), 139–160.

● 卵

今井拓哉（編著），2017. 恐竜の卵 恐竜誕生に秘められた謎. 109 pp. 福井県立恐竜博物館.

● 糞化石

Chin, K., Tokaryk, T. T., Erickson, G. M., and Calk, L. C., 1998. A king-sized theropod coprolite. *Nature*, 393(6686), 680–682.

● 胃石

髙崎竜司・小林快次，2021. 主竜類の胃の進化 ： 胃石の形状変遷. *日本古生物学会2021年年会予稿集*, A21.

● 人造物

Delcourt, R., 2018. Ceratosaur palaeobiology: new insights on evolution and ecology of the southern rulers. *Scientific Reports* 8.
Martill, D. M., Cruickshank, A. R. I., Frey, E., Small, P. G., and Clarke, M., 1996. A new crested maniraptoran dinosaur from the Santana Formation (Lower Cretaceous) of Brazil. *Journal of the Geological Society*, 153(1), 5–8.
Sues, H. D., Frey, E., Martill, D. M., and Scott, D. M., 2002. *Irritator challengeri*, a spinosaurid (Dinosauria: Theropoda) from the Lower Cretaceous of Brazil. *Journal of Vertebrate Paleontology*, 22(3), 535–547.

● 同物異名

Sampson, S. D., Ryan, M. J., and Tanke, D. H., 1997. Craniofacial ontogeny in centrosaurine dinosaurs (Ornithischia: Ceratopsidae): taxonomic and behavioral implications. *Zoological Journal of the Linnean Society*, 121(3), 293–337.

第 2 章

● 恐竜文芸復興
Bakker, R. T., 1975. Dinosaur renaissance. *Scientific American*, **232**(4), 58–79.
Ostrom, J. H., 1976. *Archaeopteryx* and the origin of birds. *Biological Journal of the Linnean Society*, **8**(2), 91–182.

● 鳥肢類
Baron, M. G., Norman, D. B., and Barrett, P. M., 2017. A new hypothesis of dinosaur relationships and early dinosaur evolution. *Nature*, **543**(7646), 501–506.
Huxley, T. H., 1870. On the classification of the Dinosauria, with observations on the Dinosauria of the Trias. *Quarterly Journal of the Geological Society*, **26**(1–2), 32–51.
Qvarnström, M., Fikáček, M., Wernström, J. V., Huld, S., Beutel, R. G., Arriaga-Varela, E., Ahlberg, P. E., and Niedźwiedzki, G., 2021. Exceptionally preserved beetles in a Triassic coprolite of putative dinosauriform origin. *Current Biology*, **31**(15), 3374–3381.
Williston, S. W., 1878). American Jurassic dinosaurs. *Transactions of the Kansas Academy of Science*, 6, 42–46.

● 機能形態学
Fujiwara, S. I., 2009. A reevaluation of the manus structure in *Triceratops* (Ceratopsia: Ceratopsidae). *Journal of Vertebrate Paleontology*, **29**(4), 1136–1147.
Johnson, R. E., 1997. The forelimb of *Torosaurus* and an analysis of the posture and gait of ceratopsian dinosaurs. *In* Thomason, J. J., *ed.*, Functional morphology in vertebrate paleontology, p. 205–218. Cambridge University Press, Cambridge.

● 産状
Campbell, J. A., Ryan, M. J., and Anderson, J. S., 2020. A taphonomic analysis of a multitaxic bonebed from the St. Mary River Formation (uppermost Campanian to lowermost Maastrichtian) of Alberta, dominated by cf. *Edmontosaurus regalis* (Ornithischia: Hadrosauridae), with significant remains of *Pachyrhinosaurus canadensis* (Ornithischia: Ceratopsidae). *Canadian Journal of Earth Sciences*, **57**(5), 617–629.
松浦啓一，2003. 標本学―自然史標本の収集と管理（国立科学博物館叢書）. 250 pp. 東海大学出版会.

● 木乃伊化石
Drumheller, S. K., Boyd, C. A., Barnes, B. M., and Householder, M. L., 2022. Biostratinomic alterations of an *Edmontosaurus* "mummy" reveal a pathway for soft tissue preservation without invoking "exceptional conditions". *PLoS ONE*, **17**(10).

● 以関節相連
Galton, P. M., 2014. Notes on the postcranial anatomy of the heterodontosaurid dinosaur *Heterodontosaurus tucki*, a basal ornithischian from the Lower Jurassic of South Africa. *Revue de Paléobiologie*, **33**(1), 97–141.

● 搏門化石
Carpenter, K., 1998. Evidence of predatory behavior by carnivorous dinosaurs. *Gaia*, 15, 135–144.

● 団塊
Yoshida, H., Yamamoto, K., Minami, M., Katsuta, N., Sin-Ichi, S., and Metcalfe, I., 2018. Generalized conditions of spherical carbonate concretion formation around decaying organic matter in early diagenesis. *Scientific Reports*, **8**(1).
Nagao, T., 1936. *Nipponosaurus sachalinensis*: a new genus and species of trachodont dinosaur from Japanese Saghalien. *Journal of Faculty of Science of Hokkaido Imperial University*, 4(3). 185–220.
Nagao, T., 1938. On the limb-bones of *Nipponosaurus sachalinensis* Nagao, a Japanese hadrosaurian dinosaur. *日本動物學彙報*, **17**, 311–317.
Suzuki, D., Weishampel, D.B., and Minoura, N., 2004. *Nipponosaurus sachalinensis* (Dinosauria; Ornithopoda): anatomy and systematic position within Hadrosauridae. *Journal of Vertebrate Paleontology*. **24**,145–164.

● 骨層
Currie, P. J., Langston, Jr, W., and Tanke, D. H., 2008. New horned dinosaur from an Upper Cretaceous bone bed in Alberta. 144 pp. Canadian Science Publishing, Ottawa.

● 化石砿床
セルデン，P.・ナッズ，J.（著），鎮西 清高（譯）2009. 世界の化石遺産―化石生態系の進化―. 160 pp. 朝倉書店.

● 莫里遜層
ディクソン，D.（著），棕田直子（譯）2009. 恐竜時代でサバイバル. 275 pp. 學習研究社.

● 拉臘米迪亞
Fowler, D. W., 2017. Revised geochronology, correlation, and dinosaur stratigraphic ranges of the Santonian-Maastrichtian (Late Cretaceous) formations of the Western Interior of North America. *PLoS ONE*, **12**(11).

● 地獄渓層
Lehman, T. M., 1987. Late Maastrichtian paleoenvironments and dinosaur biogeography in the Western Interior of North America. *Palaeogeography, Palaeoclimatology, Palaeoecology*, **60**, 189–217.

● K-Pg 界線
後藤和久，2011. 決着！恐竜絶滅論争. 186 pp. 岩波書店.

● 克蘇魯伯隕石坑
Chatterjee, S., 1997. Multiple impacts at the KT boundary and the death of the dinosaurs. *Proceedings of the 30th International Geological Congress*, 31–54.
Nicholson, U., Bray, V. J., Gulick, S. P., and Aduomahor, B., 2022. The Nadir Crater offshore West Africa: A candidate Cretaceous-Paleogene impact structure. *Science Advances*, 8(33).

● 德干玄武岩
Schoene, B., Eddy, M. P., Keller, C. B., and Samperton, K. M., 2021. An evaluation of Deccan Traps eruption rates using geochronologic data. *Geochronology*, 3(1), 181–198.
Wilson, J. A., Mohabey, D. M., Peters, S. E., and Head, J. J., 2010. Predation upon hatchling dinosaurs by a new snake from the Late Cretaceous of India. *PLoS biology*, **8**(3).

● 琥珀
Xing, L., McKellar, R. C., Xu, X., Li, G., Bai, M., Persons IV, W. S., Miyashita, T., Benton, M. J., Zhang, J., Wolfe, A. P., Yi, Q., Tseng, K., Ran., H., and Currie, P. J., 2016. A feathered dinosaur tail with primitive plumage trapped in mid-Cretaceous amber. *Current Biology*, **26**(24), 3352–3360.

● 草
Prasad, V., Stromberg, C. A., Alimohammadian, H., and Sahni, A., 2005. Dinosaur coprolites and the early evolution of grasses and grazers. *Science*, **310**(5751), 1177–1180.
Wu, Y., You, H. L., and Li, X. Q., 2018. Dinosaur-associated Poaceae epidermis and phytoliths from the Early Cretaceous of China. *National Science Review*, **5**(5), 721–727.

● 砂化木
Akahane, H., Furuno, T., Miyajima, H., Yoshikawa, T., and Yamamoto, S., 2004. Rapid wood silicification in hot spring water: an explanation of silicification of wood during the Earth's history. *Sedimentary Geology*, **169**(3-4), 219–228.

● 钙化肌腱
Parks, W. A., 1920. Osteology of the trachodont dinosaur *Kritosaurus incurvimanus*. *University of Toronto Studies, Geology Series*, 11, 1–75.

● 緊膜環
Galton, P. M., 1974. The ornithischian Dinosaur *Hypsilophodon* from the Wealden of the isle of Wight. *Bulletin of the British Museum (Natural History)*, *Geology*, **25**(1), 1–152.

● 異歯性
Huebner, T. R., and Rauhut, O. W., 2010. A juvenile skull of *Dysalotosaurus lettowvorbecki* (Ornithischia: Iguanodontia), and implications for cranial ontogeny, phylogeny, and taxonomy in ornithopod dinosaurs. *Zoological Journal of the Linnean Society*, **160**(2), 366–396.

● 鋸歯
Hendrickx, C., Mateus, O., Araújo, R., and Choiniere, J. (2019). The distribution of dental features in non-avian theropod dinosaurs: Taxonomic potential, degree of homoplasy, and major evolutionary trends. *Palaeontologia Electronica*, **22**(3).

● 歯列
Erickson, G. M., Krick, B. A., Hamilton, M., Bourne, G. R., Norell, M. A., Lilleodden, E., and Sawyer, W. G., 2012. Complex dental structure and wear biomechanics in hadrosaurid dinosaurs. *Science*, **338**(6103), 98–101.
Ostrom, J. H., 1966. Functional morphology and evolution of the ceratopsian dinosaurs. *Evolution*, **20**(3), 290–308.

● 頭盾
Horner, J. R. and Goodwin, M. B., 2008. Ontogeny of cranial epi-ossifications in *Triceratops*. *Journal of Vertebrate Paleontology*, **28**(1), 134–144.

● 皮骨
D'Emic, M. D., Wilson, J. A., and Chatterjee, S., 2009. The titanosaur (Dinosauria: Sauropoda) osteoderm record: review and first definitive specimen from India. *Journal of Vertebrate Paleontology*, **29**(1), 165–177.
Vidal, D., Ortega, F., Gascó, F., Serrano-Martinez, A., and Sanz, J. L., 2017. The internal anatomy of titanosaur osteoderms from the Upper Cretaceous of Spain is compatible with a role in oogenesis. *Scientific Reports*, **7**(1).

● 併蹠骨
White, M. A., 2009. The subarctometatarsus: intermediate metatarsus architecture demonstrating the evolution of the arctometatarsus and advanced agility in theropod dinosaurs. *Alcheringa*, **33**(1), 1–21.

● 同源
バッカー，R. T.（著），瀬戸口烈司（譯）1989. 恐竜異説. 326pp. 平凡社.

参考文献

● 尾綜骨
Barsbold, R., Osmólska, H., Watabe, M., Currie, P. J., and Tsogtbaatar, K., 2000. A new oviraptorosaur [Dinosauria, Theropoda] from Mongolia: the first dinosaur with a pygostyle. *Acta Palaeontologica Polonica*, 45(2), 97–106.

● 含気骨
Aureliano, T., Ghilardi, A. M., Müller, R. T., Kerber, L., Fernandes, M. A., Ricardi-Branco, F., and Wedel, M. J., 2023. The origin of an invasive air sac system in sauropodomorph dinosaurs. *The Anatomical Record*.
Schwarz, D., Frey, E., and Meyer, C. A., 2007. Pneumaticity and soft-tissue reconstructions in the neck of diplodocid and dicraeosaurid sauropods. *Acta Palaeontologica Polonica*, 52(1).

● 皮膚印痕
本仮光理（編）2021. DinoScience恐竜科学博 ララミディア大陸の恐竜物語．192 pp. ソニー・ミュージックソリューションズ．

● 印痕化石
大森昌衛, 1998. 化石の成因についての一考察 ―研究の発送と展開に関するノート―．*地学教育と科学運動*, 29, 37–44.

● 電腦断層掃描
福井県立大学恐竜学研究所（編著）2021. 福井恐竜学．78 pp. 福井県立大学．

● 脳内鋳型
河部壮一郎（編著）, 2019. 恐竜の脳力 恐竜の生態を脳科学で解き明かす．92 pp. 福井県立恐竜博物館．

● 手取層群
東洋一・川越光洋・宮川利弘（編）, 1995. 手取層群の恐竜. 157 pp. 福井県立博物館．
Hattori, S., Kawabe, S., Imai, T., Shibata, M., Miyata, K., Xu, X., and Azuma, Y., 2021. Osteology of *Fukuivenator paradoxus*: a bizarre maniraptoran theropod from the Early Cretaceous of Fukui, Japan. *Memoir of the Fukui Prefectural Dinosaur Museum*, 20, 1–82.

● 日本恐竜化石
柴田正輝・尤海魯・東洋一., 2017. 日本の恐竜研究はどこまできたのか?: 東・東南アジアの前期白亜紀フォーナの比較．*化石*, 101, 23–41.
宮田和周・長田充弘・柴田正輝・大藤茂, 2022. "赤崎層群"呼子ノ瀬層は白亜系マーストリヒト階最上部．*日本古生物学会第171回例会予稿集*, B06.

第3章

● AMNH 5027
Brown, B., 1908. Field Book, Barnum Brown 1908, Hell Creek Beds – Montana. Archival Field Notebooks of Paleontological Expeditions, American Museum of Natural History. https://research.amnh.org/paleontology/notebooks/brown-1908/

● 蘇
ラーソン，P.・ドナン．C.（著）, 冨田幸光（監譯）, 池田比佐子（譯）, 2005. スー史上最大のティラノサウルス発掘. 420 pp. 朝日新聞出版.

● 矮暴龍
Carr, T. D. and Williamson, T. E., 2004. Diversity of late Maastrichtian Tyrannosauridae (Dinosauria: Theropoda) from Western North America. *Zoological Journal of the Linnean Society*, 142(4), 479–523.

● 雷龍
McIntosh, J. S. and Berman, D. S., 1975. Description of the palate and lower jaw of the sauropod dinosaur *Diplodocus* (Reptilia: Saurischia) with remarks on the nature of the skull of *Apatosaurus*. *Journal of Paleontology*, 49(1), 187–199.
Riggs, E. S., 1903. Structure and relationships of opisthocoelian dinosaurs. Part I, *Apatosaurus* Marsh. *Publications of the Field Columbian Museum Geographical Series*, 2(4), 165–196.
Tschopp, E., Mateus, O., and Benson, R. B., 2015. A specimen-level phylogenetic analysis and taxonomic revision of Diplodocidae (Dinosauria, Sauropoda). *PeerJ*, 3.

● 地震龍
Gillette, D. D., 1994. *Seismosaurus*: The Earth Shaker. 205 pp. Columbia University Press, New York.
Herne, M. C. and Lucas, S. G., 2006. *Seismosaurus hallorum*: osteological reconstruction from the holotype. *New Mexico Museum of Natural History and Science Bulletin*, 36, 139–148.

● 極巨龍
Carpenter, K., 2018. *Maraapunisaurus fragillimus*, ng (formerly *Amphicoelias fragillimus*), a basal rebbachisaurid from the Morrison Formation (Upper Jurassic) of Colorado. *Geology of the Intermountain West*, 5, 227–244.
Woodruff, D. C. and Foster, J. R., 2014. The fragile legacy of *Amphicoelias fragillimus* (Dinosauria: Sauropoda; Morrison Formation–latest Jurassic). *Volumina Jurassica*, 12(2), 211–220.

● 貝尼薩爾煤礦
Godefroit, P. (ed.), 2012. Bernissart dinosaurs and Early Cretaceous terrestrial ecosystems. 648 pp. Indiana University Press, Bloomington.

● 黃鐵礦病
Tacker, R. C., 2020. A review of "pyrite disease" for paleontologists, with potential focused interventions. *Palaeontologia Electronica*, 23(3).

● 龍落群集
Kaim, A., Kobayashi, Y., Echizenya, H., Jenkins, R. G., and Tanabe, K., 2008. Chemosynthesis-based associations on Cretaceous plesiosaurid carcasses. *Acta Palaeontologica Polonica*, 53(1), 97–104.

● 百貨公司
Galton, P. M., 1976. Prosauropod dinosaurs (Reptilia: Saurischia) of North America. *Postilla*, 169, 1–98.

● 魚中魚
Jiang, D. Y., Motani, R., Tintori, A., Rieppel, O., Ji, C., Zhou, M., Wang, X., Lu, H., and Li, Z. G., 2020. Evidence supporting predation of 4-m marine reptile by Triassic megapredator. *iScience*, 23(9).
Walker, M. V. and Everhart, M. J., 2006. The impossible fossil-revisited. *Transactions of the Kansas Academy of Science*, 109(1), 87–96.

● 死亡姿勢
Reisdorf, A. G. and Wuttke, M., 2012. Re-evaluating Moodie's opisthotonic-posture hypothesis in fossil vertebrates part I: reptiles—the taphonomy of the bipedal dinosaurs *Compsognathus longipes* and *Juravenator starki* from the Solnhofen Archipelago (Jurassic, Germany). *Palaeobiodiversity and palaeoenvironments*, 92, 119–168.
杨钟健, 赵喜进, 1972. 合川马门溪龙. 中国科学院古脊椎动物与古人类研究所甲种专刊, 8, 1–30.

● 組裝
木村由莉（監）, 藤本淳子（編）, 2022. 化石の復元、承ります. 古生物復元師たちのおしごと. 174 pp. ブックマン社.
Piñero, J. M. L., 1988. Juan Bautista Bru (1740–1799) and the description of the genus *Megatherium*. *Journal of the History of Biology*, 21(1), 147–163.

● 機械偶
Costello, J., 2001. The decline of the Dinamation dinos: How one man's robots became passe. *Wall Street Journal*, 21 May 2001.

● 哥吉拉姿
Beecher, C. E., 1902. The reconstruction of a Cretaceous dinosaur, *Claosaurus annectens* Marsh. *Transactions of the Connecticut Academy of Arts and Sciences*, 11(1), 311–324.

● 惡魔的腳趾甲
Natural History Museum, London. Fossil folklore: Devil's toenails. http://www.nhm.ac.uk/nature-online/earth/fossils/fossil-folklore/fossil_types/bivalves.htm

● 龍骨
甲能直樹, 2013. ゾウの仲間は水の中で進化した!? ―安定同位体が明らかにする鳥尾類の揺籃―. *豊橋市自然史博物館研報*, 23, 55–63.
益富寿之助, 1957. 正倉院薬物を中心とする古代石薬の研究. *生薬学雑誌*, 11(2), 17–19.
小栗一輝., 2014. 竜骨の化石資源保全と活用の共生. *生物工学会誌*, 92(7), 350–353.
大杉製薬株式会社. 竜骨. https://ohsugi-kanpo.co.jp/kanpo/kenbun/ryuukotu

● 阿坎巴羅恐龍塑像
Carriveau, G. W. and Han, M. C., 1976. Thermoluminescent dating and the monsters of Acambaro. *American antiquity*, 41(4), 497–500.

● 恐龍與人類的足跡
Lallensack, J. N., Farlow, J. O., and Falkingham, P. L., 2022. A new solution to an old riddle: elongate dinosaur tracks explained as deep penetration of the foot, not plantigrade locomotion. *Palaeontology*, 65(1).

● 尼斯湖水怪
Naish, D., 2013. Photos of the Loch Ness Monster, revisited". *Scientific American*, 10 July 2013. https://blogs.scientificamerican.com/tetrapod-zoology/photos-of-the-loch-ness-monster-revisited/
Tikkanen, A., 2023. Loch Ness monster. *Britannica*, 15 February 2023. https://www.britannica.com/topic/Loch-Ness-monster-legendary-creature

筆畫順索引

英	AMNH 5027	28, 136, 191, 238
	K-Pg界線	192, 194, 196, 268
2	人字骨	48, 205
	人造物	22, 70, 129, 136, 164,172, 239, 242, 244, 259,262, 264
3	三角龍 Triceratops	13, 25, 28, 30, 155, 157, 161, 167, 185, 188, 190, 211, 212, 214, 225, 240, 262, 267
	三疊紀	8, 12, 14, 15, 17, 80, 86, 90, 94, 96, 98, 100, 102, 104, 151, 153, 171, 175, 223, 257, 289
	叉骨	78, 207
	大盜龍 Megaraptor	68, 72, 105, 183, 231, 232, 261
	小棘	31, 53, 212
4	五大大滅絕事件	192
	化石修整	20, 22, 44, 46, 84, 88, 126, 128, 130, 136, 138, 146, 164, 224, 226, 227, 239, 240, 246, 254, 259, 265
	化石埋葬學	19, 89, 115, 150, 158, 160, 162, 164, 166, 170, 172, 234, 258
	化石清理	20, 28, 38, 44, 52, 68, 88, 126, 128, 130, 133, 136, 138, 154, 164, 166, 168, 224, 227, 228, 231, 240, 246, 259
	化石戰爭	30, 37, 42, 44, 46, 58, 96, 126, 144, 146, 149, 150, 186, 188, 244, 248, 250, 256
	化石獵人	28, 30, 34, 40, 48, 50, 52, 54, 62, 66, 70, 87, 90, 96, 124, 126, 145, 146, 184, 188, 238, 244, 248, 250, 262
	化石礦床	18, 77, 80, 90, 102, 158, 162, 172
	手取層群	94, 98, 170, 203, 230, 234
	支序分類	155
	日本恐龍化石	234
	木乃伊化石	11, 37, 109, 158, 162, 191, 224
	水晶宮	22, 32, 34, 36, 90, 148
	火山噴發說	15, 192, 196
	爪指骨	10, 35, 47, 48, 51, 56, 60, 71, 72, 85, 217, 232
5	以關節相連	28, 35, 38, 44, 48, 50, 52, 54, 57, 62, 68, 70, 72, 74, 83, 88, 98, 125, 127, 135, 142, 157, 158, 160, 164, 169, 170, 173, 181, 205, 238, 246, 252, 257, 258, 265, 270
	功能形態學	20, 156, 158, 218, 220
	半環	63, 214

	尼斯湖水怪	89, 278
	正模式標本	28, 39, 42, 46, 52, 54, 56, 66, 71, 84, 92, 136, 138, 140, 233, 236, 238, 242, 248, 259, 263, 264, 269
	母岩	20, 28, 126, 130, 169, 204, 224, 226, 227, 234, 246
	生痕化石	18, 19, 118, 120, 122, 124, 157, 234
	甲龍 Ankylosaurus	13, 62, 214
	白堊紀	13, 14, 15, 17, 28, 30, 37, 38, 40, 45, 48, 52, 58, 64, 66, 68, 72, 74, 80, 84, 86, 88, 90, 92, 98, 104, 109, 115, 116, 117, 119, 120, 124, 145, 173, 177, 180, 182, 184, 186, 188, 190, 192, 194, 196, 198, 200, 210, 218, 230, 235, 242, 252, 255, 277
	皮骨	10, 44, 62, 65, 86, 163, 207, 213, 214, 216, 225
	皮膚印痕	11, 18, 29, 31, 37, 68, 86, 120, 123, 213, 224
6	全長	142, 246, 248
	印痕化石	18, 78, 81, 92, 162, 224, 226, 228, 277
	合弓類	9, 16, 17, 94, 96, 98, 102, 230
	同物異名	28, 30, 42, 50, 64, 140, 169, 191, 221, 242, 244, 247, 248
	同源	98, 205, 220, 221
	地獄溪層	64, 167, 185, 190, 240, 242
	地層	19, 20, 21, 38, 88, 106, 108, 110, 112, 118, 120, 124, 130, 160, 168, 170, 172, 190, 192, 196, 198, 202, 230, 234, 252
	地震龍 Seismosaurus	74, 141, 169, 246
	成岩作用	19, 106, 159, 160, 186, 198, 202, 203, 204, 234
	死亡姿勢	19, 42, 159, 161, 164, 238, 240, 258
	百貨公司	180, 256
	羽毛	11, 29, 49, 50, 55, 58, 61, 76, 78, 80, 106, 151, 158, 162, 173, 198, 266
	考古學	18, 110, 158, 227, 246, 274, 275, 276
	西部內陸海道	41, 117, 177, 181, 184, 186, 188, 190, 257
7	伶盜龍 Velociraptor	48, 50, 99, 112, 166, 260
	似鳥龍 Ornithomimus	56, 58, 218
	含氣骨	10, 222, 223
	夾克	21, 42, 88, 126, 128, 130, 145, 248, 252, 254
	尾刺	45, 62, 214, 216
	尾綜骨	55, 59, 61, 221
	希克蘇魯伯隕石坑	15, 192, 194, 196
	貝尼薩爾煤礦	35, 149, 252, 254, 270
	貝塚	18, 114, 274, 275

筆畫順索引

詞條	頁碼
足跡	18, 61, 85, 118, 120, 122, 230, 234, 271, 277

8

詞條	頁碼
併蹠骨	29, 58, 71, 218
侏羅紀	12, 14, 17, 33, 45, 47, 59, 69, 74, 79, 80, 86, 90, 94, 98, 102, 104, 109, 115, 117, 120, 145, 173, 174, 176, 178, 180, 182, 200, 223, 230, 246, 256, 272
兩性異型	35, 82, 85
始祖鳥 Archaeopteryx	12, 49, 76, 78, 150, 173, 220, 221, 256
岡瓦納古陸	59, 63, 68, 70, 72, 74, 102, 104, 174, 176, 179, 180, 182, 200
拉臘米迪亞	40, 177, 183, 184, 186, 188, 190, 197, 242
矽化木	74, 158, 198, 203, 230
花粉	55, 112, 202, 274
阿坎巴羅恐龍塑像	274, 276
阿帕拉契古陸	177, 184, 186, 188
阿根廷龍 Argentinosaurus	13, 70, 74

9

詞條	頁碼
南方巨獸龍 Giganotosaurus	29, 68, 70, 215, 218
厚頭龍 Pachycephalosaurus	13, 64, 214
指相化石	107, 112
指標化石	107, 108, 110, 112, 114, 115, 188, 202, 234, 274
指標層	107, 110, 192
活化石	17, 116, 117, 188, 279
胃石	11, 58, 69, 89, 125
風神翼龍 Quetzalcoatlus	84
食肉牛龍 Carnotaurus	68, 183
食腐動物	158, 161

10

詞條	頁碼
原角龍 Protoceratops	50, 52, 54, 99, 112, 166, 212
哥吉拉立姿	28, 35, 42, 239, 260, 270
哥吉拉龍 Gojirasaurus	101, 216, 269
哺乳類	9, 15, 16, 17, 52, 94, 96, 98, 112, 148, 208, 209, 210, 264, 273
展示	45, 67, 83, 215
恐手龍 Deinocheirus	56, 58, 60, 221
恐爪龍 Deinonychus	48, 50, 150, 220
恐龍人	229, 268
恐龍文藝復興	40, 48, 78, 113, 150, 153, 156, 158, 242, 268, 271, 276
恐龍溫血說	48, 151
恐龍與人類的足跡	277
氣囊	222, 223
海洋缺氧事件	90, 104
海相沉積層	36, 38, 82, 86, 88, 90, 108, 112, 114, 115, 160, 163, 169, 180, 184, 186, 188, 190, 192, 198, 234, 272
特提斯海	100, 176, 180, 182, 186
神威龍 Kamuysaurus	37, 38, 108, 114, 211, 234, 255
索爾恩霍芬石灰岩	78, 80, 102, 173
草	190, 200, 210

詞條	頁碼
骨組織學	204, 241
骨層	35, 37, 40, 42, 46, 48, 58, 74, 84, 91, 101, 158, 161, 170, 178, 191, 236, 244, 252, 275

11

詞條	頁碼
偷蛋龍 Oviraptor	50, 52, 54, 99, 122, 221, 261
產狀	20, 21 44, 50, 113, 125, 134, 156, 158, 160, 164, 166, 170, 172, 207, 252, 258, 265,271, 274, 275
異特龍 Allosaurus	12, 42, 68, 70, 73, 179, 219, 232, 239
異齒性	96, 208
異齒龍 Dimetrodon	16, 94, 96
眼窩	29, 31, 43, 59, 71, 206, 215
組合化石	28, 43, 97, 171, 236, 244, 262, 265
組裝	22, 28, 35, 36, 42, 46, 48, 164, 207, 239, 240, 244, 252, 259, 264, 270
莫里遜層	33, 42, 44, 46, 102, 178, 244, 248
蛇頸龍	15, 16, 17, 22, 38, 86, 88, 90, 102, 125, 148, 186, 192, 250, 255, 278
蛋	40, 43, 50, 52, 54, 81, 86, 90, 98, 118, 122, 155, 197, 230, 234
魚中魚	187, 257
魚龍	16, 17, 22, 86, 90, 102, 104, 124, 148, 250, 257
鳥肢類	13, 152, 165

12

詞條	頁碼
勞亞古陸	58, 68, 84, 102, 104, 175, 176, 179, 180, 182
復原	10, 22, 28, 34, 36, 42, 44, 46, 48, 56, 63, 66, 70, 72, 84, 88, 90, 96, 106, 113, 125, 128, 132, 134, 136, 142, 143, 144, 149, 150, 155, 157, 160, 162, 206, 207, 216, 224, 228, 232, 236, 238, 241, 244, 247, 262, 264, 268, 270
惡地	28, 30, 40, 62, 70, 107, 126, 184, 188, 190, 234, 238, 240, 250
惡魔的腳趾甲 Gryphaea	272
描述	20, 28, 30, 35, 39, 44, 46, 48, 50, 56, 65, 66, 68, 70, 74, 84, 89, 122, 138, 140, 142, 150, 169, 219, 228, 232, 236, 239, 242, 246, 248, 269
斑龍 Megalosaurus	32, 34, 56, 62, 109, 149, 152
棘刺	44, 63, 65, 214, 216
棘龍 Spinosaurus	29, 33, 66, 72, 117, 137, 181, 183, 263
無齒翼龍 Pteranodon	81, 82, 84, 155, 186
琥珀	18, 162, 198, 234
盜龍	50, 260
絕對年代	14, 100, 102, 104, 107, 110, 112, 192, 202, 274
腔棘魚	9, 17, 116, 117, 279
腕龍 Brachiosaurus	12, 46, 74, 222

	菊石	15, 17, 38, 88, 108, 112, 114, 168, 181, 186, 188, 192, 202, 230, 234, 256, 267, 272
	鈣化肌腱	10, 63, 65, 205
	黃鐵礦病	188, 252, 254, 265
	嵴飾	37, 55, 59, 67, 80, 82, 85, 137
13	慈母龍 Maiasaura	40, 123
	搏鬥化石	50, 52, 164, 166
	新模式標本	42, 67, 79
	極巨龍 Maraapunisaurus	248
	滄龍 Mosasaurus	15, 16, 17, 39, 90, 92, 104, 180, 186, 190, 192
	矮暴龍 Nanotyrannus	29, 167, 189, 191, 242
	禽龍 Iguanodon	13, 32, 34, 36, 62, 121, 148, 152, 228, 231, 250, 252, 254, 270
	腹肋骨	10, 56, 207, 240
	資料矩陣	154
	鉤爪	48, 61, 72, 83, 217
	雷龍 Brontosaurus	46, 244
	電腦斷層掃描	118, 131, 137, 154, 156, 199, 226, 227, 228, 254
14	團塊	68, 158, 160, 163, 168
	福井盜龍 Fukuiraptor	13, 72, 231, 232, 261
15	劍龍 Stegosaurus	12, 44, 62, 216, 229
	德干玄武岩	15, 194, 196
	撞擊冬天	193
	撞擊說	15, 192, 194, 196
	暴龍 Tyrannosaurus	13, 14, 24, 28, 30, 58, 66, 68, 70, 82, 104, 124, 136, 141, 155, 159, 167, 184, 190, 208, 215, 218, 238, 240, 242, 267
	樣品汙染	130, 199
	熱河群	76, 99, 173
	盤古大陸	100, 102, 105, 174, 176, 180, 182
	複製品	22, 28, 36, 46, 128, 132, 134, 136, 157, 164, 224, 239, 241, 244, 259, 262, 264, 271
	鞏膜環	10, 51, 53, 90, 206
	齒列	11, 31, 200, 210
16	機械偶	266, 267, 270
	獨塊體	21, 126, 130
	親緣包圍法	155
	親緣關係分析	24, 139, 153, 154, 231, 236
	鋸齒	10, 97, 208, 209
	頭盾	11, 31, 52, 212
	鴕鳥恐龍	56, 58, 69
	鴨嘴龍 Hadrosaurus	34, 36, 38, 40, 57, 104, 109, 123, 133, 144, 163, 181, 183, 184, 188, 191, 200, 205, 210, 224, 264, 270
	龍骨	273
	龍落群集	255
17	糞化石	18, 118, 124, 152, 200

	翼龍	9, 15, 16, 17, 22, 76, 80, 82, 84, 100, 102, 122, 130, 137, 142, 155, 186, 192, 206, 220, 222, 223, 229, 250
	避難所	116, 188
18	癒合胸椎	80, 83
	雙葉鈴木龍 Futabasaurus suzukii	86, 88, 115
20	蘇	71, 191, 239, 240
21	鐮刀爪	49, 50, 72, 166, 217, 232
	鐮刀龍 Therizinosaurus	56, 60, 184, 217, 231
	露頭	21, 30, 40, 88, 106, 126, 168, 188, 230, 232, 234, 272
22	疊瓦蛤 Inoceramus	17, 38, 88, 108, 112, 115, 169, 181, 186, 188, 234
23	體重	74, 85, 143, 217, 218, 271
25	顱內鑄型	11, 228, 268
27	顳顬孔	96, 212

286
▼
287

著者	G. Masukawa

科普插畫家、科普作家。善用科學思考過程，繪製古生物骨架圖，廣受日本國內外學者好評，常參與博物館、科普活動的展示品製作，並常協助學術論文、專業書籍的排版工作，是近年流行的斜槓族。著作包括《新‧恐龍骨架圖集》（East Press），譯作包括《After Man》、《新恐龍》（Gakken）。茨城大學大學院碩士（地質學、古生物學）。

日文版STAFF

插圖	Tukunosuke
設計	井上大輔（GRiD）
DTP	あおく企画
編輯	藤本淳子
責任編輯	松下大樹（誠文堂新光社）

DINOPEDIA: KYOURYUUZUKI NO TAME NO IRASUTO DAIHYAKKA
© G.MASUKAWA, TUKUNOSUKE 2023
Originally published in Japan in 2023 by Seibundo Shinkosha Publishing Co., Ltd.,TOKYO.
Traditional Chinese Characters translation rights arranged with Seibundo Shinkosha Publishing Co., Ltd.,TOKYO, through TOHAN CORPORATION, TOKYO.

恐龍學 Dinopedia
從化石發掘、系譜演化解密遠古生物

2025年5月1日初版第一刷發行

著　　者	G. Masukawa
插　　圖	Tukunosuke
譯　　者	陳朕疆
副 主 編	劉皓如
美術編輯	黃瀞瑢
發 行 人	若森稔雄
發 行 所	台灣東販股份有限公司
	＜地址＞台北市南京東路4段130號2F-1
	＜電話＞（02）2577-8878
	＜傳真＞（02）2577-8896
	＜網址＞https://www.tohan.com.tw
郵撥帳號	1405049-4
法律顧問	蕭雄淋律師
總 經 銷	聯合發行股份有限公司
	＜電話＞（02）2917-8022

著作權所有，禁止翻印轉載。
購買本書者，如遇缺頁或裝訂錯誤，
請寄回更換（海外地區除外）。
Printed in Taiwan

國家圖書館出版品預行編目(CIP)資料

恐龍學Dinopedia：從化石發掘、系譜演化解密遠古生物 / G. Masukawa著；陳朕疆譯. -- 初版. -- 臺北市：臺灣東販股份有限公司, 2025.05
288面；14.8×21公分
ISBN 978-626-379-883-0（平裝）

1.CST: 爬蟲類化石

359.574　　　　　　　　　　114003620